全国职业院校技能大赛资源教学转化成果

工业机器视觉系统编程与应用

GONGYE JIQI SHIJUE XITONG BIANCHENG YU YINGYONG

主　编　王志明　何　琼　王发鸿　许　斗
副主编　黄　鹏　张春芝　吴永春　刘　铭
　　　　何建华　胡　凯
主　审　袁　纲

中国教育出版传媒集团
高等教育出版社·北京

内容提要

机器视觉作为一门跨学科的先进技术，在当前数字化、智能化时代下具有广泛的应用前景。本书是全国职业院校技能大赛资源教学转化成果，为适应当前机器视觉教育教学需求编写而成。

本书从“机器看世界”明确机器视觉发展脉络，到理解“核心技术”相机、镜头、光源的应用场景，接着通过小项目说明图像预处理技术及视觉软件的基本应用，然后通过具体的工程项目实现机器视觉系统的“识别”“定位”“测量”“检测”四大功能，最后通过综合项目完成技术的综合应用。本书贯彻“科技服务社会”的理念，融入思政元素，引入工程案例、先进技术，体现了“教、学、做”一体化。

本书是新形态一体化教材，配套丰富的数字化教学资源，助力提升教学质量和教学效率。

本书可作为应用型本科教育、本科层次职业教育、高等职业教育自动化类及电子信息类专业“机器视觉技术”相关课程的教学用书，也可作为学生工程实践创新教学和参赛训练指导用书。

图书在版编目(CIP)数据

工业机器视觉系统编程与应用 / 王志明等主编. —北京：高等教育出版社，2023.4(2024.9 重印)

ISBN 978-7-04-060044-5

Ⅰ. ①工… Ⅱ. ①王… Ⅲ. ①工业视觉系统—高等职业教育—教材 Ⅳ. ①TP399

中国国家版本馆 CIP 数据核字(2023)第 036278 号

策划编辑 谢永铭　**责任编辑** 张尕琳　谢永铭　**封面设计** 张文豪　**责任印制** 高忠富

出版发行	高等教育出版社	**网　　址**	http://www.hep.edu.cn
社　　址	北京市西城区德外大街 4 号		http://www.hep.com.cn
邮政编码	100120	**网上订购**	http://www.hepmall.com.cn
印　　刷	上海盛通时代印刷有限公司		http://www.hepmall.com
开　　本	787mm×1092mm　1/16		http://www.hepmall.cn
印　　张	14.5		
字　　数	335 千字	**版　　次**	2023 年 4 月第 1 版
购书热线	010-58581118	**印　　次**	2024 年 9 月第 4 次印刷
咨询电话	400-810-0598	**定　　价**	37.00 元

物 料 号　60044-A0

配套学习资源及教学服务指南

二维码链接资源

本教材配套视频、图片等学习资源，在书中以二维码链接形式呈现。手机扫描书中的二维码进行查看，随时随地获取学习内容，享受学习新体验。

在线自测

本书提供在线交互自测，在书中以二维码链接形式呈现。手机扫描书中对应的二维码即可进行自测，根据提示选填答案，完成自测确认提交后即可获得参考答案。自测可以重复进行。

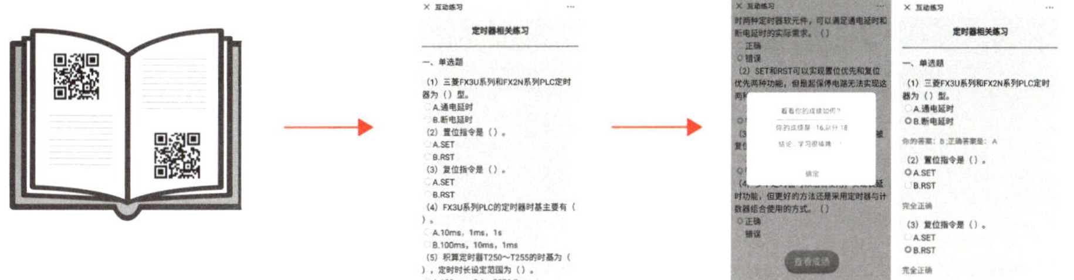

打开书中附有二维码的页面　扫描二维码开始答题　提交后查看自测结果

教师教学资源索取

本教材配有课程相关的教学资源，例如，教学课件、操作素材等。选用教材的教师，可扫描下方二维码，关注微信公众号“高职智能制造教学研究”，点击“教学服务”中的“资源下载”，或电脑端访问网址（101.35.126.6），注册认证后下载相关资源。

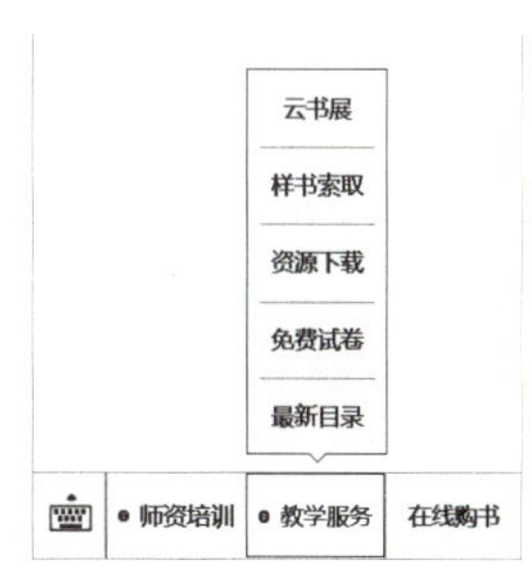

★如您有任何问题，可加入工科类教学研究中心QQ群：240616551。

本书二维码资源列表

章	页码	类型	说明
2	52	图片	AOI 光源打光示意图
	53	图片	AOI 光源中焊锡缺陷效果图
	53	视频	AOI 光源硬件安装
3	61	图片	椒盐噪声图像
	62	图片	阈值分割图像
	63	视频	瓶盖密封性检测操作演示
	85	自测	瓶盖密封性检测练习
	93	视频	大豆计数操作演示
	93	图片	大豆图像
	97	自测	大豆计数练习
4	101	图片	RGB 颜色模型
	102	视频	彩色手机壳识别操作演示
	104	图片	彩色手机壳图像
	107	图片	三种输出模式效果对比
	111	自测	彩色手机壳识别练习
	112	图片	条形码与二维码
	114	视频	条形码与二维码识别操作演示
	125	自测	条形码与二维码识别练习
5	130	视频	N 点标定操作演示
	140	自测	N 点标定练习
	142	视频	XY 标定操作演示
	145	自测	XY 标定练习
	149	视频	齿轮测量操作演示
	159	自测	齿轮测量练习

续表

章	页码	类型	说明
6	165	视频	印刷品表面检测操作演示
	177	自测	印刷品表面检测练习
	180	视频	瓶盖外观检测操作演示
	187	自测	瓶盖外观检测练习
7	196	视频	3D 物块分拣操作演示
	216	自测	3D 物块分拣练习

前言

党的二十大报告在“建设现代化产业体系”中指出，推进新型工业化，加快建设制造强国、质量强国、航天强国、交通强国、网络强国、数字中国；构建新一代信息技术、人工智能、生物技术、新能源、新材料、高端装备、绿色环保等一批新的增长引擎；加快发展数字经济，促进数字经济和实体经济深度融合，打造具有国际竞争力的数字产业集群。

当前，智能制造、高端装备制造、人工智能、工业机器人等相关的一系列政策发布实施，机器视觉已经成为人工智能领域中发展最快、落地最实的分支之一。“智能+”的发展有目共睹，尤其是机器视觉系统在近年来的发展极为迅猛，让越来越多的设备拥有了感知物理世界的能力，被广泛应用于智能制造、智慧农业、智慧城市、智慧交通、智慧安防等诸多领域，机器视觉是企业智能化和数字化转型升级战略中的必选项，是产业升级的新动力。

机器视觉的主要驱动因素来自两个方面，一是对机器代人过程的不断进行，二是技术进步使得更多需求得以释放，前者的底层逻辑主要是人口红利的消失以及人本身生理能力的局限性，后者的底层逻辑主要是生产过程向更高效、更精确、更优质的方向进化。随着时间推移，上述驱动因素的作用力不断增大，使得机器视觉在智能制造中的地位从“可选”逐步向“必选”迈进。

机器视觉作为智能化、数字化时代的必选技术，属于前沿先进技术应用方向，企业对机器视觉人才数量、质量的需求不断增大。当前本科的教学内容偏向计算机视觉理论，而高等职业院校只有少数院校开设了相关课程，企业迫切需要掌握机器视觉系统编程与应用的高素质技术技能人才。

2021 年全国职业院校技能大赛中，“机器视觉系统应用”作为高职组赛项在武汉成功举办，江苏、浙江、山东、福建、河南、湖南、河北等多个省份举办该项目的省级大赛。以赛促学、以赛促教、赛教结合，将大赛成果转化为教学资源，围绕机器视觉系统编程与应用的教学，开发高水平的教学资源，服务各类院校开展教学，已经成为一种迫切需求。本书正是为适应当前应用型本科教育、本科层次职业教育、高等职业教育机器视觉教育教学需求编写而成的。

本书以机器视觉技术的应用为主线，以全国职业院校技能大赛高职组“机器视觉系统应用”赛项技术平台为项目教学载体，从实际工程入手，在了解、学习真实工程项目的基础上，提炼出机器视觉系统的核心技术，将复杂难懂的图形图像处理算法工具化，采用图形化编程形式，强化学生解决机器视觉系统现场问题的逻辑思维能力训练，注重解决实际问题的编程应用能力培养，实现“赛课融通”。同时，本书与“工业视觉系统运维”1+X证书中级标准对接，实现“课证融通”。

本书采用项目化编写形式，工程案例丰富，共分为7章，从“机器看世界”明确发展脉络，到理解“核心技术”相机、镜头、光源的应用场景，接着通过小项目说明图像预处理技术及视觉软件的基本应用，然后通过具体的工程案例实现视觉系统的“识别”“定位”“测量”“检测”四大功能，最后通过综合项目完成技术的综合应用。在编写的过程中，本书坚持校企合作，贯彻“科技服务社会”的理念，落实立德树人根本任务，融入思政元素，引入工程案例、先进技术，体现了“教、学、做”一体化。

本书由金华职业技术大学王志明教授、武汉软件工程职业学院何琼教授、滨州职业学院王发鸿教授、芜湖职业技术学院许斗教授担任主编，湖北工程职业学院黄鹏教授、北京工业职业技术学院张春芝教授、黎明职业大学吴永春教授、重庆工程职业技术学院刘铭教授、福建信息职业技术学院何建华老师、深圳市物新智能科技有限公司胡凯工程师担任副主编，金华职业技术大学白东明老师，武汉软件工程职业学院陈元凯老师，滨州职业学院林媚、牟文静老师，芜湖职业技术学院郎璐红老师，深圳市物新智能科技有限公司王亚龙、朱祖航、高梓铭、孙秀孔、刘贵虎、胡澳、刘俊伟提供了工程技术资料并进行了项目验证。本书由袁纲研究员主审，深圳市物新智能科技有限公司汤晓华教授总体策划。

武汉筑梦科技有限公司、深圳启灵图像科技有限公司的工程技术人员对本书教学资源的开发提供了帮助，在此编者表示衷心的感谢！

由于编者水平有限，书中难免存在不足和缺漏，敬请广大读者批评指正。

编　者

目 录

第 1 章
机器看世界

大自然赋予人类以视觉，人类借以观察、理解和改造世界，创造了丰富的物质和精神文明，也深远地改变了自身的生产和生活方式。20 世纪中期，以原子能、空间技术、电子计算机、生物工程的应用为代表的第三次工业革命拉动了信息化时代的大幕，从此，机器开始具备“思考”的能力。随着光学、电子技术、半导体技术的飞跃式发展，人类成功地发明了 CCD，并借此赋予了机器视觉感知的能力，从此，机器可以“睁眼”看世界。

婴儿从呱呱落地到可以独立行走、识别和玩耍喜欢的玩具，只需要几年的自然成长。而令机器从能“看见”到能“识别”，却花费了科学家和工程师数十年的光阴。如果说，成像系统的完善是令机器的“眼睛”越来越锐利，那么对图像处理的不断研究则是令机器的“大脑”越来越聪慧。在计算机图像处理领域，从拉里·罗伯茨的“积木世界”理论，发展到如今的卷积神经网络模型，相关的学术成果已经令机器能初步实现“人工智能”的应用场景。

第四次工业革命是利用信息化技术促进产业变革的时代，它也被称为工业

4.0。在 2013 年的汉诺威工业博览会上，德国率先提出“工业 4.0”这一概念。2015 年，国务院正式印发《中国制造 2025》，全面推进实施制造强国战略。而机器视觉，将会令机器更加“耳聪目明”，全面适应工业 4.0 的步伐，并成为其中不可缺少的关键技术。

1.1 为了复制人类看到的世界

春秋战国时期，我国的学者墨翟（墨子）和他的学生做了世界上第一个小孔成像的实验。《墨经》中这样描述小孔成像：

“景到，在午有端，与景长，说在端。”

“景，光之人，煦若射。下者之人也高；高者之人也下。足蔽下光，故成景于上；首蔽上光，故成景于下。在远近有端，与于光，故景库内也。”

《墨经》在两千多年前关于小孔成像的描述，与一些照相机的光学原理是完全吻合的。

宋末元初，我国天文数学家赵友钦在他所著的《革象新书》中进一步详细地描述了日光通过墙上孔隙所形成的像和孔隙之间的关系，用严谨的实验证明光的直线传播，阐明小孔成像的原理，这在当时世界上是绝无仅有的。

意大利文艺复兴时期，意大利人达·芬奇记述了一种暗箱，可用以辅助描绘或写生。这种暗箱是一个密不透光的箱子或一间无光的暗室。在箱壁上凿个小孔，让箱外物景光影穿过此孔，在箱内壁上形成倒影。人们坐在箱内，铺张纸在倒影处，即可描绘图像。达·芬奇将暗箱比拟为眼睛，人眼的工作原理很像暗箱。图 1–1 所示为达·芬奇的《大西洋古抄本》之眼球解剖剖面图及“暗箱”。

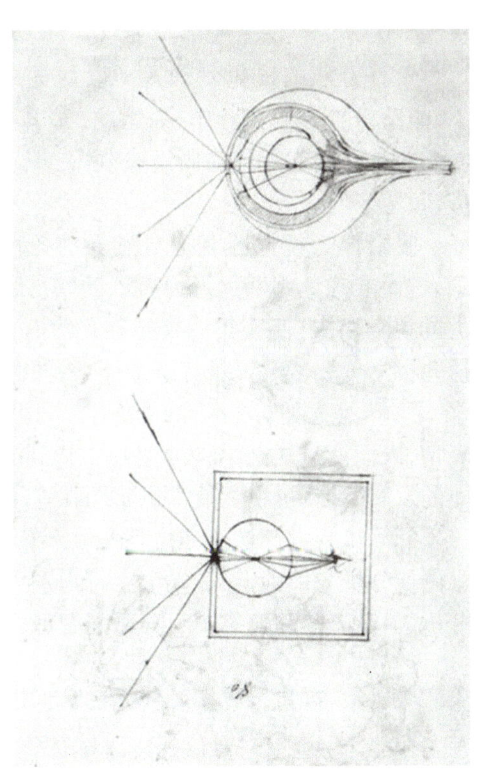

图 1–1 达·芬奇的《大西洋古抄本》之眼球解剖剖面图及“暗箱”

1550 年，意大利物理学家卡尔达诺将双凸透镜镶置在暗箱孔上，影像的效果更为清晰明亮。

1568 年，意大利人丹尼尔·巴巴洛进一步改进了暗箱，并在《远近实际方法》一书中进行了介绍：在暗箱小孔拴上一条绳子，用来将小孔随意放大或缩小，调节小孔至合适大小即可以获得极清晰的影像。

1573 年，意大利数学兼天文学家丹提在其所著《欧几里得远近法》中，发表了使用凹面镜片将倒像变成正像的方法，这使得摄影方法又进一步改善。

1611 年，开普勒首创使用凹透镜与凸透镜的复合透光，更使暗箱内的影像呈现得到前所未有的摄影明晰度。世人推崇他为摄影光学的始祖。

1666 年，英国物理学家牛顿发现光的色散现象，他用三棱镜将日光分解出红、橙、黄、绿、

蓝、靛、紫七色。色散现象的发现使人们对光的性质有了进一步的认识，对摄影光学的发展有着重要的意义。

18世纪，暗箱被普遍使用，渐渐有了便于描绘肖像、静物和室内绘画的小型暗箱，以及用于户外风景绘画的手提暗箱。

暗箱摄影技术被人们发现且应用在描绘影像上，让有心人士已意识到，影像应该可以不必费时又用手来描绘，利用较好的方式即可保存下来。于是，感光存影的办法被发明了。摄影的机具（如照相机）、摄影材料（如感光底片、显影剂），等等，应运而生。

19世纪30年代，法国人达盖尔成功发明了一种实用的摄影术——银版摄影法，宣告了现代摄影的诞生。在之后的几十年里，各种摄影成像技术被不断探索和尝试着，经过湿版和铁版（又称锡版），直到透明塑料加明胶工艺的发明，摄影术再一次获得了突飞猛进的发展机会。

至此，人类实现了用器物模仿眼睛的发现并以此记录世界的功能，相机作为一种装置，可以将眼睛看到的画面记录下来。

1.2 机器如何理解世界

千百万年的进化赋予人类以视觉，使人们感知到大海的蔚蓝、花的鲜艳。蓝天白云下，眼睛引导人们去劳作、去运动、去学习、去生活，让人类感知世界的缤纷多彩。事实上，新生儿从诞生起就依靠眼睛来观察、识别周围的世界，并且能够根据特定的外貌特征识别母亲、父亲。

眼睛作为视觉器官把自然界的各种颜色、物体空间信息收集、捕捉起来并传递给大脑，进而准确地判断远近、高低、明暗。而种类繁多的视觉传感器的出现，有效地突破了人类的视觉局限，使人类的视觉在广度、深度、速度、准确度上都得到了延伸。然而，如何让这些视觉传感器不仅具有感知能力，同时还具有敏锐的认知与判断能力？

“看”是人类与生俱来的能力。刚出生的婴儿只需要几天的时间就能学会模仿父母的表情，人们能从复杂结构的图片中找到关注重点、在昏暗的环境下认出熟人。随着人工智能的发展，计算机视觉技术也试图在这项能力上匹敌甚至超越人类。

计算机视觉起源于20世纪50年代，早期研究主要是从统计模式识别开始，集中在二维图像分析与识别上，如光学字符识别（optical character recognition，OCR）、工件表面图片分析、显微图片和航空图片分析与解释。

1.2.1 视觉世界被简化为由几何形状构成

1963年，拉里·罗伯茨发表了计算机视觉领域的第一篇博士论文 *Machine Perception of Three-Dimensional Solids*，试图提取“积木世界”的三维几何信息，着力研究基于边缘信息去识别场景中不同的“积木”，即通过算法能够在不同角度和光照条件下基于形状判断出场景中的"积木"为同一个物体。

拉里·罗伯茨对"积木世界"进行了深入的研究，研究的范围从边缘、角点等特征提取，到线条、平面、曲面等几何要素分析，一直到图像明暗、纹理、运动及成像几何等，并建立了各种数据结构和推理规则。其中，视觉世界被简化为由几何形状构成，目的是能够识别并重建这些形状。如图 1-2 所示，拉里·罗伯茨从数字图像中提取出诸如立方体、楔形体、棱柱体等多面体的三维结构，使用算法提取其轮廓差分图，并选择特征点。他的研究工作开创了以理解三维场景为目的的计算机视觉的研究。

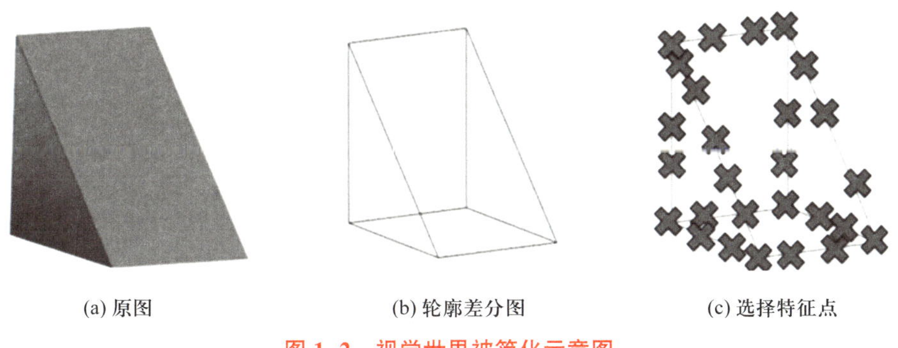

(a) 原图　(b) 轮廓差分图　(c) 选择特征点

图 1-2　视觉世界被简化示意图

拉里·罗伯茨对"积木世界"的创造性研究给人们以极大的启发，许多人相信，一旦由白色积木玩具组成的三维世界可以被理解，则可以推广到理解更复杂的三维场景。

1.2.2　视觉是分层的，从线条开始识别

20 世纪 70 年代，随着电子计算机的出现，计算机视觉技术也初步萌芽。人们开始尝试让计算机回答出它"看到"了什么，首先想到的是从人类"看"的方法中获得借鉴。

借鉴之一：当时人们普遍认为，人类能看到并理解事物是因为人类通过两只眼睛可以立体地观察事物，因此，要想让计算机理解它所"看到"的图像，必须先将事物的三维结构从二维图像中恢复出来，这就是所谓的"三维重构"的方法。

借鉴之二：人们认为人之所以能识别出一个苹果，是因为人们拥有苹果的先验知识，如苹果是红色的、圆的、表面光滑的，如果给机器也建立一个这样的知识库，让机器将"看到"的图像与库里的储备知识进行匹配，是否可以让机器识别乃至理解它所"看到"的东西呢？这就是所谓的"先验知识库"的方法。

在视觉处理的理论建立方面不能不提的另一个人是大卫·马尔，他提出了不同于"积木世界"分析方法的视觉计算理论。他认为，为了获取视觉世界完整的 3D（三维）模型，需要经历几个阶段，如图 1-3 所示：第一阶段是将已感知的图像输入计算机，得以初步判断图像信息，如色彩和强度；第二阶段是基本草图，得到大部分边缘、端点和虚拟线，这是受到了神经科学的启发；第三阶段是大卫·马尔所说的"2.5D 草图"，开始将表面、深度信息、不同的层次，以及视觉场景的不连续性拼凑在一起；最后阶段是将所有的内容放在一起，组成一个 3D 模型。他认为视觉处理过程是从输入图像（input image），到基本草图（primal sketch），再到 2.5D 草图（2.5D sketch），最后到 3D 模型（3D model）。这一思考是

存在合理性的，如果大脑不能建立一种 3D 模型，那么将无法对诸如遮挡、碰撞等问题进行推理。

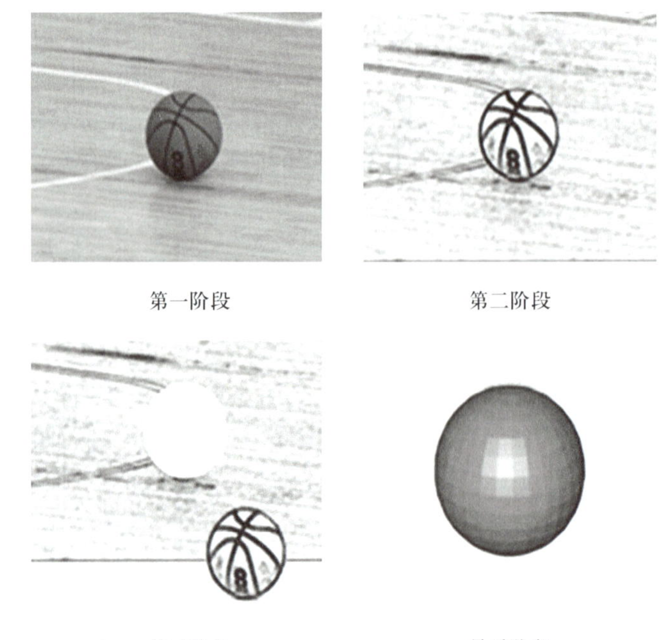

图 1-3 视觉计算理论中获取视觉世界完整的 3D 模型经历的几个阶段

1.2.3 独立学科形成，计算机视觉从实验室走向应用

1982 年，大卫 · 马尔的 *Vision:A Computational Investigation into the Human Representation and Processing of Visual Information* 一书问世，这标志着计算机视觉成为了一门独立学科。

大卫 · 马尔认为视觉可以看作是从三维环境的图像中抽取、描述和解释信息的过程，它可以划分为六个主要部分：感觉、预处理、分割、描述、识别、解释。

（1）感觉：感觉是指获得图像的过程，即数字图像的采集。常见的图像采集装置有摄像机、线阵 CCD 图像传感器、面阵 CCD 图像传感器以及 CIS 扫描仪等。根据用途不同可采用不同的传感器，它们一般通过采集板连接到计算机上。

（2）预处理：预处理主要解决图像的增强、平滑、尖锐化、滤波以及伪彩色处理等问题。普通图像的预处理方法有很多，考虑计算机的运算速度和低成本的要求，主要有两种预处理方法：一种是基于空间域的图像预处理方法；另一种是基于频域的图像预处理方法。

（3）分割：分割是将图像划分成若干有一定含义的物体的过程。它是视觉技术中重要的一步，常用的分割技术有灰度阈值法、边缘检测、匹配和拟合、区域跟踪和增长、松弛迭代法以及运动分割等。

（4）描述：描述是为了进行识别而从物体中抽取特征的过程。在理想情况下，描述符应该含有足够多的可用于鉴别的信息，以便在众多的物体中唯一地识别某物体。描述符的质量会影响识别算法的复杂性，也会影响识别的性能，描述可分为对图像中各个部分的描述以及各部分间关系的描述。

（5）识别：识别是一种标记过程。识别算法的功能在于识别图像中每个已分割的物体，并赋予物体以某种标记。识别方法可分两大类：决策理论方法和结构方法。决策理论方法以定量描述为基础，即统计模式识别方法；而结构方法依赖于符号描述及它们的关系，即句法模式识别方法。

（6）解释：解释可以看作是机器人对其环境具有的更高级的认知行为。例如，对于装配线上的机器人，可通过安装于传送带上的视觉系统自动地识别出所需要装配的零件，测量出空间坐标，从而命令机器人进行装配。

大卫·马尔的视觉计算理论框架有三个层次，包括计算理论层次、表达和算法层次以及算法实现层次：

（1）计算理论层次，主要表述视觉系统的计算目的和策略是什么、视觉系统的输入和输出是什么，以及如何由系统的输入求出系统的输出等。

（2）表示与算法层次，主要说明如何表示输入和输出信息、如何实现计算理论所对应的功能算法，以及如何由一种表示转换为另一种表示等。

（3）算法实现层次，主要是在物理上如何实现这些表示和算法。

由于大卫·马尔认为“算法实现”并不影响算法的功能和效果，所以大卫·马尔的视觉计算理论主要讨论“计算理论”和“表达与算法”两个层次。大卫·马尔认为，大脑的“神经计算”和计算机的“数值计算”没有本质区别，所以大卫·马尔没有对“算法实现”进行任何探讨。从现在神经科学的进展看，“神经计算”与“数值计算”在有些情况下会产生本质区别，但总体上说，“数值计算”可以模拟“神经计算”。至少从现在看，算法的不同实现途径并不影响大卫·马尔的视觉计算理论的本质属性。

大卫·马尔的计算视觉理论提出后，学术界兴起了“计算机视觉”的热潮。人们想到，这种理论的一种直接应用就是给工业机器人赋予视觉能力，典型的系统就是所谓的“基于部件的系统”（parts-based system）。然而，十多年的研究使人们认识到，尽管大卫·马尔的视觉计算理论非常优美，却很难像人们预想的那样在工业界得到广泛应用。人们开始质疑这种理论的合理性，甚至提出了尖锐的批评。

对大卫·马尔的视觉计算理论提出最多的批评有两点：一是认为这种三维重建过程是纯粹自底向上的过程（pure bottom-up process），缺乏高层反馈（top-down feedback）；二是“重建”缺乏目的性和主动性，由于不同的用途要求重建的精度不同，而不考虑具体任务，仅仅盲目地重建一个适合任何任务的3D模型似乎并不合理。在此之后，“计算机视觉”又有了不断的创新和发展。

1989年，法国的杨立昆（Yann LeCun）将一种反向传播算法应用于福岛邦彦的卷积神经网络结构，发布了LeNet的原始形式，LeNet是今天仍在使用的一种基本的卷积神经网络。1998年，杨立昆将LeNet用于解决手写字符识别的视觉任务，并得到了优于其他所有模型的结果。

1999年，NVIDIA公司在宣传GeForce 256芯片时，提出了GPU（图形处理器）的概念。GPU是专门为了执行复杂的数学和集合计算而设计的数据处理芯片。在此之前，计算机中处理影像输出的显示芯片通常很少被视为是一个独立的运算单元。

1999 年，David Lowe 发表 *Object Recognition from Local Scale-Invariant Features*，标志着研究人员开始停止通过创建 3D 模型重建对象，而转向基于特征的对象识别。

2000 年，Jitendra Malik 和他的学生史建波发表了一篇论文，试图让机器使用图论算法将图像分割成合理的部分，自动确定图像上像素的归属，并将物体与周围环境区分开来。

2001 年，Paul Viola 和 Michael Jones 推出了第一个可以实时工作的人脸检测算法框架。在处理图像时，该算法通过一些特征可以帮助定位面部。五年后，富士通公司发布了一款基于该算法的具有实时人脸检测功能的相机。

2005 年，Dalal 和 Triggs 提出方向梯度直方图（histogram of oriented gradients，HOG），并将其应用到行人检测上。这是目前计算机视觉、模式识别领域很常用的一种描述图像局部纹理的特征方法。

2006 年，Lazebnik，Schmid 和 Ponce 提出一种利用空间金字塔进行图像匹配、识别、分类的算法，即 SPM（spatial pyramid matching），该算法是在不同分辨率上统计图像特征点分布，从而获取图像的局部信息。

2005 年，PASCAL VOC（pattern analysis，statistical modelling and computational learning visual object classes）项目启动。它提供了用于对象类识别的标准化数据集以及用于访问所述数据集和注释的一组工具。创始人在 2005 年至 2012 年期间举办了挑战赛，该挑战赛旨在对生活中常见的物体进行分类，评估不同对象类识别方法的表现。

2009 年，李飞飞等研究人员发布 ImageNet 数据集。ImageNet 数据集包含超过 1 400 万张图像，大约有 22 000 个分类，分类中的每一个图像中都标注了一个主要的物体。从 2010 年至 2017 年，基于 ImageNet 数据集，共进行了 8 届 ImageNet 挑战赛，包含图像分类、单物体定位、物体检测等任务。2012 年，Geoffrey Hinton 团队凭借全新的深度卷积神经网络结构 AlexNet，以压倒性优势夺得了 ImageNet 冠军。2015 年，何恺明等研究人员联手创造出的深度残差网络 ResNet，在 ImageNet 挑战赛的图像分类任务上超越人类的精度，并贡献了训练深度神经网络的有效方法。AlexNet 和 ResNet 都是基于深度学习的成功方法，随着深度学习研究的大放异彩，深度学习也被广泛应用在了图像处理识别领域。

到目前为止，计算机视觉仍然是一个非常活跃的研究领域。

1.3 机器视觉

1.3.1 机器视觉的定义

简单来讲，机器视觉可以理解为给机器加装视觉装置，或者是加装有视觉装置的机器。给机器加装视觉装置的目的是使机器具有类似于人类的视觉功能，从而提高机器的自动化和智能化程度。

由于机器视觉涉及多个学科，很难给出一个精确的定义，其定义各不相同，但都包括用于自动从图像中提取信息的技术和方法。提取的信息可以是简单的好部分或坏部分信号，也可以是一组复杂的数据，如图像中每个对象的像素、位置和方向。该信息可用于工业上的自动检测、机器人和过程制导、安全监控和车辆制导等应用。这些应用领域包括大量的技术、软件和硬件产品、综合系统、方法和专业知识。在工业自动化应用中，机器视觉实际上是这些功能的唯一术语。

一般认为机器视觉是指通过机器视觉传感器（即图像摄取装置，分2D和3D两类）抓取图像，然后将图像传送至处理单元，通过数字化处理，根据像素分布、亮度、颜色等信息，来进行尺寸、形状、颜色、位置、坐标等的判别，进而根据判别的结果来控制现场的设备动作。简单来讲，所谓的机器视觉就是利用机器代替人的眼睛和大脑来作出各种测量和判断，然后对相关的运动设备进行相应控制。图1-4所示为机器视觉替代人工对瓶体进行检测。

图1-4　机器视觉替代人工对瓶身进行检测

1.3.2　与计算机视觉的异同

在1.2节中，主要说的是计算机视觉。计算机视觉（computer vision，CV）是指从一张图像或一系列图像中自动提取、分析和理解有用信息。它涉及理论和算法基础的发展，研究如何使计算机从数字图像或视频中获得高层次的理解。

从学科上，机器视觉（machine vision，MV）与计算机视觉都被认为是人工智能的下属科目。两者有很多相似之处，在架构上都是“基础层+技术层+应用层”，并且两者的基本理论框架、底层理论、算法等是相似的，因此，机器视觉与计算机视觉在图像处理的技术和应用领域上会有一定重合。

机器视觉与计算机视觉既有联系又有区别。简单来讲，计算机视觉属于计算机“科学”，是计算机科学基础上的一种形式；机器视觉作为一门系统工程“学科”，有别于计算机视觉，它是跨学科的。机器视觉是计算机视觉在工业自动化中的应用，传统的机器视觉主要应用于工业领域。

从狭义的图像处理角度出发，机器视觉属于计算机视觉的一个分支。但机器视觉系统中一定包含硬件，相对而言更偏重行业应用。计算机视觉系统中不一定包含硬件，更偏重算法的实现。

现在，机器视觉广泛代指在工厂和其他工业环境中使用的自动化成像“系统”，正如在装配线上工作的检验人员通过目视检查零件来判断工艺质量一样，视觉工程师通过将视觉器件、控制器件与图像处理软件有机组合，构建一套完整的处理流程，完成识别、定位、引导、测量、检测等综合功能。

 1.3.3 机器视觉的发展

历经多年的发展，特别是近几年的高速发展，机器视觉已经形成了一个特定的行业。机器视觉的含义也不断丰富，人们在说机器视觉这个词语时，可能是指“机器视觉系统”“机器视觉产品”“机器视觉行业”等。机器视觉涉及光源和照明技术、成像元器件（半导体芯片、光学镜头等）、计算机软硬件（图像增强和分析算法、图像卡、I/O 卡等）、自动控制等各个领域。然而，机器视觉其实是一门新兴的跨学科综合技术，其随着光学技术、芯片技术、计算机技术的发展而不断成长，真正应用在行业的历程并不长。

1. 机器视觉发展历程

1969 年，贝尔实验室的两位科学家威拉德·博伊尔和乔治·史密斯发明了电荷耦合器件（CCD）。CCD 是一种将光子转化为电脉冲的器件，很快成为了高质量数字图像采集任务的新宠。两位发明者还因这项工作在 2009 年 10 月被授予诺贝尔物理学奖。

1975 年，柯达公司工程师史蒂文·萨森创造性地利用 Super 8 摄像机的废弃零件、一个电压表、一个 100 100 像素的精细 CCD，以及六块电路板，制造出了世界上第一台数码相机。这个约 3.6 kg 重的相机花了 23 s 来拍摄一张百万像素级的黑白图像。拍摄下来的图像被记录在盒式磁带上，并可以在黑白电视机上显示。

1982 年，Cognex 公司推出了读取、验证、确认零件和组件上印刷字母、数字和符号的视觉系统 DataMan，这是世界上第一套工业光学字符识别系统。

进入 20 世纪 90 年代，随着计算机处理能力的提升，大部分计算机也具备了彩色显示器，能够处理多媒体文件。计算机视觉进入了处理彩色图像的时代，也开始广泛应用于工业领域。一方面是 CPU，DSP 等图像处理硬件技术有了飞速进步；另一方面是人们也开始尝试不同的算法，这为机器视觉飞速发展提供了有利条件。

2010 年以后，借助于深度学习的力量，计算机视觉技术得到了爆发增长和产业化。通过深度神经网络，各类视觉相关任务的识别精度都得到了大幅提升。

从全球机器视觉行业当前格局来看，中、德、美、日等工业强国占据了机器视觉技术及应用的绝大部分市场。在国外，机器视觉广泛应用于半导体、电子信息、汽车、食品、医疗等行业。进入 21 世纪，国外机器视觉市场虽增速放缓，但在技术上仍处于领先地位。

国内机器视觉起步于 20 世纪 80 年代，20 世纪末和 21 世纪初进入发展初期，2010 年前后至今一直在高速发展，特别是基于 LED 光源的任意光场设计使机器视觉在各种行业的应用成为可能。随着工业自动化程度的不断提高和对质量更加严格的要求，机器视觉大量代替人工检测成为必然。

另外，中国早期的工业设备自动化程度普遍较低，因此需要大量的更新换代，这些都

构成了机器视觉的大量市场需求。随着机器视觉技术的逐渐进步，国内科技公司不断开发和推出相应的产品，从相机、镜头、光源到图像处理软件等，国内陆续涌现一批技术成熟的研发型厂商。受到制造业人口红利消退、智能制造利好政策刺激，以及工厂自动化亟待提高等多重因素的共同作用，中国已成为世界机器视觉发展最有潜力和最为活跃的地区之一。

2. 机器视觉发展趋势

随着机器视觉应用场景的复杂多样化，其与深度学习算法、3D 应用技术、互联互通标准等的融合也越来越紧密。

（1）深度学习算法：深度学习算法模拟类似人脑的层次结构，通过深度神经网络建立从低级信号到高层语义的映射，以实现数据的分级特征表达。深度学习算法被引入机器视觉图像处理系统，用于进行外观检测，使识别过程更智能，视觉信息处理能力更强大。

（2）3D 应用技术：随着 3D 应用技术的不断深入，越来越多的 3D 重构技术被引入机器视觉，如结构光、DFF、ToF、立体视觉、光度立体法等。3D 图像处理与分析的算法也被研究得越来越广泛，将成为机器视觉的一个主流发展方向。

（3）互联互通标准：机器视觉系统内部以及其与智能制造设备之间、与企业的管理系统之间，都有必要进行互联互通，使设备和制造管理朝着更智能的方向发展。目前机器视觉行业内部，欧洲机器视觉协会（EMVA）开发了摄像机通用接口标准 GenICam，自动成像协会（AIA）制定了 GigE Vision，USB3 Vision 等相机通信协议，等等。机器视觉行业还与其他行业协会合作，不断拓展互联互通的外延，旨在促成机器视觉系统与其他行业的互联互通。

1.3.4 为什么要使用机器视觉

机器视觉系统的特点是测量精确、稳定、快速，可大幅度提高生产的柔性及自动化程度，提高生产效率，且易于实现信息集成，是实现计算机集成制造的核心技术之一。在一些不适合人工作业的危险环境，用人工检查产品质量效率过低且精度不高的大批量工业自动生产过程，以及其他一些人工视觉难以满足要求的场合中，机器视觉正在迅速取代人工视觉。事实上，也正因如此，在现代自动化生产过程中，机器视觉已经广泛应用于工况监控、成品检验及其他质量控制等。在我国，这种应用也逐渐被认知，对机器视觉的需求也越来越多。

机器视觉与人类视觉相比，其优缺点见表 1–1。

表 1–1　机器视觉与人类视觉的对比

对比项	机器视觉优缺点	人类视觉优缺点
干扰适应性	适应性差，容易受复杂背景及环境变化的影响	适应性强，可在复杂及变化的环境中识别目标
智能	虽然可利用人工智能及神经网络技术，但智能很差，不能很好地识别变化的目标	具有高级智能，可运用逻辑分析及推理能力识别变化的目标，并能总结规律

续表

对比项	机器视觉优缺点	人类视觉优缺点
色彩分辨能力	受硬件条件的制约，目前一般的图像采集系统对色彩的分辨能力较差，但具有可量化的优点	对色彩的分辨能力强，但容易受人的心理影响，不能量化
灰度分辨能力	强，目前一般使用256级灰度，采集系统可具有10 bit，12 bit，16 bit等灰度级数	差，一般只能分辨64级灰度
空间分辨能力	目前已拥有4 096×4 096像素的面阵摄像机和拥有8 192像素的线阵摄像机，通过备置各种光学镜头，可以观测小到微米、大到天体的目标	较差，不能观看微小的目标
速度	快门时间可达到10 μs左右，高速摄像机帧率可达到1 000 f/s以上，处理器的速度越来越快	0.1 s左右的视觉暂留使人眼无法看清较快速运动的目标
感光范围	从紫外到红外的较宽光谱范围，另外有X射线等	400~750 nm波长范围的可见光
环境要求	对环境要求低，适应性强，另外可加防护装置	对环境温度、湿度的要求高，适应性差，另外有许多场合对人有损害
观测精度	精度高，可到微米级，易量化	精度低，无法量化
其他	客观，可连续工作	主观，受心理影响，易疲劳

综上可知：

（1）人眼检测的检测结果依赖于操作者的疲劳度、责任心和经验等。

（2）自动检测能够在不利环境中实施，并且能够把检测到的信息记录下来用于后续统计分析。

（3）机器视觉能够提高整个生产的速度，并且会减少原材料的浪费。

（4）机器视觉能够帮助提高用户对制造商产品的信心，从而增加销售量。

（5）机器视觉能够实现产品在线100%的检测，便于系统集成。

（6）由于机器比人快，一台设备可以承担几个人的任务，而且机器不需要停顿，能够连续工作，可以提高工作效率，节约成本。

1.3.5 机器视觉系统的组成

一个典型的机器视觉系统包括：光源、镜头、相机（CCD相机或COMS相机）、视觉软件系统、PLC、I/O控制器、电源、剔除装置等，如图1-5所示。

图1-5所示系统的工作流程如下：首先，感应器判断被测产品运动到了拍照位后，发出触发信号给I/O控制器；然后，I/O控制器触发光源点亮、相机同步拍照，相机通过

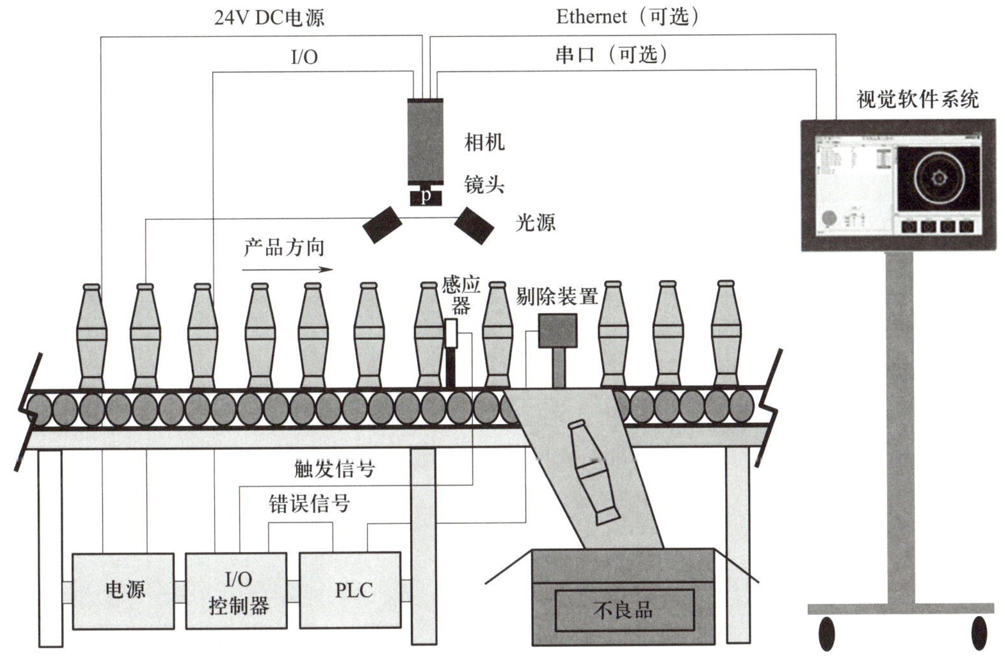

图 1-5　机器视觉系统组成示意图

Ethernet 或者其他协议将图像数据传给视觉软件系统；接着，视觉软件系统对图像进行分析后，将结果数据通过串口发给相机；再接着，相机发出信号给 I/O 控制器，I/O 控制器将错误信号发给 PLC；最后，PLC 触发剔除装置将不良品进行踢废处理。

从功能上分类，机器视觉系统也可分解为光学成像系统、图像处理系统、执行机构及人机界面三个部分。

（1）光学成像系统包括：光源、相机、镜头。镜头是机器视觉系统获取图像的窗口；光源是影响机器视觉系统输入的重要因素，直接影响输入数据的质量，实际应用中，其作用占到整个检测工作 80% 的应用效果；相机是机器视觉系统的核心部分，完成视觉检测的图像采集，机器视觉系统常用的相机一般为面阵或线阵相机，其中，又可分为彩色相机和黑白相机。

（2）图像处理系统是在取得图像后，对图像进行处理，分析计算，并输出检测结果。图像处理系统包括两个部分：硬件、软件。目前市场主流的机器视觉图像处理系统有：PC-Based 系统和嵌入式系统（智能相机）。PC-Based 系统采用工控机（工业 PC）作为处理平台，通过图像采集卡与模拟相机组合或直接通过数字相机采集图片，依托工控机，处理速度快，可运行复杂的图像处理算法，可带多个相机，可根据用户要求自行开发处理程序和用户界面，其开发工具可为高级编程语言，现阶段也可以使用图像化编程，缩短开发周期，降低了难度。嵌入式系统将相机、图像采集模块、处理器、存储器、通信模块、I/O 模块集成一体，稳定性更高，开发周期较短，难度相对较低，但由于其硬件结构限制，通常只能带一至两个相机，程序开发不如 PC-Based 系统灵活，运行速度和算法复杂度不如 PC-Based 系统。

两种系统各有利弊。检测点数少，检测要求可能发生变化，项目周期紧急的应用，更适合选用嵌入式系统；检测点数多，速度要求高，检测要求相对稳定，项目周期宽松的应用，更适合选用 PC-Based 系统。

PC-Based 系统和嵌入式系统中的图像处理软件是否先进，是机器视觉应用成功的关键。图像处理软件一般包含图像预处理、识别定位、OCR 识别、二维码识别、测量、缺陷检测、机器控制、三维重建、三维匹配等功能模块。

（3）执行机构及人机界面是在所有的图像采集和图像处理工作之后，完成输出图像处理的结果，并进行动作（报警、剔除、位移等），通过人机界面显示生产信息，并在型号、参数发生改变时对系统进行切换和修改的工作。

机器视觉系统三个部分缺一不可，选取合适的光学成像系统，采集适合处理的图像，是完成视觉检测的基本条件；开发稳定可靠的图像处理系统是视觉检测的核心任务；可靠的执行机构和人性化的人机界面是实现最终功能的保障。

1.4 典型的机器视觉系统

1.4.1 机器视觉系统的基础功能

目前，机器视觉系统的基础功能主要可以分为四大类：模式识别 / 计数、视觉定位、尺寸测量和外观检测，当前的应用也基本是基于这四大类功能来展开的。

（1）模式识别 / 计数主要是指对已知规律的物体进行识别，比较容易的包含外形、颜色、图案、数字、条码等的识别，也有信息量更大或更抽象的识别，如人脸、指纹、虹膜等。

（2）视觉定位主要是指在识别出物体的基础上，精确地给出物体的坐标和角度信息。定位在机器视觉应用中是非常基础且核心的功能，一个软件的好坏大概率与其定位算法的好坏密切相关。

（3）尺寸测量主要是指把获取的图像像素信息标定成常用的度量衡单位，然后在图像中精确地计算出需要知道的几何尺寸，其优势在于对高精度、高通量以及复杂形态的测量，例如，有些高精度的产品由于人眼测量困难，以前只能抽检，有了机器视觉后就可以实现全检了。

（4）外观检测主要是指检测产品的外观缺陷，最常见的包括表面装配缺陷（如漏装、混料、错配等）、表面印刷缺陷（如多印、漏印、重印等）以及表面形状缺陷（如崩边、凸起、凹坑等）。由于产品外观缺陷一般情况下种类繁杂，所以外观检测在机器视觉的应用中属于相对较难的一类。

从技术实现难度上来说，识别、定位、测量、检测的难度是递增的，而基于四大基础功能延伸出的多种细分功能在实现难度上也有差异，目前，3D 视觉功能是当前机器视觉应用技术中最先进的方向之一。机器视觉功能实现难度对比如图 1-6 所示。

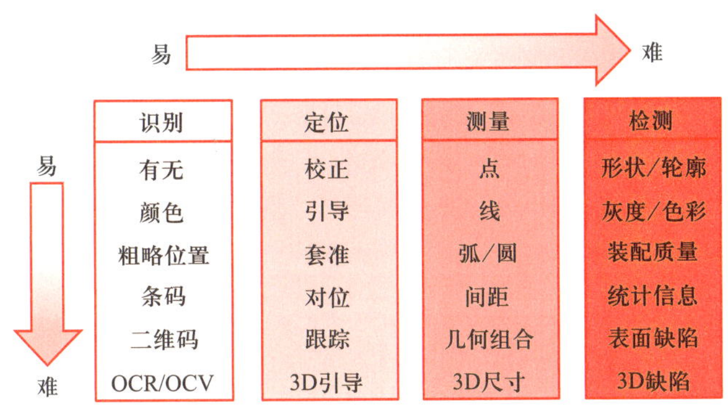

图 1-6　机器视觉功能实现难度对比

1.4.2　玻璃缺陷检测机器视觉系统

1. 玻璃缺陷

玻璃生产过程中，常见缺陷有：气泡、结石、含裂、粘锡、划伤等，如图 1-7b ~ f 所示。

（1）气泡（图 1-7b）是由于玻璃生产材料含有气体、外界环境气泡、金属铁丝等引起的，主要特点为整体轮廓近似于圆形或线形、中空、具有光透射性等。

（2）结石（图 1-7c）主要分为原材料结石、耐火材料结石以及玻璃析晶结石等，由于其热胀系数和外界环境热胀系数的差异，严重影响玻璃质量。

（3）含裂（图 1-7d）主要是玻璃中因为应力而产生了裂纹。

（4）粘锡（图 1-7e）的特点是呈暗黑色、具有光吸收性。

（5）划伤（图 1-7f）主要是由于玻璃原板与硬质介质间的相互摩擦而产生的，外表呈线形。

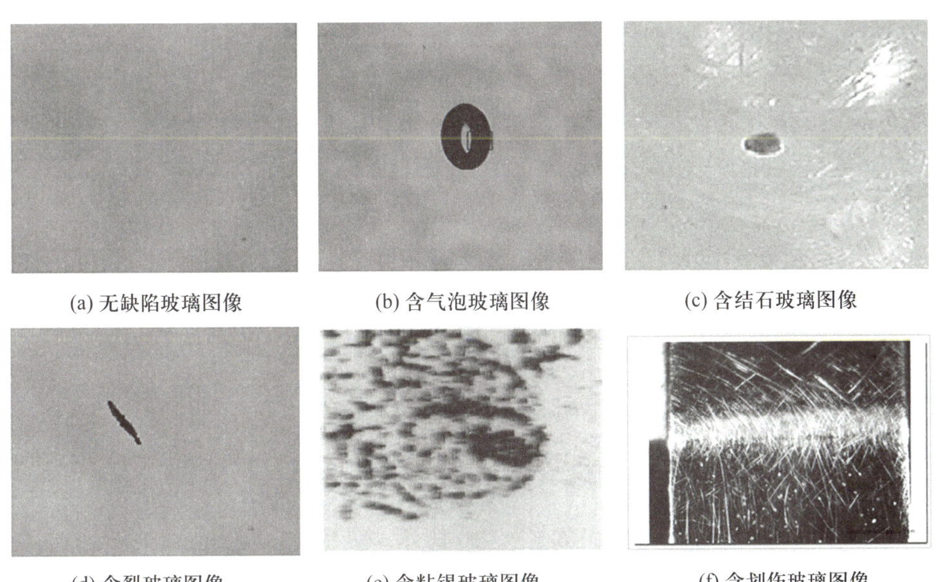

(a) 无缺陷玻璃图像　(b) 含气泡玻璃图像　(c) 含结石玻璃图像

(d) 含裂玻璃图像　(e) 含粘锡玻璃图像　(f) 含划伤玻璃图像

图 1-7　无缺陷及含常见缺陷玻璃图像

2. 玻璃缺陷检测原理

玻璃生产过程大体可分为：原料加工、备制配合料、熔化和澄清、冷却和成型及裁切等。由于制造工艺、人为等因素，在玻璃原板的任一生产过程中都有可能产生缺陷。无缺陷玻璃（图 1–7a）的特点是质地均匀、表面光洁且透明。玻璃缺陷检测是采用先进的 CCD 成像技术和智能光源，系统照明采用背光式照明，如图 1–8 所示，即在玻璃的背面放置光源，光线经待检玻璃，透射进入摄像头。

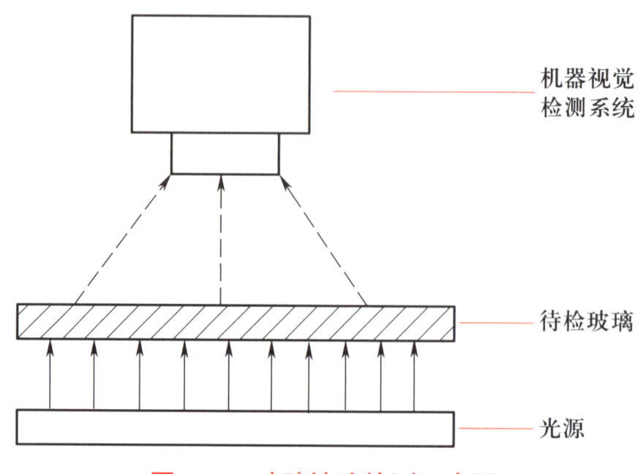

图 1–8　玻璃缺陷检测示意图

光线垂直入射待检玻璃后，当待检玻璃中没有杂质，即无缺陷时，光线出射的方向不会发生改变，如图 1–9a 所示，CCD 摄像机的靶面探测到的光也是均匀的；当待检玻璃中含有杂质，即含有缺陷时，光线出射的方向会发生变化，CCD 摄像机的靶面探测到的光也会随之改变。玻璃中含有的缺陷主要分为两种：一是光吸收型（如结石、粘锡等），如图 1–9b 所示，光线透射玻璃时，该缺陷位置的光会变弱，CCD 摄像机的靶面上探测到的光比周围的光要弱；二是光透射型（如含裂、气泡等），如图 1–9c 所示，光线在该缺陷位置发生了折射，光的强度比周围的要大，CCD 摄像机的靶面上探测到的光也相应增强。

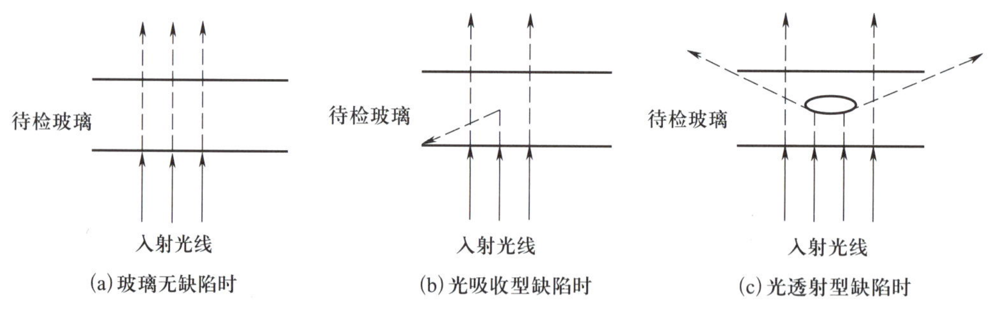

图 1–9　玻璃缺陷光学检测原理示意图

3. 玻璃缺陷检测系统构成

玻璃缺陷检测系统结构示意图如图 1–10 所示。其中，光源及待检玻璃固定，光源位于待检玻璃底部，光线通过透射进入摄像头。摄像头以 *X–Y* 方式匀速扫描整块待检玻璃。其信号由图像采集卡接收，滤波后经模数转换变成 24 位的数字信号，再由计算机对信号加以分析。如发现缺陷，则进行分类和统计，报告缺陷类型、尺寸、位置等，为玻璃分级打标提供信息。

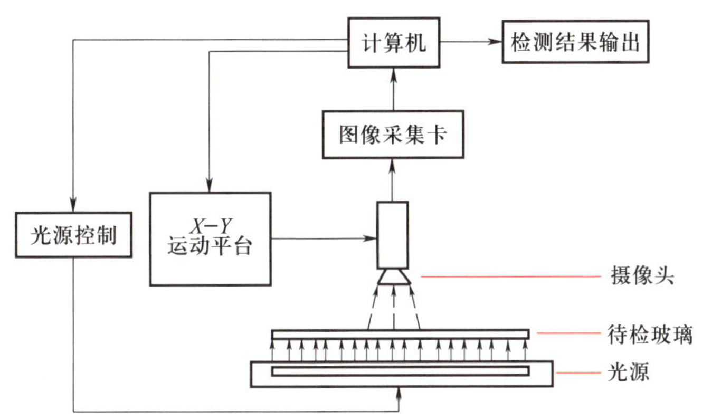

图 1–10　玻璃缺陷检测系统结构示意图

4. 机器视觉检测系统检测过程

机器视觉检测系统检测过程如图 1–11 所示。

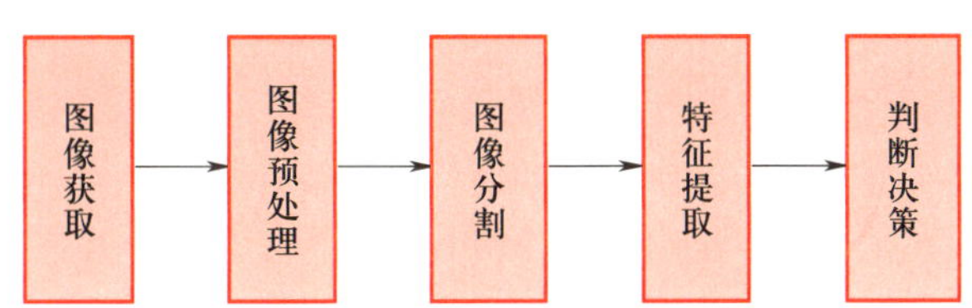

图 1–11　机器视觉检测系统检测过程

（1）图像获取：一般采用高速线阵 CCD 摄像机实时采集生产线上的玻璃图像，所获取的模拟图像信号通过图像采集卡的数字化处理，再传送到计算机中进行图像预处理。

（2）图像预处理：图像预处理是图像分析的一个重要环节，对图像进行适当的预处理，可以使图像更加便于分割和识别，主要包括图像滤波（均值滤波、中值滤波、高斯滤波等）和图像增强（灰度变换、直方图均衡化、尖锐化处理等）。为了消除图像中的各种噪声，必须用到滤波器。图像增强是图像预处理的基本内容之一，是指按照特定的需要，突出一幅图像中的某些信息的同时，削弱或去除某些不需要的信息的处理方法，主要目的是使处理后的图像比原始图像更适合于某种特定的应用，例如，突出边缘信息，改善对比度，增强图像的轮廓特征，以保证检测的准确性，使处理后的图像更适合于人的视觉特性或机器的识别系统。因此，图像增强是为了某种特定的应用而去改善图像质量的。

（3）图像分割：为了进一步对目标图像进行分析、理解和识别，必须把目标从背景中分割出来。图像分割是依据图像的灰度、颜色或几何性质将其中具有特殊含义的不同区域区分开，这些被区分开的区域是互不相交的，且都满足特定区域的一致性，如对同一物体的图像，一般需要将图像中属于该物体的像素或物体特征像素点从背景中分割出来，即将属于不同物体的像素点分离开。在玻璃缺陷图像处理过程中，缺陷的灰度值与背景的灰度值相比，有较大差异，并且在灰度图像中，缺陷边缘灰度值与周围背景相比，也存在很大的差异，所以采用基于灰度直方图的阈值分割算法和边缘检测算法相结合的方法，就可以将缺陷从背景中分割出来，形成完整的缺陷目标，为缺陷目标的特征参数提取和缺陷判断识别提供了良好基础。

对图像进行平滑、灰度均衡和阴影去除等预处理后，图像上只有背景和缺陷两种成分，两种成分的灰度级分布在灰度直方图上表现为较为明显的两个峰值，这时如果取谷底为阈值，进行阈值分割，就可以分离缺陷与背景，将缺陷提取出来，分割后的图像表现为黑白两种成分，一类为缺陷，另一类为背景。

（4）特征提取：特征提取的基本任务是从许多特征中找出那些最有效的特征，是模式识别中的一个关键问题。对于玻璃缺陷的特征提取，特征参数的确定至关重要。在选取玻璃缺陷的特征参数时，要尽量选取反映缺陷本原的特征，尽量选取缺陷之间最能区别于其他缺陷的特征，特征参数还要尽量选得精、选得少，以能把缺陷识别出来即可，太多的参数将会增加系统的计算量，降低系统的运行速度。选取缺陷的几何特征参数，如长短径比、周长平方面积比、面积像素数与周长像素数之比，能较好地识别玻璃的各种缺陷。计算机在识别时，不仅要考虑缺陷的几何形状，还需考虑缺陷灰度差等缺陷的光学参数，即缺陷与光和颜色有关的特征参数，如缺陷的灰度，对光的反射、折射和衍射的情况等。不同缺陷的光学性能不同，如气泡的透光性就比结石的透光性好，在图像上的显示相对来说就稍微亮一些，并且气泡还可能会出现小孔衍射的现象。

（5）判断决策：判断决策就是对玻璃缺陷的分类。基于图像识别的分类器设计有很多，主要包括传统的经典模式识别方法，如统计模式识别和句法模式识别，以及近年来新发展起来的识别方法和识别分类理论，如模糊模式识别、人工神经网络和支持向量机等。此外，根据分类时是否基于训练样本的期望输出，可以将识别方法分为有监督分类和无监督分类。

综上所述，在机器视觉检测系统检测过程中，为了突出被检测特征，而削弱环境噪声，需要使用多种图像处理工具配合并行处理，这样才能达到较好且稳定的效果。

1.5 机器视觉系统应用大赛

2021 年 5 月，在《教育部关于举办 2021 年全国职业院校技能大赛的通知》（教职成函〔2021〕7 号）中，“机器视觉系统应用”被列为高职组正式比赛项目。

该赛项主要基于机器视觉的模式识别、视觉定位、尺寸测量和外观检测四大类功能，与精密机械模组控制、运动控制、机器学习等多种技术融合，面向非标自动化设备行业、标准设备制造行业、半导体及电子制造行业、3C 电子集成行业、汽车制造行业、包装印刷行业、医药制造行业、纺织制造行业、食品加工行业及相关行业，与 1+X 证书衔接，培养从事机器视觉系统的安装、调试、编程、维护等工作岗位急需的高素质技术技能人才。通过赛项项目，能进一步深化产学融合，提高参赛选手对现有机器视觉技术产品的集成应用能力，推进“人工智能 +”下高职院校专业人才在培养目标、课程体系、教学条件、考核评价、师资队伍建设上的改革。图 1–12 所示为 2021 年全国职业院校技能大赛高职组“机器视觉系统应用”赛项赛场。

图 1–12　2021 年全国职业院校技能大赛高职组“机器视觉系统应用”赛项赛场

1.5.1　技术平台

“机器视觉系统应用”赛项技术平台如图 1–13 所示。

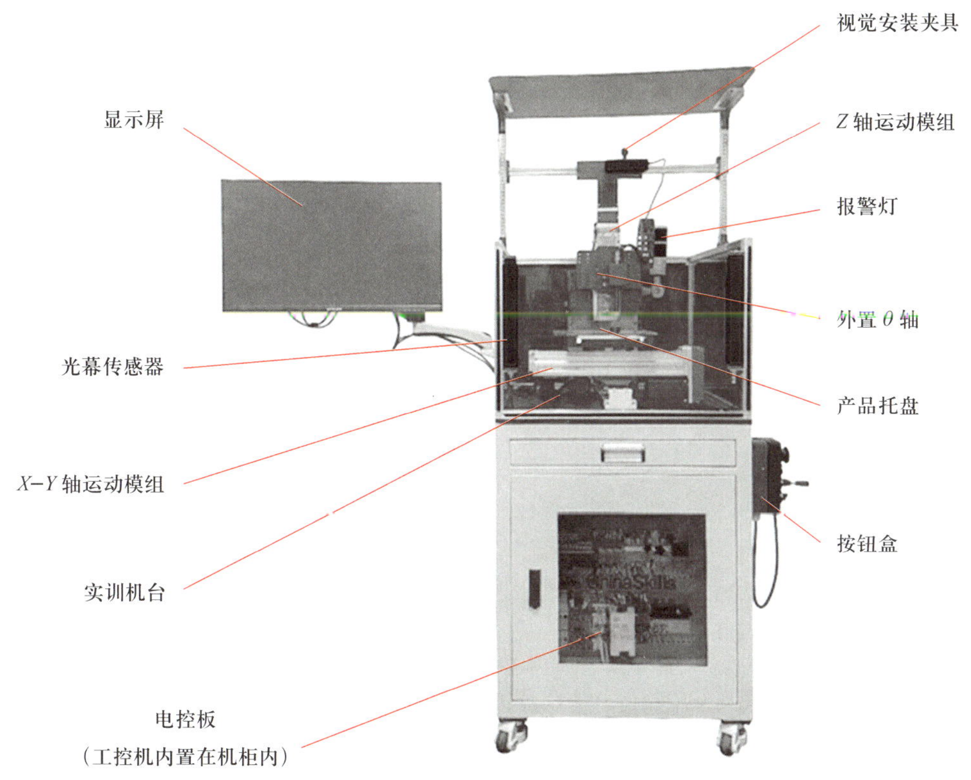

图 1–13　“机器视觉系统应用”赛项技术平台

“机器视觉系统应用”赛项技术平台主要由实训机台、电控板、X–Y–Z三轴运动模组、外置θ轴、报警灯、按钮盒、视觉安装夹具、产品托盘、光幕传感器、工控机、显示屏、机器视觉器件箱、机器视觉工具箱等组成。

机器视觉器件箱（图 1–14）、机器视觉工具箱（图 1–15）分别用于收纳和放置技术平台需要的机器视觉元器件以及实训需要的治具和工具。

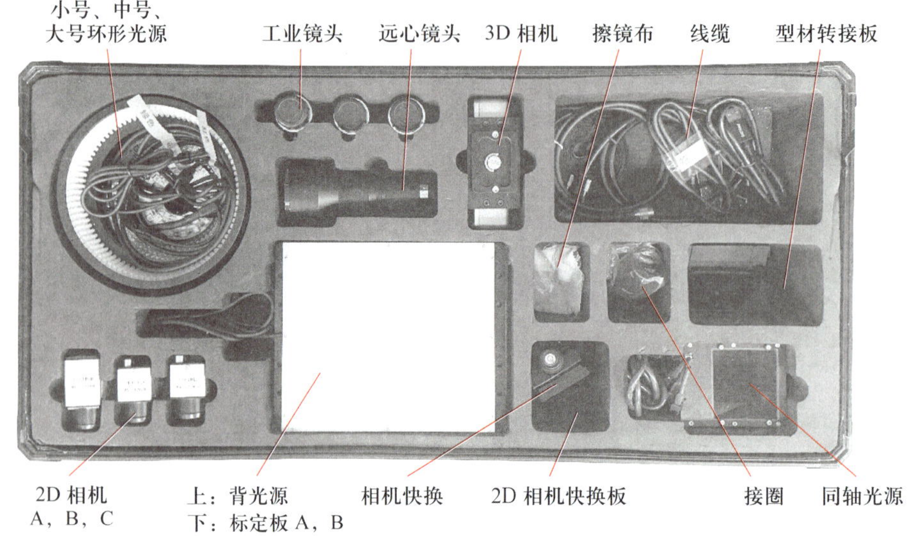

图 1–14　机器视觉器件箱

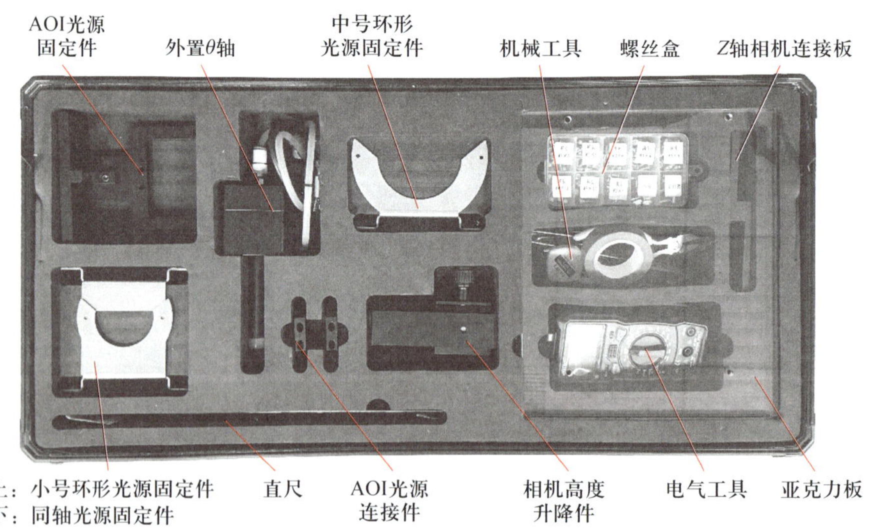

图 1–15　机器视觉工具箱

“机器视觉系统应用”赛项技术平台具有以下特点：

（1）结构紧凑，高集成度，占地面积小，节约场地也贴合工厂实际。

（2）扩展性强，可涵盖机器视觉、人工智能、运动控制、PLC 编程、工业互联网等多学科实验，减少学校重复投入。

（3）安装灵活，可方便安装 2D 相机、3D 相机、线阵相机等多种相机，也可方便安装多种常见光源。

（4）相机可以安装在轴外，也可以安装在 Z 轴中线或偏轴，同时软件支持多种类型手眼标定。

（5）运动平台采用“高精度研磨丝杆模组 + 闭环电机控制方式”，重复精度优于 ± 0.01 mm。

（6）平台支持无工具快速换装，所有相机和光源自带快换装置或快换板。

1.5.2　机器视觉编程软件

“机器视觉系统应用”赛项技术平台机器视觉编程软件 KImage 具有以下特点：

（1）如图 1–16 所示，机器视觉编程软件提供图形化编程和代码编程两种编程模式。图形化编程采用拖曳式流程图定义任务流程：场景丰富，可以进行应用配置及料号配置；流程逻辑清晰，可以自由绘制；工具 / 参数设置灵活，可以自由添加，参数丰富；显示界面丰富，可以同时显示图形结果及结果数据。代码编程可以支持 VB.net，C# 等多种语言。

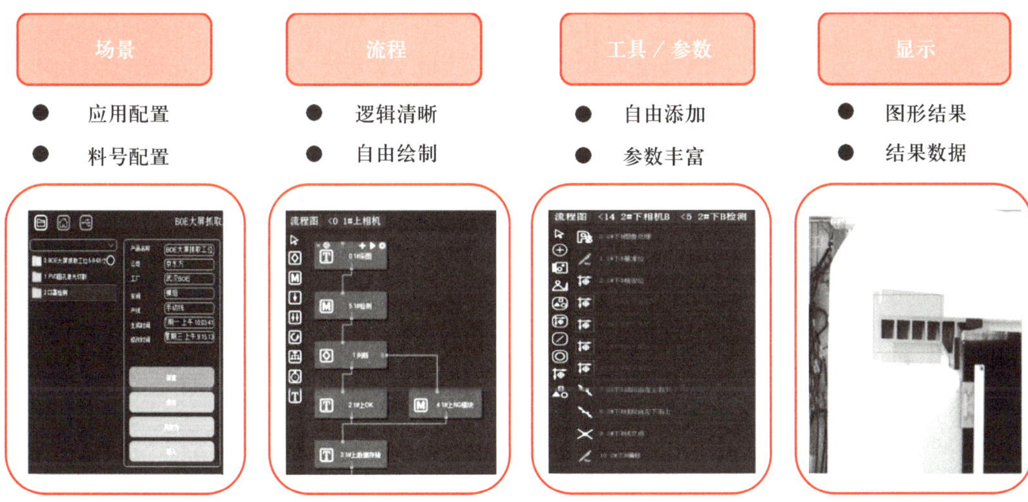

图 1–16　机器视觉编程软件图形化编程特点

（2）如图 1–17 所示，机器视觉编程软件支持图像拖曳显示及数据拖曳显示，字体、颜色、位置均可以任意改变。

（3）如图 1–18 所示，机器视觉编程软件可采用强逻辑、弱操作的拖曳式流程图定义任务流程，支持多工位、多任务同步运行，支持多用户模式，支持客户端和服务器之间传输图片、消息和数据。

另外，机器视觉编程软件还包含多种常用工具，见表 1–2。

- 图像拖曳显示

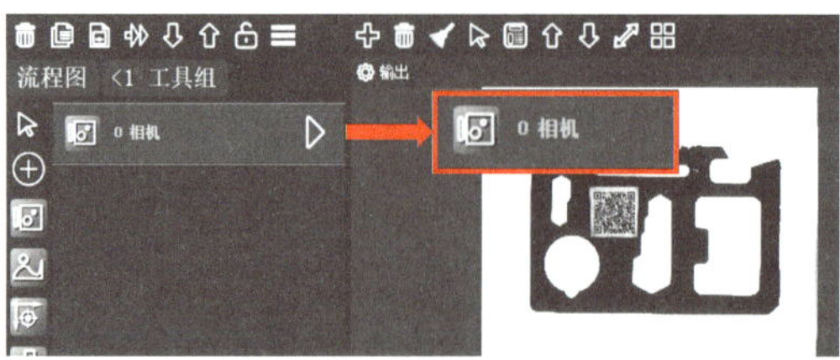

- 字体、颜色、位置均可以任意改变

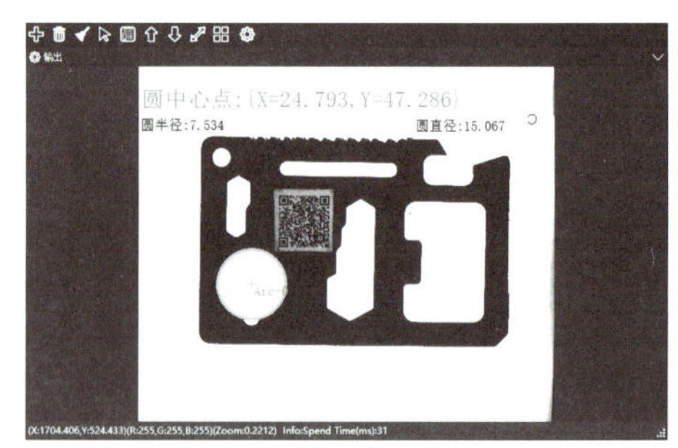

- 数据拖曳显示

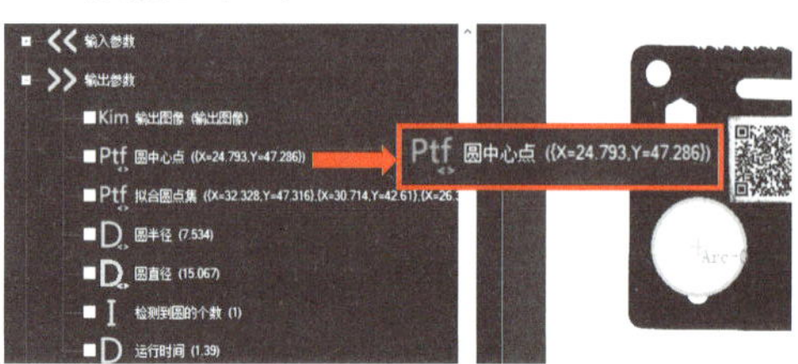

图 1-17　机器视觉编程软件显示特点

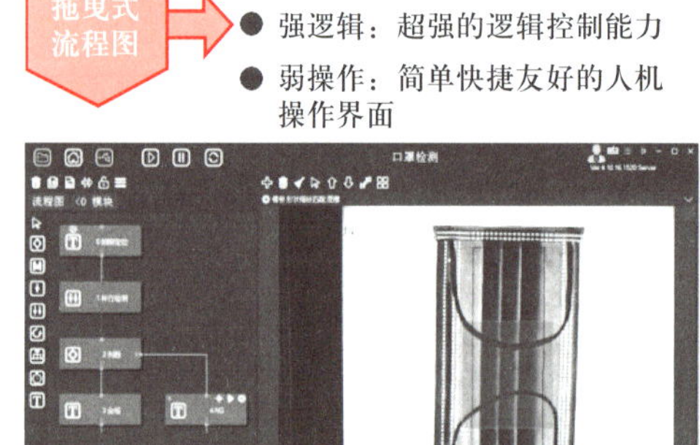

强逻辑、弱操作

- 强逻辑：超强的逻辑控制能力
- 弱操作：简单快捷友好的人机操作界面

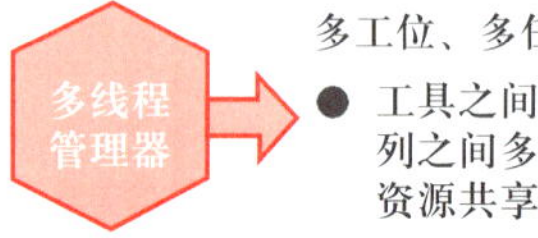

多工位、多任务

- 工具之间多线程并行计算，测试序列之间多线程并行计算，线程间的资源共享

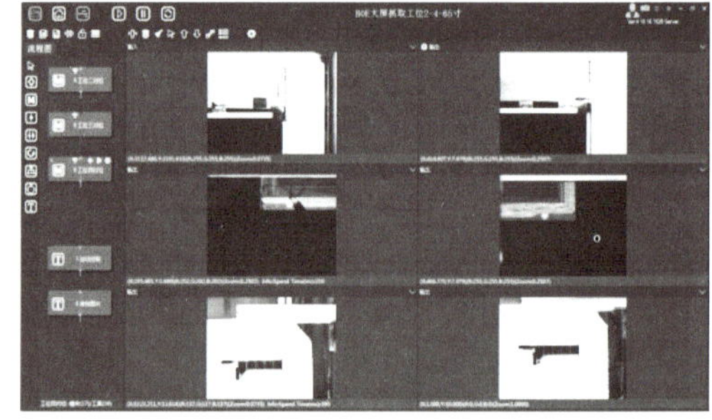

图 1-18　机器视觉编程软件运行特点

表 1-2　机器视觉编程软件常用工具列表

类型	工　　具
系统类	“服务器”工具、“客户端”工具、“串口”工具、“PLC 控制”工具、“机器人控制”工具、“信号源”工具、“定时器”工具、“光源控制”工具等
图像获取类	“图像”工具、“相机”工具、“保存图片”工具、“3D 相机”工具等
定位类	“仿射矩阵”工具、“斑点分析”工具、“找圆”工具、“找线”工具、“边缘点”工具、“形状匹配”工具、“灰度匹配”工具等
测量类	“圆卡尺”工具、“线夹角”工具、“边缘卡尺”工具、“线交点”工具、“线间距”工具、“点间距”工具、“矩形卡尺”工具、“点线距离”工具、“坐标转换”工具、“标定”工具等

续表

类型	工　　具
图像处理类	“转灰度图”工具、“通道分离”工具、“颜色提取”工具、“图像剪切”工具、“图像处理”工具、“阈值化”工具等
识别类	“二维码检测”工具、“字符识别”工具、条码检测工具等
对位类	“位移计算”工具、“坐标计算”工具、“对位平台”工具等
数据处理类	“累加”工具、“分类”工具、“保存表格”工具、“格式转换”工具、“列表”工具、“逻辑运算”工具、“字符串截取”工具、“用户变量”工具等

1.5.3　与行业应用相关性

在“机器视觉系统应用”赛项技术平台上，可以围绕不同的行业设计应用场景，目前已经公布的题库涵盖了半导体、3C、汽车、包装印刷、食品、医疗、机械制造、物流等行业应用案例，同时只要变换治具，就可方便地实现不同的行业应用，如图 1-19 所示。

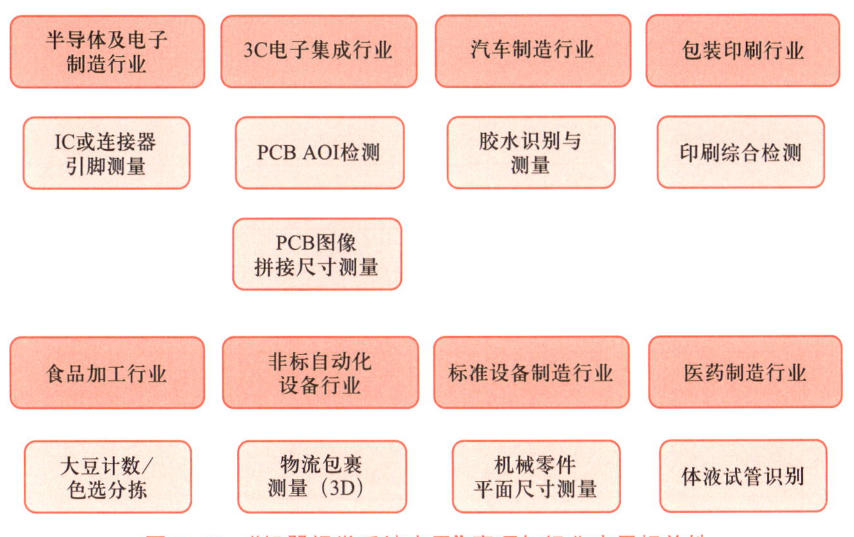

图 1-19　“机器视觉系统应用”赛项与行业应用相关性

1.5.4　与常见视觉应用设备相关性

“机器视觉系统应用”赛项技术平台和目前电子制造行业的典型设备结构基本相同，包含机台、相机、镜头、光源、运动控制机构及控制系统等。“机器视觉系统应用”赛项技术平台当前采用的精密直线模组构成的直角坐标机器人，与工业中多种常见视觉应用设备（图 1-20）类似。

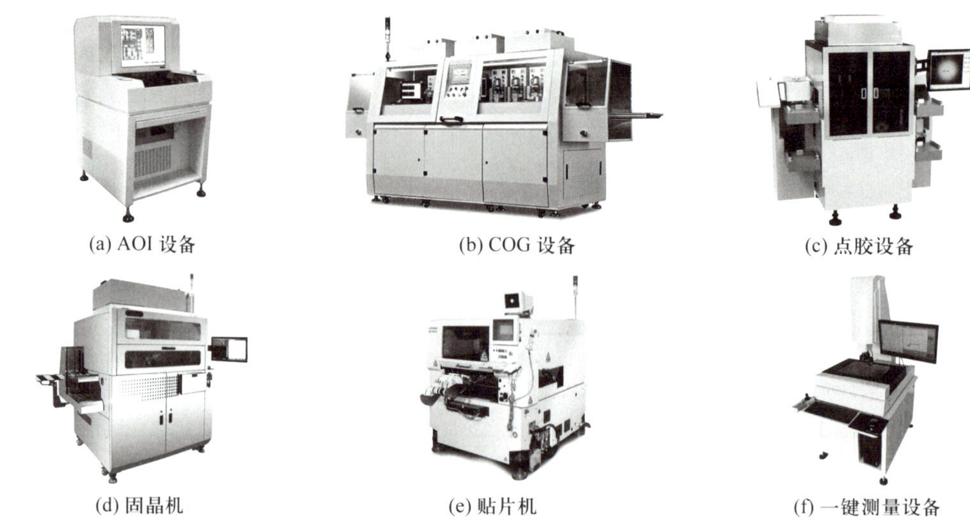
(a) AOI 设备　(b) COG 设备　(c) 点胶设备
(d) 固晶机　(e) 贴片机　(f) 一键测量设备

图 1-20　常见视觉应用设备

1.5.5　与机器视觉系统功能相关性

"机器视觉系统应用"赛项技术平台中提供的应用案例同时也包含了模式识别、视觉定位、尺寸测量、外观检测四大功能的典型应用(图 1-21),而且可以组合应用,并不断扩充。

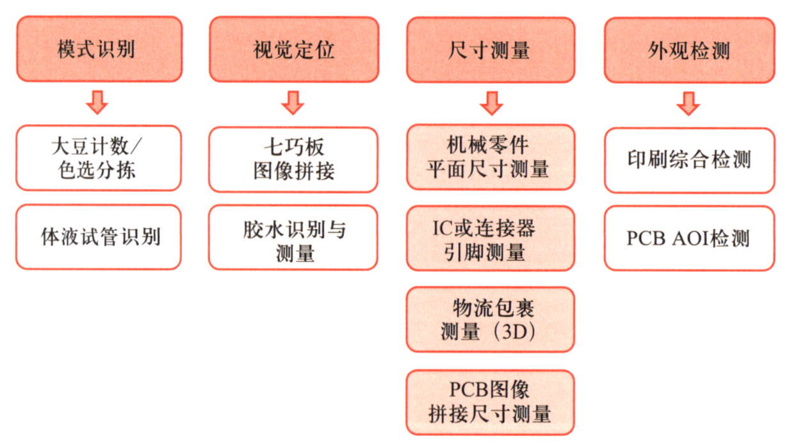

图 1-21　机器视觉系统四大功能的典型应用

第 2 章
机器视觉器件核心技术

机器视觉系统是由一系列的核心器件组成的，其中最主要的器件是相机、镜头及光源。机器视觉系统工作时，通过光源突出被测物的表面特征、削弱环境光影响；在光源的作用下，被测物通过镜头在相机的图像传感器上成像；相机通过传输协议把拍摄到的数字图像传输到处理器，由图像处理软件完成图像处理与信息提取，再将处理结果以信号输出。这就是机器视觉系统工作的核心流程。

要搭建机器视觉系统，首先要根据工业项目的应用选择合适的工业相机。与生活中常见单反相机及卡片式数码相机不同：首先，工业相机没有图像存储接口，不能外接存储卡；其次，工业相机也没有观察窗或液晶显示屏，不能在拍摄之前预览效果；最后，工业相机没有集成镜头，也不具备自动对焦 / 变焦功能。

三种不同类型的相机如图 2-1 所示。工业相机（图 2-1a）的结构简单，形状小巧，稳定性强。由于工业相机使用电子快门，其工作寿命可达五至十年，甚至更长，而单反相机（图 2-1b）使用机械快门，寿命有限；工业相机采用电信号控制触发拍照，实时输出数据，而单反相机无法高频高速同步拍照，数据无法实时输出。因此，尽管单反相机及卡片式数码相机（图 2-1c）具有电动聚焦，分辨率高等优点，但在工业领域中，工业相机的适应性和功能性更优于单反相机和卡片式数码相机。

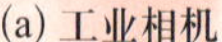
(a) 工业相机

(b) 单反相机

(c) 卡片式数码相机

图 2-1　三种不同类型的相机

三种不同类型的镜头如图 2-2 所示。与单反镜头（图 2-2b）或电影镜头（图 2-2c）具备机身马达及对焦功能不同，工业镜头（图 2-2a）需要手动调节聚焦位置与光圈，而且焦距固定，但其具备耐冲击性好、寿命长、成像畸变小等优点，更适用于工业领域。

(a) 工业镜头

(b) 单反镜头

(c) 电影镜头

图 2-2　三种不同类型的镜头

照明是机器视觉系统中非常重要的一环，机器视觉系统应用效果的好坏，取决于照明光源是否高效而稳定，能否将物体表面待识别或检测的特征突出显示。只有待识别或检测的特征在图像中有充足的对比度，图像处理算法才可以准确地将其识别或检测出来。早期机器视觉系统的照明光源主要采用卤素灯、荧光灯等，随着 LED 封装和生产技术的不断发展，目前最常用的照明光源是 LED 光源，如图 2-3 所示。一般工业 LED 光源寿命在两万小时以上，在其寿命时间内，LED 亮度衰减不超过 20%。

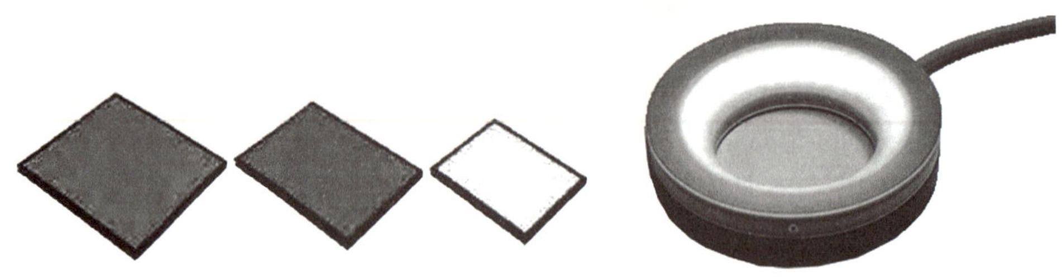

图 2-3　不同形状的 LED 光源

2.1 认识工业相机

工业相机是一种用于机器视觉的成像装置，该装置包括传感器芯片及各种功能电子器件。工业相机内部的功能模块主要有五大部分，分别为镜头接口，图像传感器，参数控制模块，数据传输接口以及供电、I/O 信号接口，如图 2-4 所示。镜头接口的作用是接入镜头。不同镜头接口的物理结构也不同。随着相机分辨率的不断提升，镜头接口也一直在不断更新。在进行相机及镜头选型时，要注意接口适配的问题。图像传感器是工业相机的核心器件，决定了工业相机的核心参数，如分辨率、像素尺寸、帧率、彩色 / 黑白等。图像传感器主要有 CCD 传感器和 CMOS 传感器两种，虽然结构不同，但工作原理类似，都是将像素接收到的光的强弱信号输出为数字图像信息。在工业相机的末端是供电、I/O 信号接口及数据传输接口，分别负责相机的供电、I/O 信号触发以及图像数据传输。

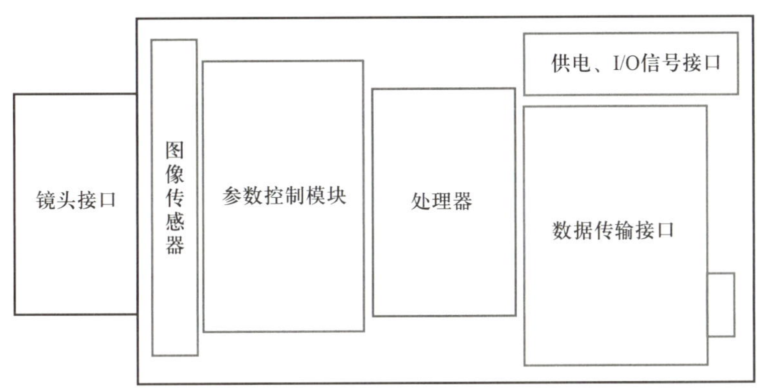

图 2-4　工业相机内部结构示意图

若在参数控制模块后加入如 DSP，ARM 等嵌入式处理器，并在处理器中预写入如测量、识别等图像处理算法，一般可将其称为智能相机（图 2-5）。因为处理器的加入，智能相机整体的功耗和散热相对普通工业相机（图 2-1a）更高，所以智能相机外壳会增加散热铝片，以降低工作时的温度。智能相机的外壳相对更大，镜头接口处通常也配好环形光源接口。

图 2-5　智能相机

在机器视觉系统中，如果采用工业相机，则系统中需要另外配置处理器，可选择嵌入式处理器或计算机。

基于计算机（PC-Based）的机器视觉系统如图 2-6 所示。PC-Based 架构的优势是拓展性强，灵活度高，系统可以应用多个工业相机，实现多视场、多工位、多功能的应用组合。

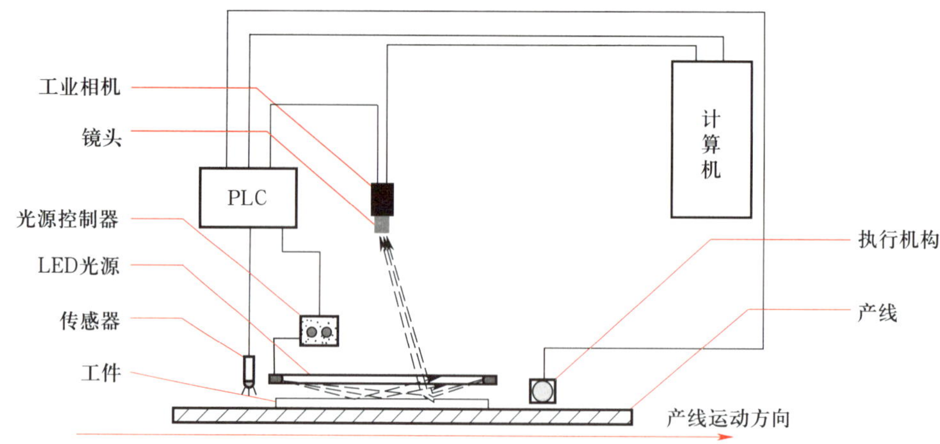

图 2-6　基于计算机的机器视觉系统

在 PC-Based 系统中，主要部件包括计算机、PLC、工业相机、镜头、光源控制器、LED 光源、传感器、执行机构等。其中，传感器的作用主要是用于判断工件的进入，在工业应用中，一般根据被检测工件的特性，来决定采用何种传感器。而产线上的执行机构则根据需求进行选择，如气缸踢废装置、机械手分拣装置等。PC-Based 系统的工作流程如下：产线上的工件运动到传感器工作范围内，传感器输出信号给 PLC；根据产线运动速度和位置信息，PLC 计算出工件运动到拍照位所需的时间，作为触发工业相机及光源控制器的延时时间，确保工件到拍照位时，光源点亮，工业相机拍照；拍摄图像经由传输协议上传到计算机中，经过图像处理后，计算机将判断信号传递给 PLC；PLC 结合产线运动速度和位置信息，在一定时延后，触发执行机构进行分拣或者踢废处理。

图 2-7 所示为基于智能相机（嵌入式）的机器视觉系统。该系统的工作流程与 PC-Based 系统类似，唯一不同之处在于，图像处理在智能相机端直接完成。与 PC-Based 系统相比，嵌入式系统更简洁稳定。

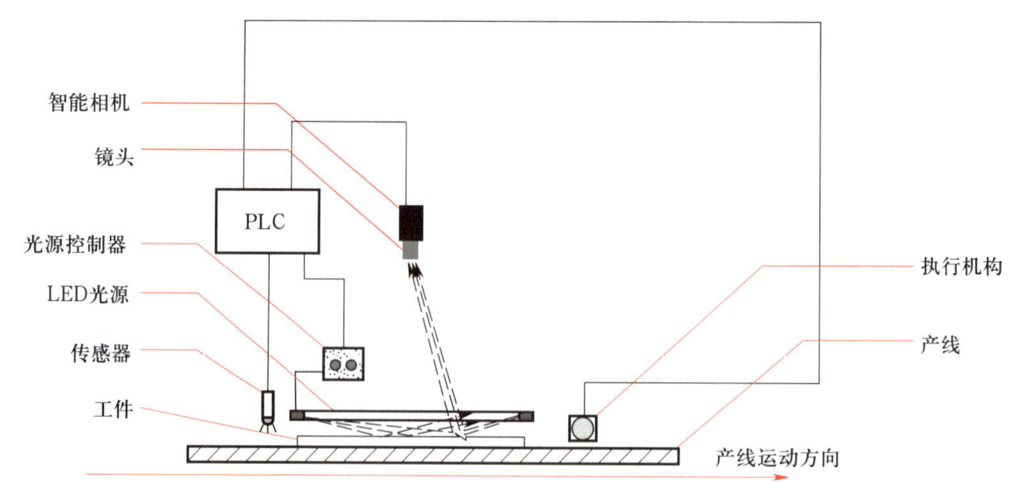

图 2-7　基于智能相机的机器视觉系统

在工业领域,智能相机与工业相机都有着广泛的应用。相较而言,智能相机的优点是:第一,防护等级高,适用于恶劣环境;第二,脱离计算机独立工作,稳定性好,易于维护;第三,布置灵活,节约空间。但智能相机仍存在以下缺点:第一,智能相机的处理速度有限,运算速度慢,以致无法使用复杂的图像处理算法;第二,单个智能相机的成本远高于单个工业相机,多工位部署会使得成本很高;第三,受限于处理速度,智能相机不会采用高帧率、高分辨率的图像采集芯片,所以也不能适用于需要高性能相机进行阵列组合使用的场景,如光场相机阵列、高速相机阵列、高分辨率图像拼接阵列。因此,在工业项目中,需要结合产线与实际需要,灵活选择智能相机或者工业相机。

2.1.1 图像传感器

1. 图像传感器的类型

工业相机中,负责感光及成像的核心器件为图像传感器,最常见的图像传感器有两种,分别是 CCD(charge-coupled device,电荷耦合器件)传感器和 CMOS(complementary metal oxide semiconductor,互补金属氧化物半导体)传感器。这两种图像传感器的结构虽然不同,但工作原理类似。当光照射在图像传感器的感光像素上时,因光电效应,感光像素上的电子被激发,经过 A/D 转换之后,电流模拟信号变成二进制数字信号,从而生成灰度图像(黑白图像),如图 2-8 所示。

CCD 的基本感光像素为 MOS(金属 - 氧化物 - 半导体)电容。CCD 传感器的工作过程分为四个阶段,分别是电荷的生成、电荷的收集、电荷的转移、电荷的测量。CCD 传感器电荷的收集、转移、测量是在感光像素外部完成的。CCD 传感器上的每个感光像素的电荷需经过临近感光像素输出到读出寄存器,并最终经输出放大器计量和转换为数字信号,如图 2-9 所示。

CMOS 传感器的结构与 CCD 传感器不同,如图 2-10 所示,在 CMOS 传感器中,每个感光像素都有自己的电荷 - 电压转换电路。CMOS 传感器通常还包括放大器、噪声校正和数字化电路,以便输出数字信号。这些功能增加了设计的复杂性,减少了可用于光捕获的区域。由于 CMOS 传感器每个感光像素独立完成 A/D 转换,导致其输出图像均匀性较低,但 A/D 转换是大规模并行处理的,所以 CMOS 传感器能达到更高的输出总带宽。同时,CMOS 传感器制造工艺相对更简单,在大部分应用中,CMOS 传感器比 CCD 传感器更有成本优势。

CCD 传感器和 CMOS 传感器的优缺点对比见表 2-1。CMOS 传感器的结构更简单,制造成本更低,逐渐成为工业相机中主要应用的图像传感器,CCD 更多应用在天文、生物、军事等高端领域。

2. 图像传感器的技术指标

图像传感器的技术指标主要有分辨率、快门类型、帧率、位深、像素尺寸、信噪比、动态范围、图像格式等。

(1) 分辨率:由横向分辨率和纵向分辨率两个参数构成,在图像传感器上,即横向和纵向像素点的数量。

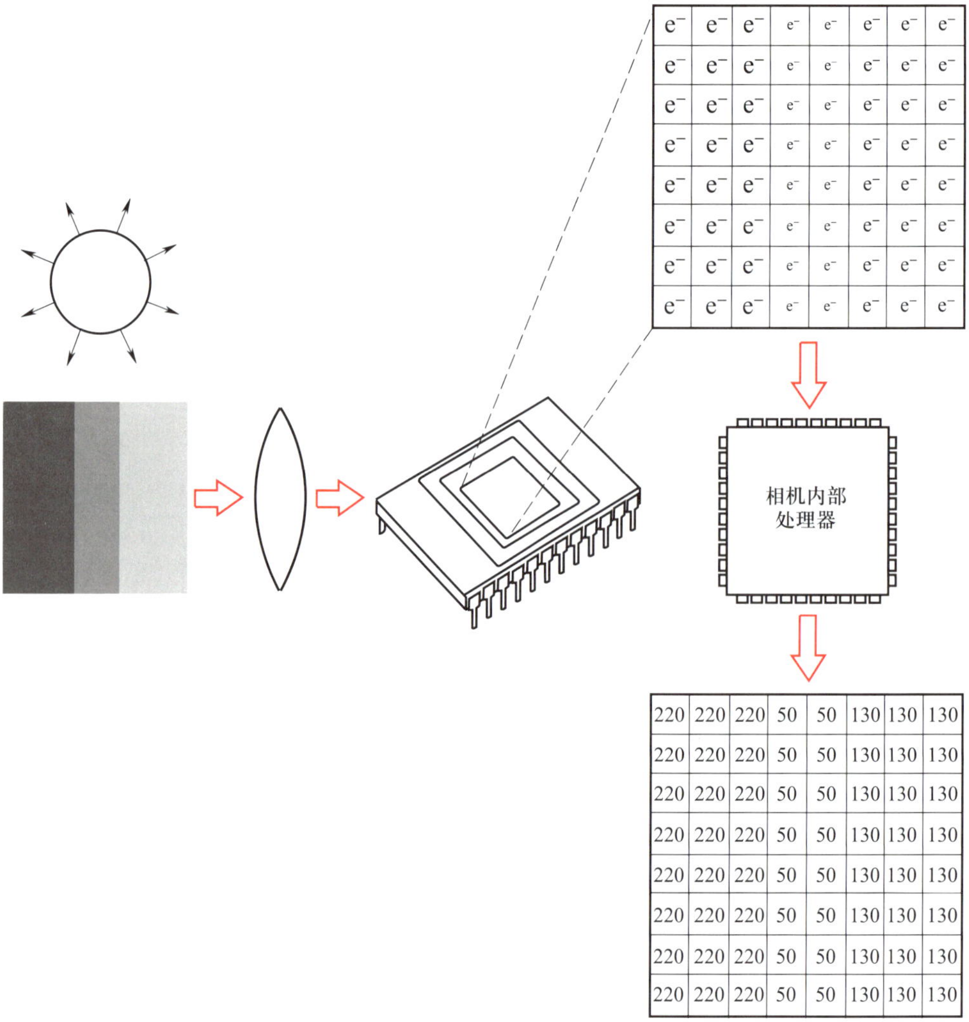

e^-	e^-	e^-	e^-	e^-	e^-	e^-	e^-
e^-	e^-	e^-	e^-	e^-	e^-	e^-	e^-
e^-	e^-	e^-	e^-	e^-	e^-	e^-	e^-
e^-	e^-	e^-	e^-	e^-	e^-	e^-	e^-
e^-	e^-	e^-	e^-	e^-	e^-	e^-	e^-
e^-	e^-	e^-	e^-	e^-	e^-	e^-	e^-
e^-	e^-	e^-	e^-	e^-	e^-	e^-	e^-
e^-	e^-	e^-	e^-	e^-	e^-	e^-	e^-

相机内部处理器

220	220	220	50	50	130	130	130
220	220	220	50	50	130	130	130
220	220	220	50	50	130	130	130
220	220	220	50	50	130	130	130
220	220	220	50	50	130	130	130
220	220	220	50	50	130	130	130
220	220	220	50	50	130	130	130
220	220	220	50	50	130	130	130

图 2-8　图像传感器工作原理示意图

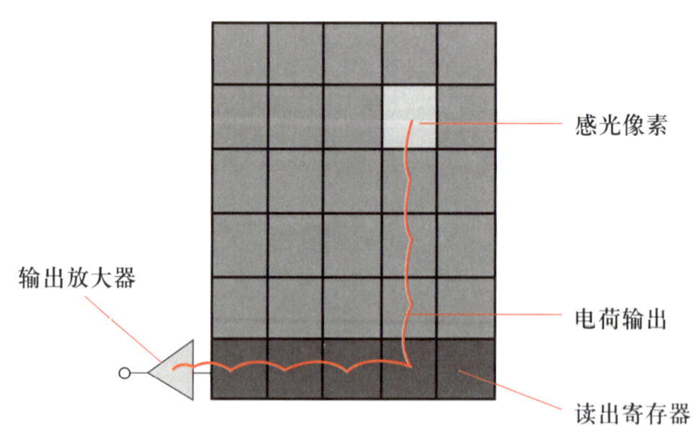

图 2-9　CCD 传感器工作过程示意图

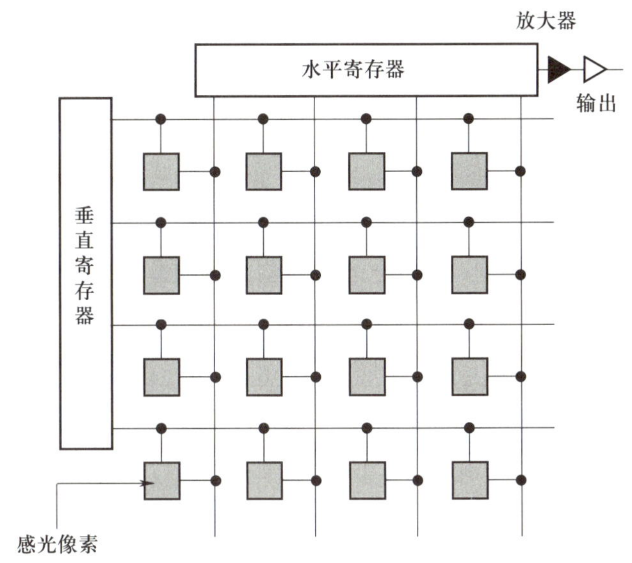

图 2–10　CMOS 传感器结构示意图

表 2–1　CCD 传感器和 CMOS 传感器的优缺点对比

传感器类型	优点	缺点
CCD	噪声小； 成像均匀性好； 灵敏度高	芯片集成度低； 制造难度高； 帧率低
CMOS	芯片集成度高； 制造难度低； 帧率高	噪声大； 成像均匀性差； 灵敏度低

（2）快门类型：分为全局快门和卷帘快门，其主要差别在于，拍摄快速运动物体时，采用卷帘快门的相机输出的图像会有运动形变，如图 2–11 所示。

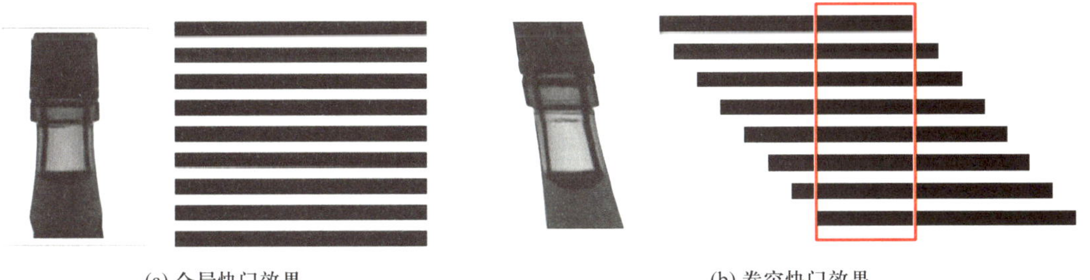

(a) 全局快门效果　　(b) 卷帘快门效果

图 2–11　全局快门与卷帘快门效果

（3）帧率：指的是单位时间（1 s）内相机采集图像的最大数量，相机帧率越高，单位时间内可采集图像越多。

（4）位深：将图像传感器感光像素上的电流信号转换为数字信号时，要进行 A/D 转换，A/D 转换时所采用的二进制位数，就是位深。位深越高，蕴含的信息细节越多，但也意味着要处理的数据越大。一般工业相机都采用 8 bit 或 10 bit 位深。

（5）像素尺寸：指的是图像传感器上每个像素点的大小，像素尺寸越大，则单个像素点感光越强。

（6）信噪比：即 SNR（signal to noise ratio），指的是图像中有用信号与噪声的比例，常用分贝表示，计算方法为 $10\lg\frac{S}{N}$，其中，S 和 N 分别表示有用信号灰度值和噪声灰度值。信噪比越高，意味着噪声抑制越好。

（7）动态范围：以 8 bit 位深的图像为例，指的是图像中，灰度值为 255 的像素中的电子数与灰度值为 1 的像素中的电子数的比例。动态范围越大，意味着像素之间采样的差异越大，也就说明暗度的细节更多，对于户外成像应用，如自动驾驶，一般要求相机动态范围越大越好。

（8）图像格式：指的是图像的存储格式，按颜色可分为彩色和黑白，按位数可分为 8 bit 和 10 bit。目前常用的图像格式为 Mono8，即 8 bit 黑白图像，此外，BayerGB8 格式（8 bit 彩色图像）也经常用于工业领域。

3. 图像传感器的结构

按照图像传感器像素的排列方式，可以将工业相机分为面阵相机和线阵相机两种。面阵相机的图像传感器像素呈矩形排列，分辨率为横向像素数 × 纵向像素数，如 1 920×1 080，分辨率越高，成像细节越多。线阵相机的图像传感器像素呈线形排列，有单线和多线两类，分辨率为横向像素数 × 像素行数，如 4 096×1，表示单线 4 096 个像素。这两种相机的输出图像差异在于，面阵相机每次获取的是一个面的信息，如 2-12a 所示；线阵相机每次获取的是一条线的信息，成像时需要将输出的每行像素拼接起来，如图 2-12b 所示。

线阵相机常用于检测连续的材料，如铝箔、铜箔、钢带、无纺布、透明膜、纸张、玻璃等。被检测的物体需匀速运动，如果速度出现波动，则需通过编码器等对其运动速度进行补偿，避免图像被压缩或者拉伸。此外，线阵相机可以直接将圆柱物体的侧面展开成像，适合于对圆柱形材料成像。线阵相机的像素在物体的运动方向上成像很均匀，特别适用于精密瑕疵检测场景。

4. 图像传感器的色彩输出

在实际应用中，存在输出彩色图像的需求。彩色图像传感器的结构是基于人眼感知色彩的方法设计的。

人眼的视网膜上，分布着两种感光细胞，一种叫作视杆细胞，一种叫作视锥细胞。视杆细胞感受弱光刺激，而视锥细胞感受强光和颜色。视锥细胞分为三种，各自吸收不同波长的光，分别是红色、绿色、蓝色。也就是说，人眼感光主要分为三个通道：红色通道、绿色通道、蓝色通道。

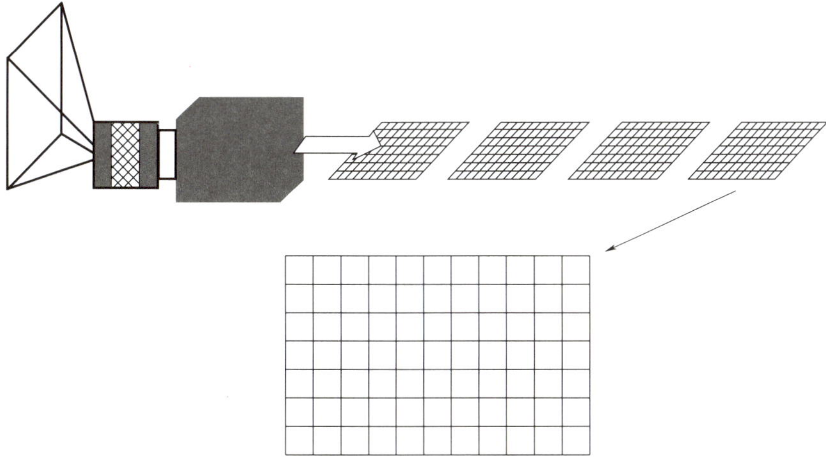

(a) 面阵相机图像输出

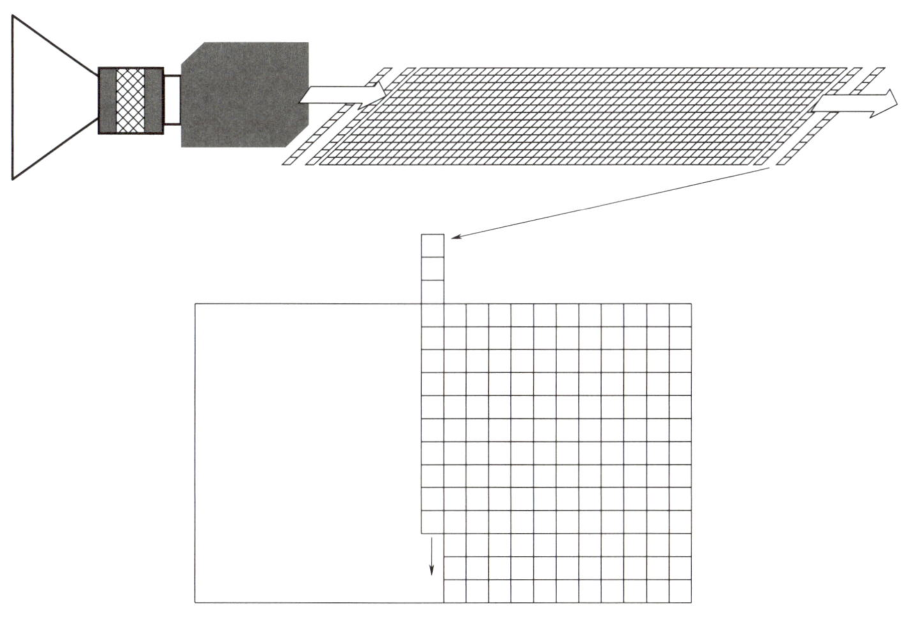

(b) 线阵相机图像输出

图 2-12　面阵相机和线阵相机工作示意图

早期的彩色工业相机为了模拟人眼感光，通过分光棱镜将入射光线分为三束，分别采用三块图像传感器收集红色、绿色、蓝色通道的信息。如图 2-13 所示，物体的像经过分光棱镜分为三束，分别经过红色、绿色、蓝色滤光片后成像在图像传感器上，并形成红色、绿色、蓝色通道的图像信息。三个通道的图像合成之后，输出的即是彩色图像。

基于分光结构的彩色工业相机成本较高，分辨率有限，目前只在印刷行业等色彩检测要求较高的场景中有应用。

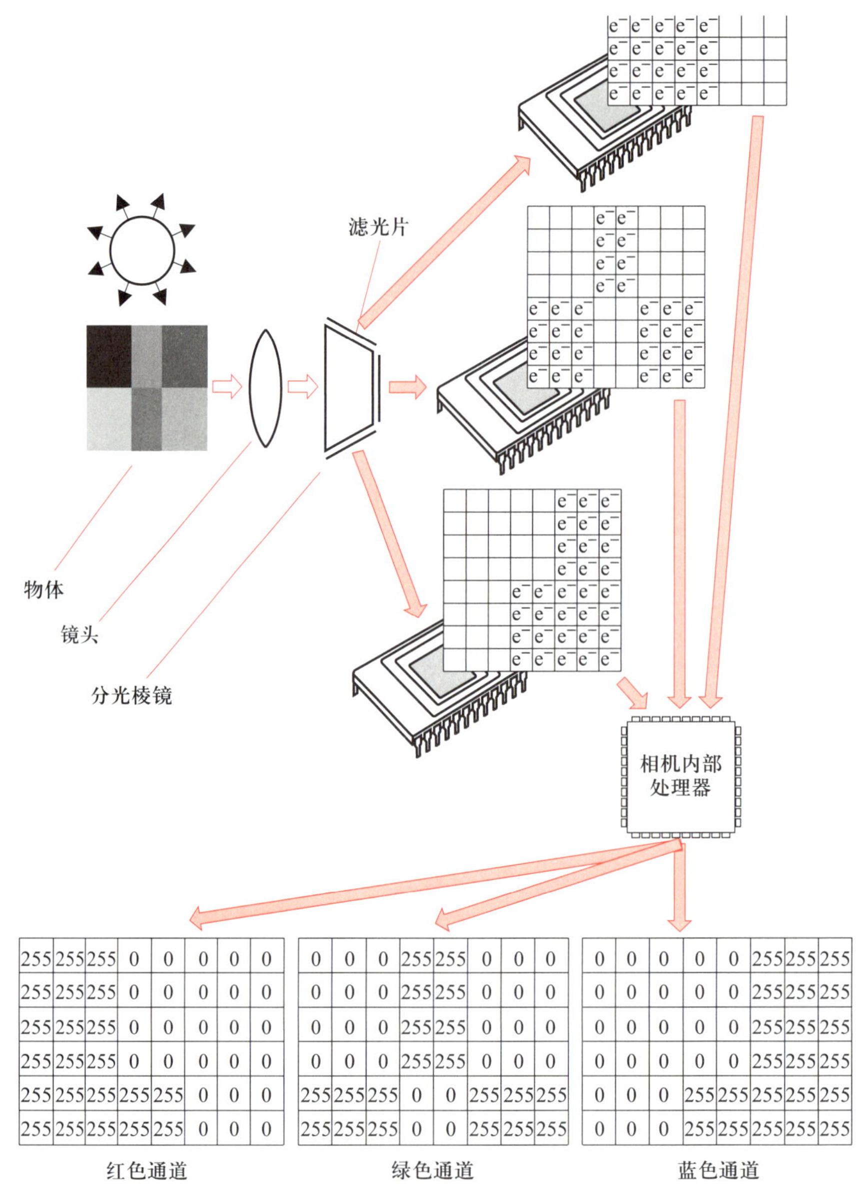

图 2-13 基于分光结构的彩色工业相机工作原理示意图

柯达公司的布赖斯·拜耳（Bryce Bayer）于 1974 年提出了一种拜耳（Bayer）阵列方案。这种方案中，图像传感器的像素前方设置了一层色彩滤波阵列（color filter array，CFA），如图 2-14 所示，每个像素只感应允许通过的光波长，可以输出一个三个通道之一的值。为了解决单像素缺失另外两个通道数据的问题，引入邻近像素进行插值计算，从而得到三个通道的完整数据。采用拜耳阵列的彩色 CCD/CMOS 传感器采集的颜色信息是通过插值计算获得的，与原始数据存在一定误差，因此，采集到的图像边缘的对比度会比黑白相机的差。

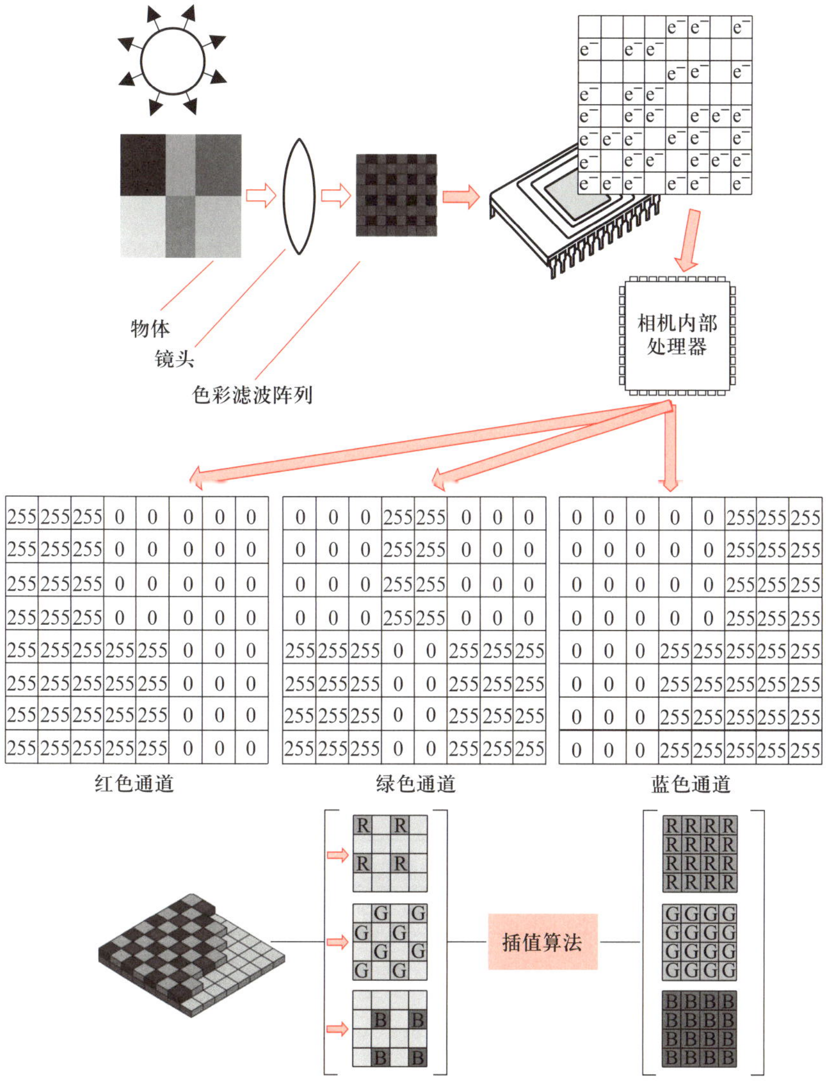

R—红色；G—绿色；B—蓝色。

图 2-14　基于拜耳阵列方案的彩色相机工作原理示意图

2.1.2　光学及数据接口

1. 镜头接口

工业相机的镜头接口位于相机前端，如图 2-15 所示。相机的镜头接口有多种类型，其尺寸受到图像传感器尺寸影响，图像传感器越大，镜头接口越大。镜头接口与相机必须互相匹配，镜头才能安装在相机上并且清晰成像。在进行相机及镜头选型时，须要关注相机及镜头参数，明确接口类型与兼容图像传感器尺寸等参数。

表 2-2 列出了常见四种镜头接口参数。C 接口和 CS 接口是工业相机最常见的国际标准接口，为 1-32UN 统一螺纹连接口，C 接口和 CS 接口的区别在于，C 接口的法兰距为 17.526 mm，而 CS 接口的法兰距为 12.5 mm。F 接口是尼康镜头的接口标准，所以又称尼

康口，也是工业相机中常用的类型，常用于靶面尺寸大于 1 in（英寸）的工业相机。随着相机的靶面尺寸越来越大，M72 接口应运而生，这种接口具有更大的卡环直径与法兰距，可以匹配大靶面像素相机。选择镜头接口时要确保其与相机接口一致。

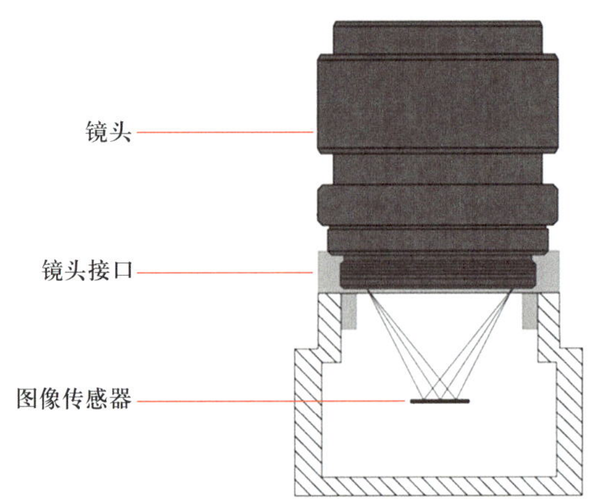

图 2-15 镜头接口位置示意图

表 2-2 常见四种镜头接口参数

接口类型	螺距 /mm	法兰距 /mm	卡环直径 /mm
C 接口	0.75	17.526	25.4
CS 接口	0.75	12.5	25.4
F 接口	—	46.5	47
M72 接口	0.75	31.8	72

图 2-16 展示了三种不同的相机接口与对应镜头，分别是 C 接口（图 2-16a）、F 接口（图 2-16b）与 M72 接口（图 2-16c）。

2. 数据传输接口与供电、I/O 信号接口

工业相机的数据传输接口与供电、I/O 信号接口位于相机后端。为了实现数据抓拍，工业相机都具备外部 I/O 信号触发图像采集的功能，如果工业相机采用的传输协议不支持供电功能，则须要通过外接电源实现相机供电。USB 3.0 传输协议具备供电功能，因此，采用 USB 3.0 协议的工业相机可以不用外接供电电源。

图 2-17 所示为某工业相机背部示意图，包含 6 引脚供电、I/O 信号接口，数据传输接口以及状态指示灯三部分。使用该工业相机前就须要对相机进行供电接线，将引脚 1 接入 12 V 直流电源，引脚 6 接入直流电源地。如果须要对相机进行外部 I/O 信号触发，就要将触发正信号输入接入引脚 2，将 I/O 信号地接入引脚 5。

一般的工业相机没有集成图像处理功能，须要将采集到的图像数据通过协议传输到处理平台，不同图像数据传输协议采用的物理接口不同。以 PC-Based 系统为例，如果作为处理平台的工控机中没有 Camera Link 接口，则须要安装 Camera Link 图像采集卡，以实现相机与工控机的物理连接和数据传输。

(a) C接口相机与C接口镜头

(b) F接口相机与F接口镜头

(c) M72接口相机与M72接口镜头

图 2-16　三种不同的相机接口与对应镜头

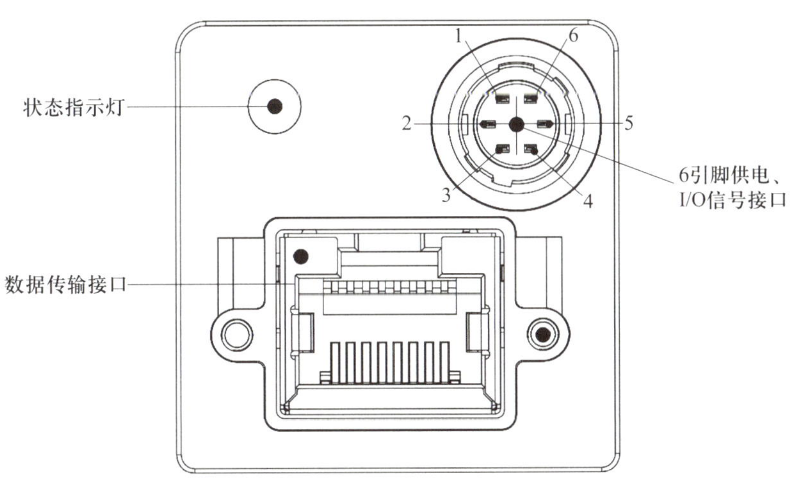

1—6 ~ 26 V 直流电源；2—光耦隔离输入；3—可配置 I/O 信号接口；
4—光耦隔离输出；5—光耦隔离地；6—直流电源地。

图 2-17　某工业相机背部示意图

常见相机传输协议包括 USB 3.0, GigE, Camera Link, CoaXPress 等,其特性见表 2–3。

表 2–3　常见相机传输协议特性

相机传输协议	数据传输速率 /（Gbit/s）	传输距离 /m	特点
USB 3.0	5	5	常见,低成本,多相机扩展容易,传输速率高
GigE	1	100	常见,低成本,多相机组网,传输距离远
Camera Link Base/Medium/Full/Full+	2.04/4.08/5.44/6.80	10	抗干扰能力强,传输带宽高,须配专用采集卡,配件成本高
CoaXPress	6.25（单线）	>100	传输速率高,传输距离远,须配专用采集卡,配件成本高

（1）USB（universal serial bus）,即通用串行总线,是在个人计算机（PC）领域广为应用的新型接口技术。目前,工业相机主要应用 USB 3.0 协议,理论最大数据传输速率可达 5 Gbit/s,实际数据传输速率约为 3.2 Gbit/s。USB 3.0 接口的相机与线缆如图 2–18 所示。

图 2–18　USB 3.0 接口的相机与线缆

（2）GigE,即千兆以太网,建立在以太网标准基础之上,与快速以太网完全兼容,沿用了以太网标准所规定的全部技术规范,包括 CSMA/CD 协议、以太网帧、全双工、流量控制,以及 IEEE 802.3 标准中所定义的管理对象。作为以太网的组成部分,GigE 也支持流量管理技术,包括 IEEE 802.1P 第二层优先级、第三层优先级的 QoS 编码位、特别服务和资源预留协议（RSVP）等,以保证在以太网上的服务质量。目前,GigE 的数据传输速率达到完整的 1 Gbit/s,传输距离为 100 m。GigE 接口的相机与线缆如图 2–19 所示。

（3）Camera Link 是适用于视觉应用数字相机与图像采集卡间的通信协议,扩展了 Channel Link 技术,提供了视觉应用的详细规范。Camera Link 是由自动成像协会（AIA）推出,在美国国家半导体公司（NSM）的接口协议 Channel Link 基础上发展而来的一种串行的数字图像信号通信接口协议,采用 LVDS 接口标准。Camera Link 是一种高分辨率和高帧速率传输的标准,最大数据传输速率可达 6.80 Gbit/s,具有速度快、抗干扰能力强、功耗低的优点。Camera Link 接口的相机与线缆如图 2–20 所示。

图 2-19　GigE 接口的相机与线缆

图 2-20　Camera Link 接口的相机与线缆

（4）CoaXPress（CXP）是于 2008 年推出，用于替代 Camera Link 的协议。由于 Camera Link 的总线频率相对较低，仅为 85 MHz，须要使用不同的并行传输通道（称为“接线”），使得所需的线材非常厚重，灵活度差，价格昂贵。此外，Camera Link 的传输距离最大只能达到 10 m。而 CoaXPress 数据传输速率更高，单根线缆可达 6.25 Gbit/s，4 根线缆可达 25 Gbit/s；传输距离更长，超过 100 米（不使用集线器和中继器）；线缆材料更加稳定，可以使用标准的同轴电缆，如 RG59 和 RG6；支持热插拔。对于许多应用而言，在更远的距离上实现相机和计算机之间的桥接具有很高的应用价值，能够实现更复杂的图像处理解决方案。CoaXPress 非常受市场欢迎，在半导体行业尤为如此。例如，在自动光学检测（AOI）系统中，必须以高分辨率获得大数据量，并且不能出现明显的延迟。其他应用领域还包括印刷检查、食品检测、智能交通和医疗等。CoaXPress 接口的相机与线缆如图 2-21 所示。

图 2-21　CoaXPress 的接口相机与线缆

2.2 认识工业镜头

人的眼睛有眼角膜、晶状体、视网膜等构造，人眼成像时，眼角膜和晶状体对入射光进行折射、汇聚，再在视网膜成物体的倒像。与人眼成像类似，在机器视觉系统中，要用镜头将物体发出或反射的光折射、汇聚到 CCD/CMOS 上成像。工业应用中，匹配工业相机成像的镜头称为工业镜头。

2.2.1 工业镜头的选型计算

镜头的设计和制造主要的理论依据为几何光学。工业中常用的镜头可以分为普通镜头与远心镜头两种。

1. 普通镜头的选型计算

假设物体的成像长度为 y'，物体的实际长度为 y，镜头的焦距为 f，镜头前端到物体距离（工作距离）为 WD，则有

$$\frac{y'}{y}=\frac{f}{\mathrm{WD}}$$

成像长度实际上等于图像传感器长度 y''，则有

$$\frac{y''}{y}=\frac{f}{\mathrm{WD}}$$

图像传感器长度可以通过分辨率 × 像素尺寸得到。

例如，假设要拍摄的物体是正方形，大小为 100 mm × 100 mm，相机分辨率为 1 920 × 1 200，像素尺寸为 4.8 μm，则图像传感器大小约为 9.2 mm × 5.8 mm。由于图像传感器为长方形，物体为正方形，须要图像传感器的短边大于物体的成像的边长，才能对整个物体成像。因此，取 y''=5.8 mm。假设工作距离 WD 为 500 mm，根据计算公式 $f=\mathrm{WD}\times\frac{y''}{y}$，代入实际值，可以算出焦距 f=29 mm。如果选择 25 mm 焦距镜头，图像传感器上就有完整的物体的成像，如图 2-22a 所示；如果选择 35 mm 焦距镜头，成像效果如图 2-22b 所示，物体的成像有一部分落在了图像传感器之外，即物体拍不全。这是由于在工作距离恒定，物体大小恒定时，焦距越大，成像越大，而图像传感器大小是固定的，过大的成像会超出图像传感器范围，从而出现成像不全的现象。

2. 远心镜头的选型计算

远心镜头与普通镜头的根本差异在于，远心镜头可以消除透视差。普通镜头的成像规律是近大远小（图 2-23a），远心镜头的成像规律是无论远近，大小一致（图 2-23b）。远心镜头的工作距离是恒定的，镜头前端到物体距离不能改变，常见远心镜头的工作距离为 65 mm，110 mm。

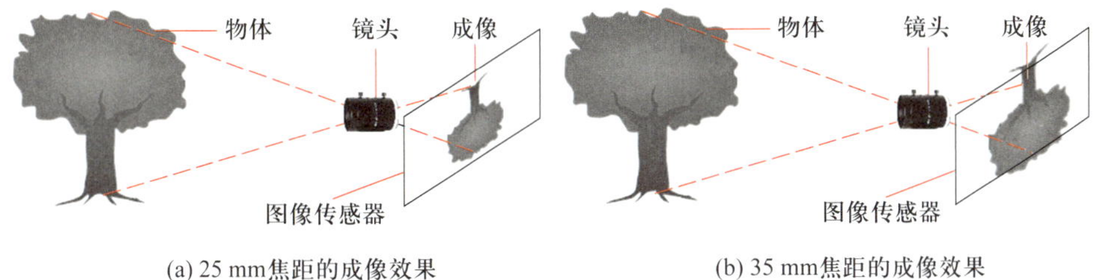

(a) 25 mm焦距的成像效果　(b) 35 mm焦距的成像效果

图 2-22　不同焦距的成像效果

远心镜头没有焦距，主要参数为工作距离、靶面尺寸、分辨率、放大倍率、畸变率等。其中，放大倍率决定镜头的视野范围。如图 2-24 所示，图像传感器长度为 Y'，物体长度为 Y，则

$$\text{放大倍率}=\frac{Y'}{Y}$$

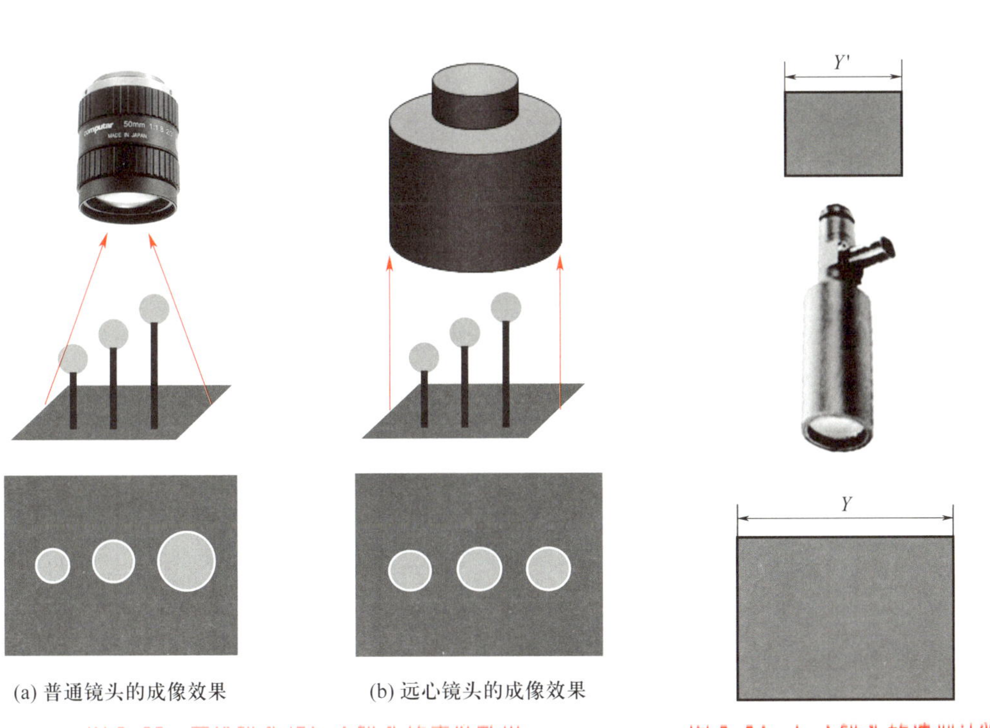

(a) 普通镜头的成像效果　(b) 远心镜头的成像效果

图 2-23　普通镜头和远心镜头的成像效果

图 2-24　远心镜头的选型计算

例如，已知相机分辨率为 1 920×1 200，像素尺寸为 4.8 μm，选用放大倍率为 0.5 的镜头，计算可拍摄的视野范围大小：

① 计算出图像传感器大小约为 9.2 mm×5.8 mm；

② 将放大倍率代入公式 $Y=\frac{Y'}{\text{放大倍率}}$，即可求得可拍摄的视野范围为 18.4 mm×11.6 mm。

2.2.2 工业镜头的主要参数

工业镜头的主要参数包括靶面尺寸、光圈值、聚集范围、景深、分辨率、畸变率等。这些参数决定了工业镜头的工作性能。

1. 靶面尺寸

镜头成像的本质是将物方的圆形视野聚焦，并在像方成一个圆形像，这个像圆的直径，在镜头参数中叫作靶面尺寸。如果靶面尺寸与图像传感器尺寸相匹配，如图 2–25a 所示，成像效果为正常图像（图 2–25b）。如果镜头的成像圆直径小于相机的图像传感器对角线长度，如图 2–26a 所示，则会出现类似于图 2–26b 中的成像效果，四个角出现黑影。

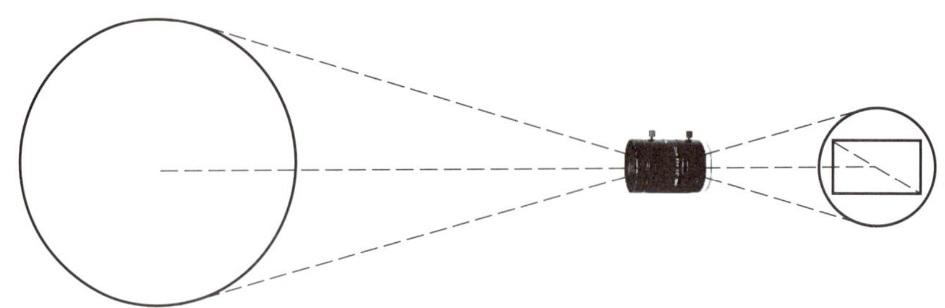

(a) 靶面尺寸与图像传感器尺寸相匹配

(b) 靶面尺寸与图像传感器尺寸相匹配成像效果

图 2–25 靶面尺寸与图像传感器尺寸相匹配及其成像效果

2. 光圈值

光圈值是用以描述镜头通光量的参数，光圈值越小，镜头通光量越多。镜头的光圈值 F 与镜头的孔径光阑直径 D 及焦距 f 有关，即 $F=\dfrac{f}{D}$。镜头的孔径光阑是可以调节的，可以扩大或者缩小，从而改变光圈值和通光量，如图 2–27 所示。

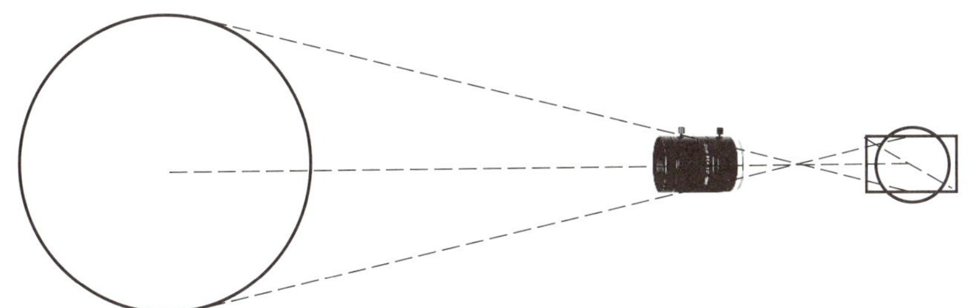

(a) 靶面尺寸与图像传感器尺寸不匹配

(b) 靶面尺寸与图像传感器尺寸不匹配成像效果

图 2-26　靶面尺寸与图像传感器尺寸不匹配及其成像效果

图 2-27　镜头的孔径光阑的调节

镜头上有两个调节环，如图 2-28 所示。焦距调节环的数值代表镜头焦点与镜头前端之间的距离；光圈调节环的刻度值包括 F2.8，F4，F8，F16，对应光圈的不同开合尺寸，调节光圈调节环，则镜头的通光量也发生相应变化。

图 2-28　镜头的调节环

3. 聚焦范围和景深

镜头有效工作距离的范围称为聚焦范围，超出该范围则不能清晰成像。镜头的景深是指在取得清晰图像时，所测定的被拍摄物体前后距离范围。镜头的景深与光圈值、工作距离、焦距相关。工作距离、焦距不变时，光圈值越小，景深越小；光圈值、焦距不变时，工作距离越小，景深越小；光圈值、工作距离不变时，焦距越小，景深越大。如图 2-29 所示，聚焦在某个目标时，光圈值设置越小，景深越小，光圈值设置越大，则聚焦目标前后的清晰范围越大，即景深越大。

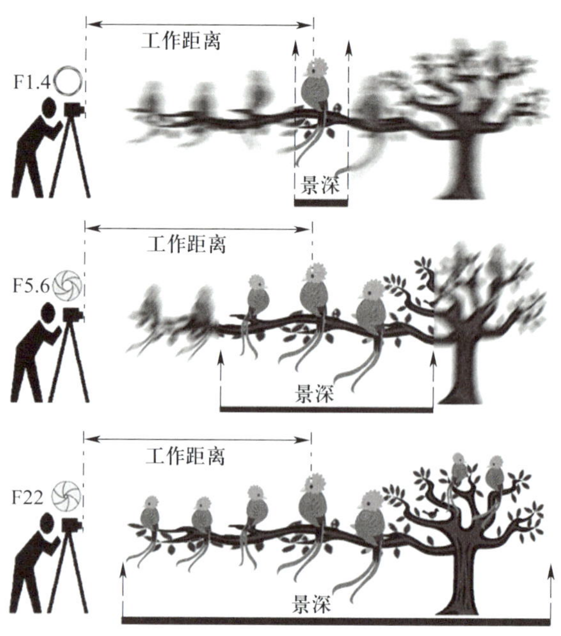

图 2-29　镜头光圈值与景深

4. 分辨率

分辨率是评价镜头性能的一个重要参数，指的是在像面上 1 mm 内能够分辨开的黑白相间的线条对数，如图 2-30 所示，一个线对就是一条黑线与一条白线，分辨率的单位即为线对 /mm。

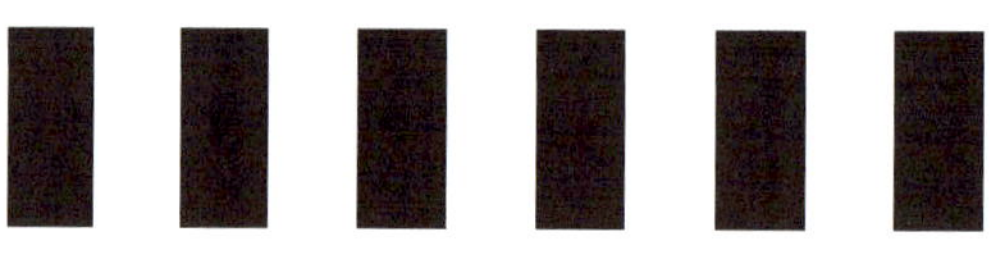

图 2-30　镜头分辨率与线对

工业上为了便于镜头选型，镜头标称分辨率按照匹配的相机分辨率来表述。表 2-4 给出了镜头标称分辨率与线对分辨率的关系，如果选择 500 万像素镜头，这个镜头的实际线对分辨率为 160 线对 /mm。

表 2-4　镜头标称分辨率与线对分辨率的关系

镜头标称分辨率 / 像素	镜头线对分辨率 /（线对 /mm）
100 万	90
200 万	110
500 万	160

5. 畸变率

镜头在设计和加工上存在的误差会导致物体成像时产生形变。如果被拍摄物平面内的主轴外直线，经光学系统成像后变为曲线，则此光学系统的成像误差称为畸变。畸变只影响成像的几何形状，而不影响成像的清晰度。

如图 2–31 所示，畸变可以分为枕形畸变（2–31b）与桶形畸变（2–31c）。

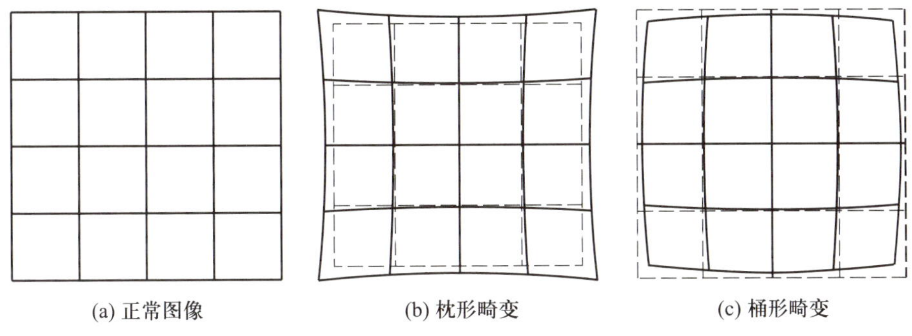

(a) 正常图像　　(b) 枕形畸变　　(c) 桶形畸变

图 2–31　镜头成像的两种畸变

图 2–32 展示的是枕形畸变（图 2–32a）与桶形畸变（图 2–32b）的成像效果。

(a) 枕形畸变成像效果

(b) 桶形畸变成像效果

图 2–32　两种畸变的成像效果

镜头畸变率计算如下：

$$畸变率=\frac{y-y'}{y}\times 100\%$$

式中，y 为正常图像对角线长度的 $\frac{1}{2}$，y' 为畸变图像对角线长度的 $\frac{1}{2}$，如图 2–33 所示。桶形畸变的畸变率为正数，枕形畸变的畸变率为负数。

为避免镜头畸变对测量精度的影响，在测量应用中，需要进行畸变校正，通过使用标定板与标定算法，可以计算镜头的畸变率等参数并进行补偿，确保实现目标物体的精确测量。

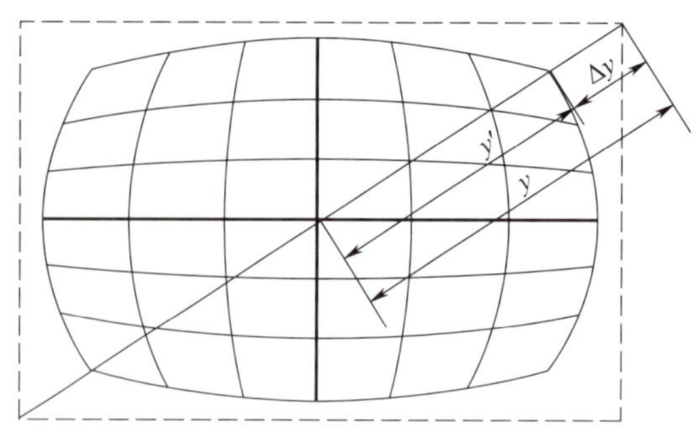

图 2-33　畸变率的计算

2.3 认识工业光源

机器视觉系统进行成像时，光源的作用是提供稳定的照明条件，使被拍摄物体的待查找特征具备明显而稳定的灰度值差异，并降低环境及物体其他部分的干扰，使相机可以获得高对比度的物体特征图像，从而降低图像处理算法的难度，提高系统的识别精度及鲁棒性。如果说机器视觉是给设备装上“眼睛”，那么合适的光源选型与应用（称为“打光”）可以令这双“眼睛”变成火眼金睛。工业现场往往是复杂的、多变的，好的打光方案可以令机器视觉系统不受环境因素的影响，从而得以获取稳定的、高对比度的图像。

在了解工业光源之前，首先要了解光的基础知识。光是由单一的或多种成分的光波组成的，例如，日光就是由从红外到紫外的光波组成的，人眼可见的光波波长范围在 380 nm（紫色）至 750 nm（红色）之间。另外，光在传播过程中，也有一些基本物理特性，包括镜面反射、漫反射、折射、透射、吸收等。

（1）镜面反射：是指若反射面比较光滑，当平行的光线入射到这个反射面时，仍会平行地向一个方向反射出来的现象。

（2）漫反射：是指投射在粗糙表面上的光向各个方向反射的现象。

（3）折射：是指光从一种透明介质斜射入另一种透明介质时，传播方向一般会发生变化的现象。

（4）透射：是指入射光线经过折射穿过物体后的出射现象。

（5）吸收：是指原子在光照下，会吸收光子的能量由低能态跃迁到高能态的现象。

 2.3.1　工业光源的类型

常见的机器视觉光源主要有荧光灯（图 2-34a）、卤素灯（图 2-34b）、LED 光源（图 2-34c）三种，三种光源的优缺点对比见表 2-5。初期的机器视觉系统，通常采用卤素灯。随着照明技术的发展，荧光灯也逐渐在机器视觉系统中使用。而 LED 光源成本的降低极大地促进了机器视觉技术的普遍应用，因为 LED 光源可以实现更灵活的结构和颜色设计，也就意味着出射光线的角度和颜色可以被灵活定制。此外，LED 光源亮度可控，最

大亮度高，频谱丰富，具备频闪功能，极大地增强了相机所获得图像的对比度，使得机器视觉系统可以更稳定、更高效地完成检测任务。

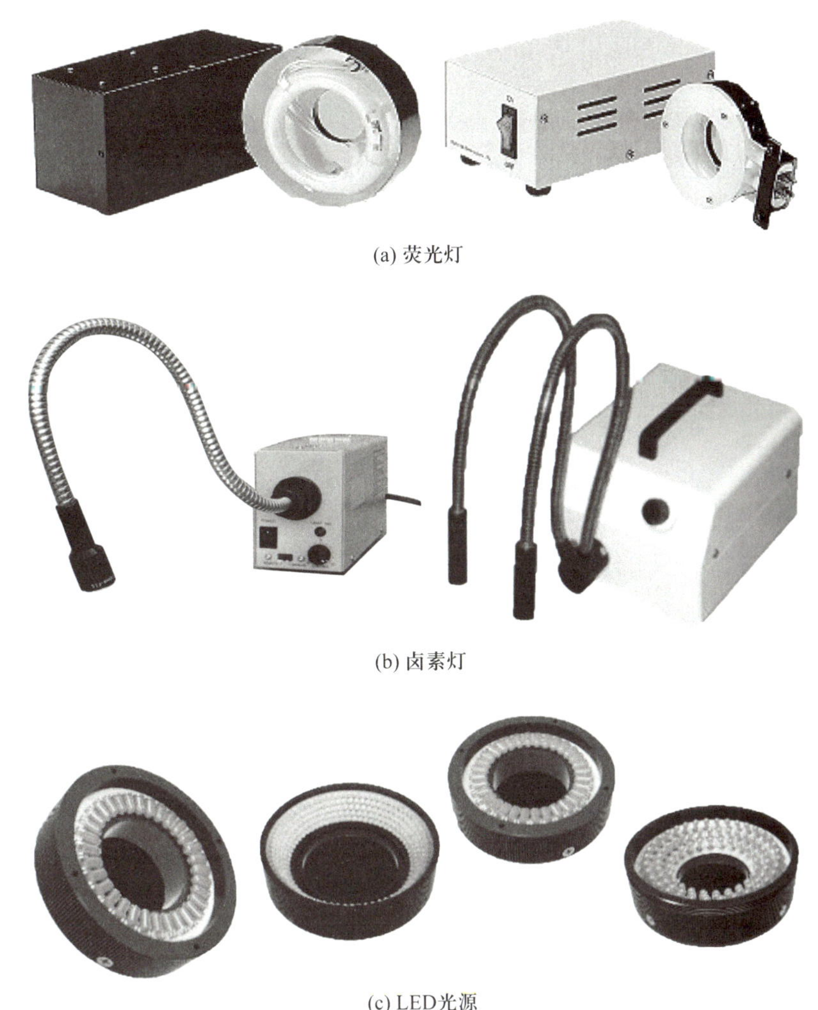

(a) 荧光灯

(b) 卤素灯

(c) LED光源

图 2-34　常见的三种光源

表 2-5　三种光源的优缺点对比

光源	价格	亮度	稳定性	频闪控制	寿命	均匀度	多色光	打光灵活性	温度影响
荧光灯	低	低	低	无	中	高	无	低	中
卤素灯	高	高	中	无	低	中	无	中	低
LED 光源	中	中	高	有	高	低	有	高	高

LED 光源具备装配灵活、光谱范围宽、工作时间长等优点，在机器视觉系统中使用最广泛。LED 光源可制成各种形状、尺寸及各种照射角度，可根据需要制成各种颜色，并可

以随时调节亮度；通过散热装置，LED 光源散热效果更好，光亮度更稳定，使用寿命更长；LED 光源可以做到快速开关控制，可在 10 μs 或更短的时间内达到最大亮度；LED 光源的供电电源带有外触发，可以通过计算机控制，启动速度快，可以用作频闪灯；根据用户的需要，可特殊设计出不同形状的 LED 光源，用于满足不同的应用场景。

2.3.2 LED 光源的种类

根据 LED 颗粒的排列，可以将 LED 光源分为环形光源、背光源、同轴光源、AOI 光源等。

1. 环形光源

环形光源（图 2–35）是指环状外观结构的 LED 光源，是最常见的 LED 光源种类之一，成本低，维护简单，根据照明角度，可以将环形光源分为高角度环形光源及低角度环形光源。

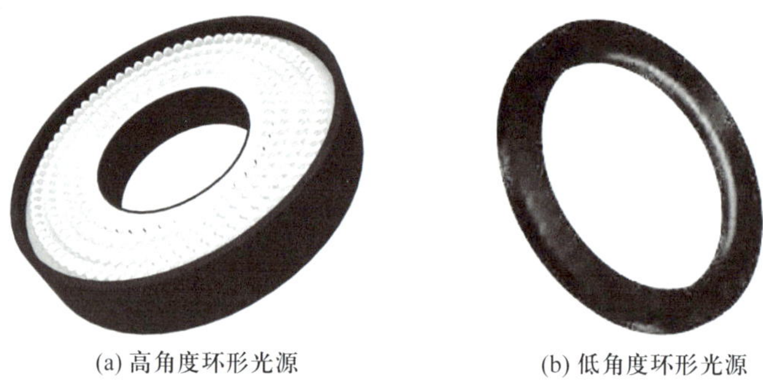

图 2–35 环形光源

图 2–36 所示为高角度环形光源打光案例——电子零件检测，用高角度环形光源对电子零件进行照明后，提高了电子零件成像的对比度。

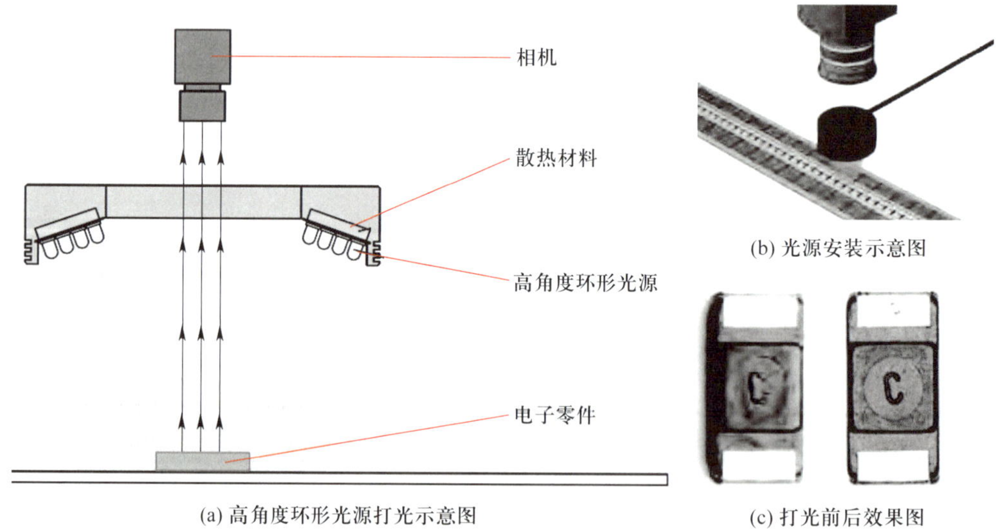

图 2–36 高角度环形光源打光案例——电子零件检测

低角度环形光源的照明角度主要是朝水平方向，照明角度与被测物体表面形成一个小角度夹角，称为低角度照明。

图 2-37 所示为低角度环形光源打光案例——塑料壳外观检测，该案例须要拍摄塑料壳的表面划伤等外观瑕疵，采用低角度环形光源打光时，塑料壳正常表面将光线进行镜面反射，而破损处为漫反射，可将光线反射至相机中，从而实现外观瑕疵的检测，如图 2-38 所示。

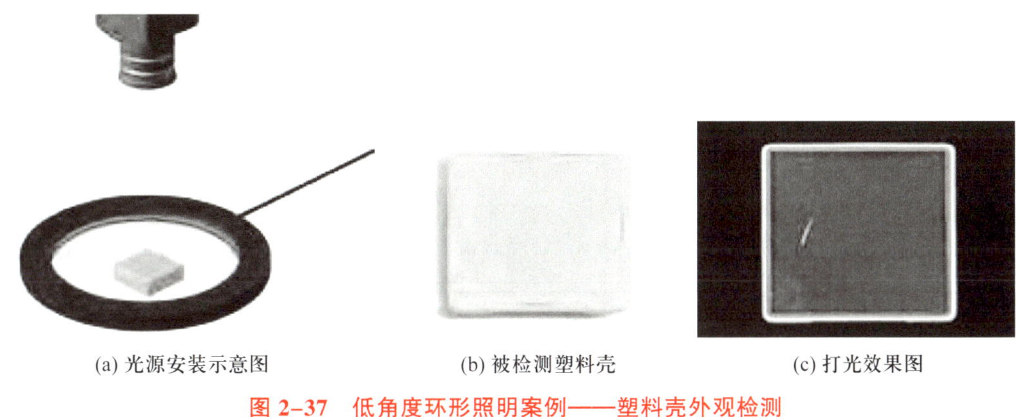

图 2-37 低角度环形照明案例——塑料壳外观检测

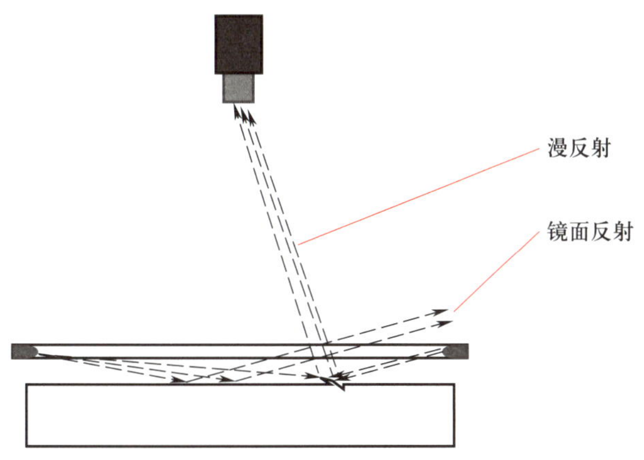

图 2-38 低角度环形光源打光示意图

2. 背光源

背光源（图 2-39）又称面光源，背光源的 LED 颗粒安装在水平基板上，均匀朝上打光，形成一个发光面，对于透明物体，光线可以穿透，对于不透明物体，光线无法穿透，物体的形状轮廓将与背光源形成对比，从而极易测量、检测。

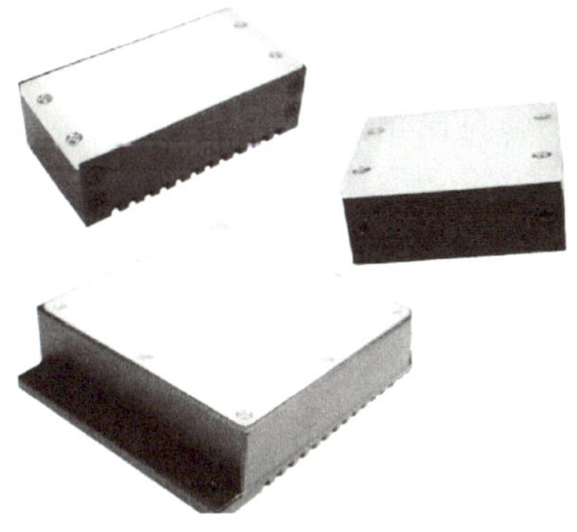

图 2-39 背光源

在饮料行业中，经常要检测罐装后饮料的液位以及生产日期。图 2-40 所示为背光源打光案例——饮料瓶液位、字符检测。如果饮料采用了透明的包装，则可以采用背光源打光的方式进行检测，液面处由于光的折射会出现一条黑色线段，而字符也因为透明度低于瓶身而呈现深灰色，从而可以从图像中提取出液位以及字符信息。

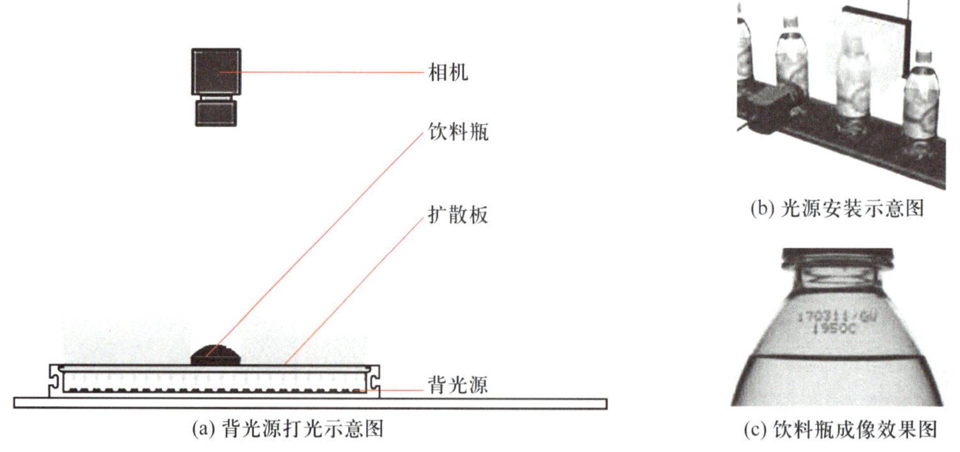

(a) 背光源打光示意图
(b) 光源安装示意图
(c) 饮料瓶成像效果图

图 2-40　背光源打光案例——饮料瓶液位、字符检测

在医药行业中，药品包装上须要加工易撕线。可以采用背光源打光的方式检测易撕线加工瑕疵（图 2-41a），若易撕线切好了，切口部分会透出光线，因而会呈现出间断的白色线段（图 2-41b）。

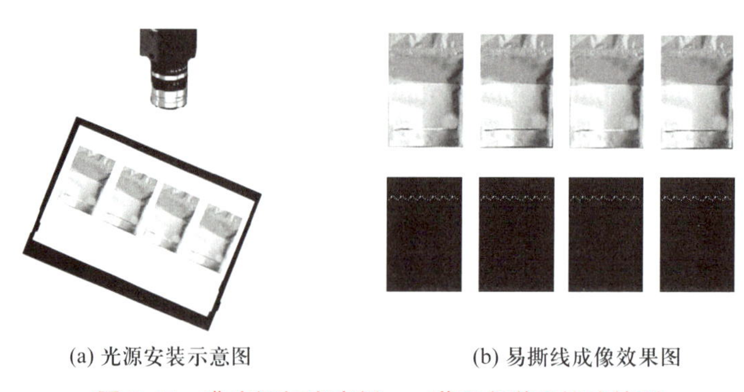

(a) 光源安装示意图
(b) 易撕线成像效果图

图 2-41　背光源打光案例——药品包装易撕线检测

3. 同轴光源

同轴光源打光示意图如图 2-42 所示，主要由半透镜、LED、散热材料组成，其中，半透镜起到分光作用，让一半的光直接通过，另一半反射。直接通过的光照射在黑色的基板上，无法进入相机视野内。而另一半的反射光垂直向下照射到被测物体表面，再同轴反射入相机，因为光线入射与反射是同轴的，所以称为同轴光源。

图 2-43 所示为同轴光源打光案例——金属端口检测，该案例中，采用同轴光源打光，使得字符更加突出。

该案例运用了金属光面与字符的光反射差异。金属光面令入射光线产生镜面反射，成像为白色，而字符因为表面的凹凸纹理，令入射光线发生漫反射，从而呈现相对的黑色，如图 2-44 所示。

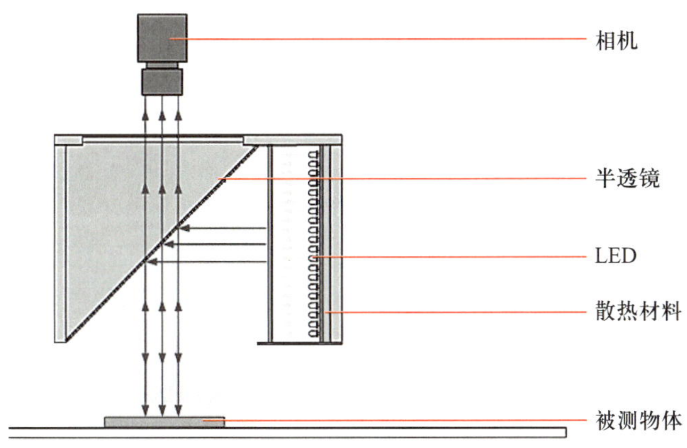

图 2-42　同轴光源打光示意图

(a) 光源安装示意图

(b) 金属端口成像效果图

图 2-43　同轴光源打光案例——金属端口检测

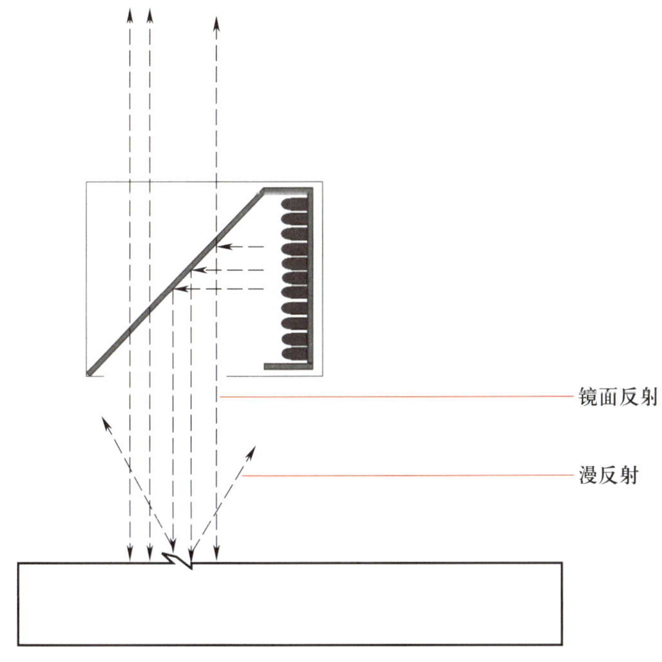

图 2-44　金属端口检测同轴光源打光示意图

4. AOI 光源

AOI（automated optical inspection，自动光学检测）光源的成像原理与其他光源不同，根据物体表面立体特征的高度、形状的差异对反射光线颜色和光路的影响，将不同颜色的光以不同角度照射到物体表面，令反射光线颜色和光路产生较大差异，使相机实现差异化成像，进而得到可检测的图像信息。AOI 光源适用于检测表面立体特征可实现镜面反射的物体，广泛应用于 PCB 缺件、漏焊、虚焊、多锡等检测领域。

AOI 光源打光示意图如图 2-45 所示，在被测物体表面有三个点位 *A*，*B*，*C*，因为三个点位的空间高度和位置不同，而且三种颜色的 LED 空间高度和位置也不同，所以每个点位反射不同颜色光线的角度不一致。以点位 *A* 为例，蓝色 LED 发出的蓝光经由镜面反射进入相机内，与此同时，红色 LED 发出的红光经由镜面反射直接偏离了镜头所在位置，因此，对于点位 *A* 而言，相机接收到蓝光最多，成像呈现为蓝色。同理，点位 *B* 在图像中为绿色，点位 *C* 在图像中为红色。

图片：
AOI 光源打光示意图

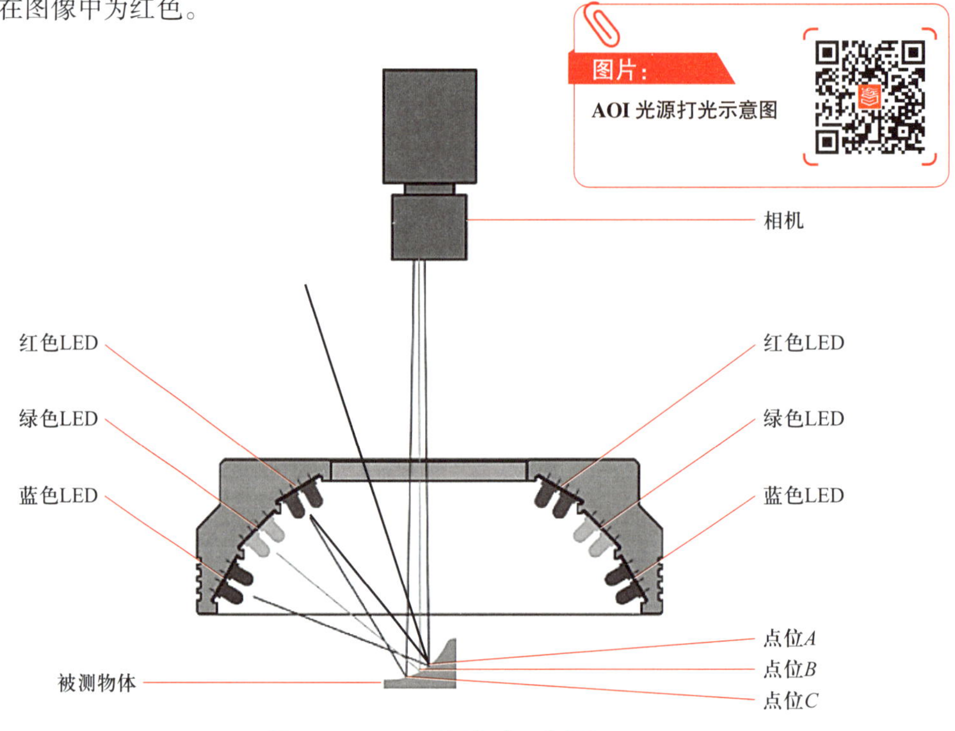

图 2-45 AOI 光源打光示意图

采用 AOI 光源对 PCB 进行检测，焊锡缺陷效果图如图 2-46 所示，包括漏焊、缺焊、少焊和搭锡等。漏焊（图 2-46a）与图 2-45 中点位 *C* 的反射光路类似，在图像中呈现为红色，而锡点则对应点位 *A* 的反射光路，在图像中呈现为蓝色。缺焊（图 2-46b）的焊点没有锡点，主要反射红光，在图像中呈现为红色。少焊（图 2-46c）的焊点上方为红色，右侧锡点因为不够饱满，主要反射绿光，在图像中呈现为绿色。搭锡（图 2-46d）的两个完整锡点连接在一起，主要反射蓝光，在图像中可以看到蓝色的连接通道。

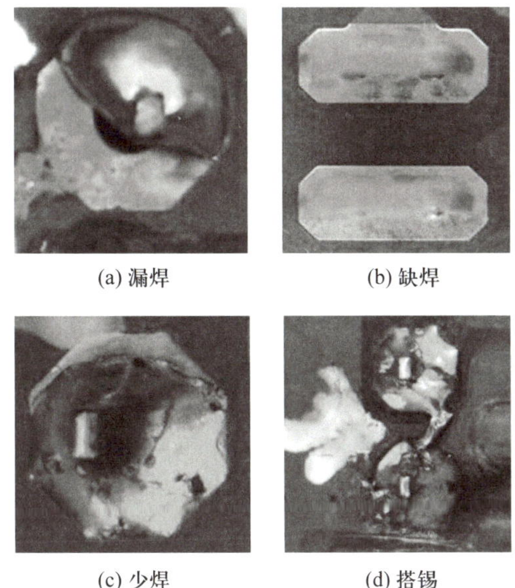

(a) 漏焊　(b) 缺焊　(c) 少焊　(d) 搭锡

图 2-46　AOI 光源中焊锡缺陷效果图

图片：
AOI 光源中焊锡缺陷效果图

在“机器视觉系统应用”赛项技术平台的机器视觉器件箱中，AOI 光源是由小号、中号、大号三个光源组合而成的，其中，小号光源为红色、绿色、蓝色三通道三色可选光源，中号光源为绿色光源，大号光源为蓝色光源。在实际应用中，将小号光源的红色通道点亮，即可实现 AOI 光源从上到下分别为红、绿、蓝的安装要求。

5. 点光源、球积分光源及线扫光源

（1）点光源（图 2-47）采用大功率的 LED 灯珠，发光强度高，经常用于配合远心镜头使用，主要应用于微小元器件的检测，标记点定位，以及晶片、液晶玻璃底基矫正等应用场景。

（2）球积分光源（图 2-48）采用半球结构设计，可实现空间 360° 漫反射，其光线在被拍摄物体上分布均匀，主要应用于曲面、弧形表面、存在凹凸特征表面以及金属或玻璃等反光强烈的物体表面检测场景。

图 2-47　点光源

图 2-48　球积分光源

（3）线扫光源（图 2-49）采用大功率高亮 LED 灯珠横向排布结构，光源形状为长条光带，其长度可以根据需求定制。线扫光源主要配合线扫相机使用，主要应用于大幅面印刷品表面缺陷检测、大幅面尺寸精密测量、丝印检测等应用场景，也可用于前向照明和背向照明等。

图 2-49　线扫光源

第3章
机器视觉图像预处理

在机器视觉系统的镜头及光源配合下，工业相机成功采集到图像后，应用识别、测量、定位、检测等算法工具之前，须要对图像作预处理，以除去干扰信息，凸显待查找特征，保证处理结果稳定、可靠。在工业机器视觉系统中，图像预处理技术主要有图像滤波技术、图像分割技术、形态学运算（如腐蚀、膨胀、开运算与闭运算等）三种。

工业项目通常采用多种预处理方法，对图像进行串行处理。在瓶盖密封性检测项目中，因照明条件较差，使得相机曝光时间须要相应调大，导致图像中出现大量噪声。在该项目中，就须要先使用图像滤波技术过滤部分噪声；然后选择合适的图像分割方法，如阈值分割，以获得高对比度的二值化图像；最后采用测量技术，通过测量瓶盖线夹角，判断瓶盖是否密封性良好。

在不同的工业机器视觉系统中，须组合运用不同的图像预处理技术。总之，图像预处理是进行图像处理流程的第一步，是提高对比度，增强处理效果的有效手段。本章将以两个典型的工业机器视觉项目为例，讲述图像预处理技术的原理及应用。

3.1 瓶盖密封性检测

学习目标

（1）学习 KImage 软件编程平台在工业检测场景中的应用。

（2）了解图像预处理的概念，学习使用滤波工具和阈值分割工具。

（3）了解和掌握“找线”“线间距”“线夹角”工具。

场景导入

在食品行业中，外包装检测是产品出厂前必不可少的一个环节，例如，在瓶装饮用水的灌装线上，须对瓶身进行综合视觉检测，检测内容包括液位检测、瓶盖密封性检测、杂质异物检测，以及出厂日期检测等。

瓶盖密封性检测是外包装检测中重要的一项。如图 3-1 所示，瓶盖密封性有密封良好和密封不良两种状态。本项目将还原真实工业现场需求，以瓶盖密封性检测为例引出图像预处理基础概念和工具使用，逐步讲解 KImage 软件中的图像输入、滤波工具、图像分割、定位、线间距测量等功能的编程与调试。

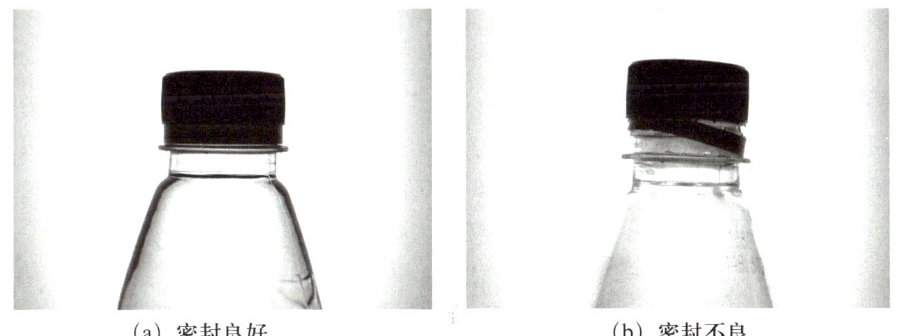

(a) 密封良好　　(b) 密封不良

图 3-1　瓶盖密封性检测

瓶盖密封性检测如图 3-2 所示，如果瓶盖密封不良，则必然会导致 A，B 两条直线的线间距和线夹角出现异常，可在图像处理软件中对“线间距”以及“线夹角”输出的值设定数值区间进行判断，若检测值超出区间，即可认定瓶盖密封不良。

通过 KImage 软件实现瓶盖密封性检测的步骤为：① 使用两个“找线”工具分别定位

瓶盖顶部直线 *A* 和瓶盖底部直线 *B*；② 使用“线间距”和“线夹角”工具分别计算 *A*，*B* 两条直线之间的距离值和夹角值；③ 对“线间距”和“线夹角”工具输出的数值进行判断，并输出“OK”或“NG”信号，最终检测结果如图 3-2 所示。

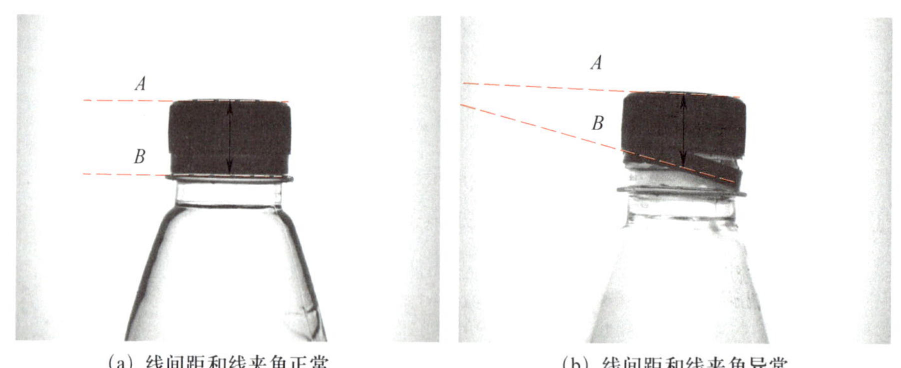

(a) 线间距和线夹角正常　　(b) 线间距和线夹角异常

图 3-2　瓶盖密封性检测结果

1. 感兴趣区域

在图像处理中，感兴趣区域（region of interest，ROI）是指从图像中选择的一个像素区域，将该区域的像素从整体的图像中分割出来，单独进行处理。在图像中设置 ROI 可以减少图像处理时间，提高运行效率。

KImage 软件中，“找线”工具的 ROI 如图 3-3 所示，在“旋转图标”上按住鼠标左键并拖动可使该 ROI 旋转，在 ROI 四个角的方形区域内按住鼠标左键并拖动，可将 ROI 放大或缩小。

2. 灰度

灰度色是介于纯白色与纯黑色之间的过渡色，在计算机图像中，一般采用 256 级划分纯白色到纯黑色之间的灰度色，由于可用 8 位二进制数代表 256 级灰度，故也称之为 8 位灰度图。在 8 位灰度图中，每个像素的灰度值均在 0～255 之间，其中，0 代表像素未能有效感光，为黑色，而 255 代表像素已经感光过饱和，为白色。灰度图也可以看作是灰度值的矩阵，如图 3-4 所示，纯黑色像素的灰度值为 0，而深灰色像素的灰度值为 50，近白色像素的灰度值为 250。

在使用定位工具（如找点、找线、找圆）时，KImage 软件会根据 ROI 的“搜索方向”进行灰度变化（两个相邻像素点之间的灰度差异）的搜索。

KImage 软件中，“找线”工具的“搜索极性”有“从白到黑”和“从黑到白”两种，可根据实际“搜索方向”选择。如图 3-5 所示，若须识别白色区域与黑色区域的分界线，当 ROI 的“搜索方向”箭头由白色指向黑色时，“搜索极性”为“从白到黑”。

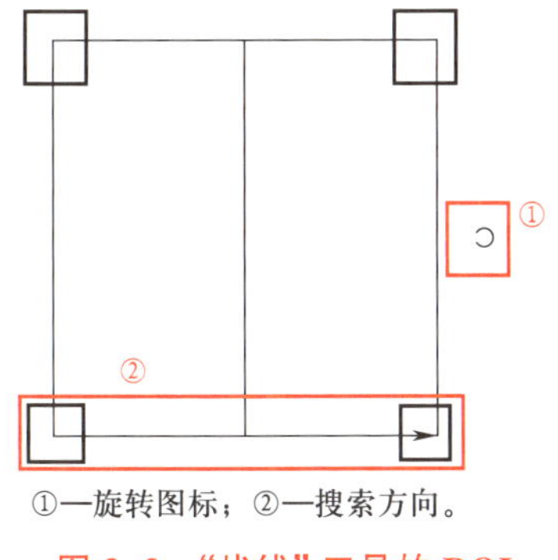

①—旋转图标；②—搜索方向。

图 3-3 "找线"工具的 ROI

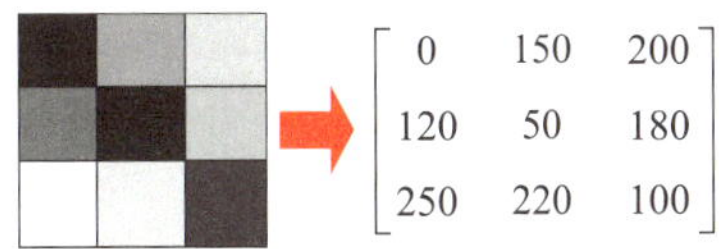

图 3-4 灰度图与灰度值矩阵

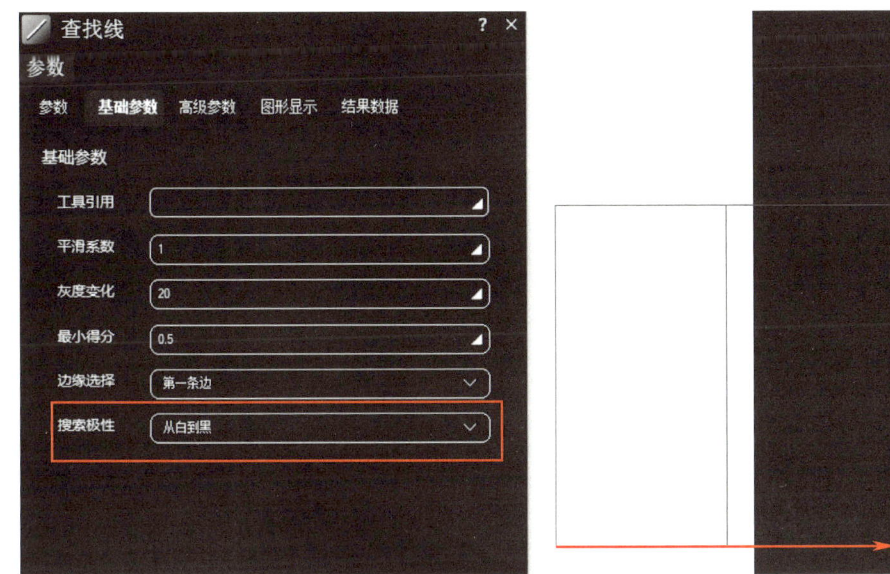

图 3-5 "找线"工具的"搜索极性"

3. 滤波

滤波主要是指运用不同原理和结构的算法，将图像中的各种不同形态和分布的噪点干扰降低或者去除。图像滤波技术主要分为图像空间域滤波技术和图像频域滤波技术两种，其中，图像空间域滤波技术应用更为广泛，主要采用滤波器（也称为模板、掩模、核），以卷积的计算方法对像素及其周边邻域像素进行特定的数学运算，并重新确定这个区域的灰度值分布。

滤波器工作原理如图 3-6 所示，原始图像转换为一个数值矩阵时，滤波器逐次在原始图像与滤波器同等规模的矩阵上作运算，并输出一个值作为处理后图像中的像素值，最终，滤波器将原始图像的每一个像素都处理完之后，输出一张处理后图像。

以三阶滤波器为例，如图 3-7 所示，将原始图像中的像素按行与列的位置定义为 $\{A_{11}, A_{12}, \cdots, A_{mn}\}$，将三阶滤波器中的像素定义为 $\{B_{11}, B_{12}, \cdots, B_{33}\}$，将处理后图像中的像素定

义为 $\{C_{11}, C_{12}, \cdots, C_{mn}\}$，则滤波后图像像素值为

$$C_{ij}=\sum_{q=j-1}^{j+1}\sum_{p=i-1}^{i+1}A_{pq}\times B_{p-i+2,\,q-j+2}$$

滤波器矩阵的不同，决定了滤波效果的不同，而滤波器矩阵的阶数即为掩模大小，掩模越大，参与计算的像素值越多，理论上滤波效果就会越好，同时去除掉的细节也就更多。

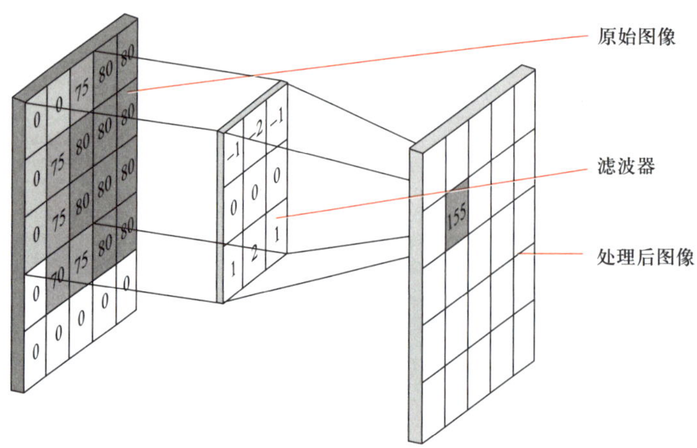

图 3-6　滤波器工作原理

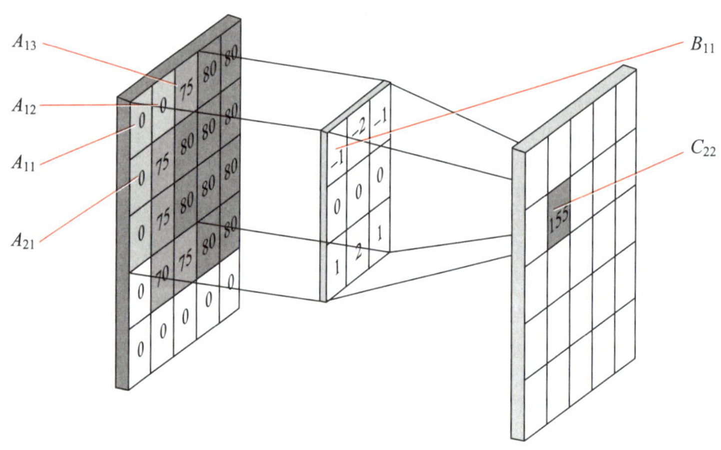

图 3-7　三阶滤波器

根据滤波器矩阵和计算方式的不同，可将滤波器分类如下：

（1）均值滤波与高斯滤波：均值滤波中，滤波器矩阵的每个值的大小都是相同的，而高斯滤波中，滤波器矩阵的每个值的权重不同，由高斯分布确定，以三阶滤波器为例，其均值滤波器为

$$\frac{1}{9}\begin{bmatrix}1 & 1 & 1\\1 & 1 & 1\\1 & 1 & 1\end{bmatrix}$$

而其高斯滤波器为

$$\frac{1}{16}\begin{bmatrix} 1 & 2 & 1 \\ 2 & 4 & 2 \\ 1 & 2 & 1 \end{bmatrix}$$

（2）中值滤波：一种对被处理的矩阵进行逻辑取值的滤波器，原像素经处理后，将得到的所有像素值进行大小排序，取中间值作为处理后的像素值。以三阶中值滤波器为例，对 A_{ij} 进行处理后，得到了 $A_{i-1,j-1}\times B_{i-1,j-1}$，$A_{i-1,j}\times B_{i-1,j}$，$\cdots$，$A_{i+1,j+1}\times B_{i+1,j+1}$ 等 9 个值，取大小排第 5 位的值作为 C_{ij} 的最终值。在处理图像某像素时，需要考虑选取哪些相邻像素参与滤波，这些选取的相邻像素称为滤波核，中值滤波器具备多种形态滤波核，如图 3-8 所示。

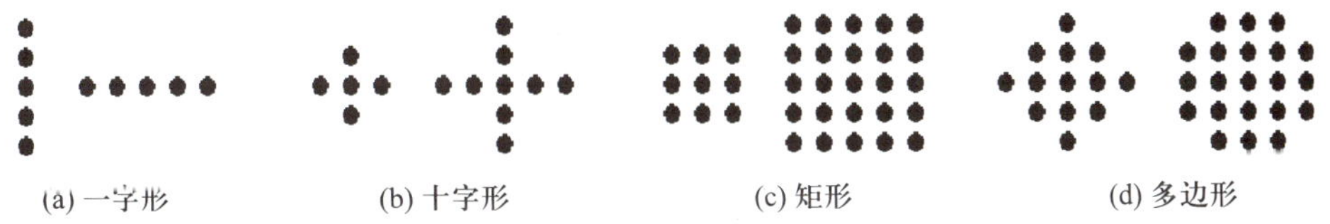

(a) 一字形　　(b) 十字形　　(c) 矩形　　(d) 多边形

图 3-8　不同形态的中值滤波核

采用滤波器可有效去除图片中的噪声，如图 3-9a 所示，“HELLO WORLD”文字中随机出现了大量黑点，这种随机出现的、纯黑色或者纯白色的噪声，如同在白色瓷盘上随机洒落的椒盐，故而称之为椒盐噪声。椒盐噪声的最佳处理方式之一是中值滤波，如图 3-9b 所示。但中值滤波虽然消除了椒盐噪声，也会令字体的形态发生改变，以“L”字符为例，如图 3-9c 所示，“L”字符的转折处变圆润了，而且靠近字符本体的噪声，在处理之后依然留下了痕迹。

(a) 椒盐噪声　　(b) 中值滤波效果　　(c)“L”字符中值滤波前后对比

图 3-9　椒盐噪声与中值滤波

滤波处理的结果取决于其采用的滤波器结构。不同的滤波器在图像处理中，结果千差万别。在实际项目中，对于不同的图像处理需求，须要采用不同的滤波器。滤波器起到的作用主要有两种，分别是消除噪声和突出特征。例如，均值滤波和中值滤波就是典型的消除噪声滤波方法，它们可以消除某些图像噪声；拉普拉斯锐化滤波就是典型的突出特征滤波方法，它可以强化图像中灰度发生变化的边缘，从而有利于提取出图像中的物体轮廓线。

4. 图像分割

图像分割技术主要用于分割不同灰度分布的区域，以便后续图像处理。待分割区域应具备外部不连续性以及内部连续性。其中，外部不连续性指的是不同待分割区域之间存在灰度的突变性，而内部连续性指的是在单一待分割区域内，不同像素灰度值是连续变化的。

图像分割方法主要有三种：基于阈值的图像分割、基于边缘的图像分割和基于区域的图像分割。其中，基于阈值的图像分割（阈值法）是一种应用广泛的图像分割方法，适用于目标和背景处于不同灰度值的情况。阈值法的基本思路是基于图像的灰度特征计算一个或多个灰度阈值，并将图像中每个像素的灰度值与阈值进行比较，最后根据比较结果将像素分到合适的类别中。

阈值法按照阈值的确定准则可以分为全局阈值法、局部阈值法和自适应阈值法。全局阈值法是指在整幅图像中都采用固定的阈值；局部阈值法是指原始图像被分割成若干个互不重叠的子图像，再分别对每个子图像采用一个固定的阈值；自适应阈值法是指根据图像信息的具体情况，自适应地确定合适的阈值。

设图像 i 中像素灰度值为 $i(x, y)$，灰度值范围为 $[0, 255]$，在 0 到 255 之间选择一个合适的灰度阈值 T，则利用阈值法计算如下：

$$l(x, y)=\begin{cases}255, & i(x, y) \geqslant T \\ 0, & i(x, y)<T\end{cases}$$

由此得到图像 l，l 是二值图像，图像中的像素灰度值非黑即白。

如图 3–10a 所示，“HELLO WORLD” 字符中，“H”“L”“W”“R” 字符的灰度值为 0，而 “E”“O”“D” 字符的灰度值为 118。若设定 100 为用全局阈值法执行阈值分割的灰度阈值，那么在图像中，灰度值大于或等于 100 的所有像素的灰度值全部变为 255；灰度值小于 100 的所有像素的灰度值全部变为 0。因为 “E”“O”“D” 字符的灰度值大于 100，所以其灰度值变为 255，从而与背景颜色一致（背景的灰度值为 255，即纯白色），湮没在背景中，因此图像上只剩 “H”“W”“R”“L” 字符，如图 3–10b 所示。若设定灰度阈值为 119，那么在图像中，灰度值大于或等于 119 的所有像素的灰度值全部变为 255；灰度值小于 119 的所有像素的灰度值全部变为 0。因为 “E”“O”“D” 字符的灰度值为 118，小于此时的灰度阈值，分割之后，“E”“O”“D” 字符的灰度值变为与 “H”“W”“R”“L” 字符一致，即 0，从而呈现出统一的黑色字样，如图 3–10c 所示。

HELLO WORLD　　H LL W RL　　HELLO WORLD

(a) 原始图像　(b) 阈值分割效果1　(c) 阈值分割效果2

图 3–10　阈值分割

图像分割主要是将图像中需要进行视觉检测的部分与其他部分区分开，如将需要的特征变为纯黑色，而其他部分图像变为纯白色。

针对瓶盖密封性检测，同样须要将瓶盖特征进行分割，如图 3–11 所示，通过设定阈值为 75，将灰度值小于 75 的所有像素都变为纯黑色，其他像素变为纯白色，以强化对比度，去除干扰因素，完整显示瓶盖形态，利于后期图像处理。

图 3–11　瓶盖密封性检测阈值分割效果

项目实施

本项目要求对提供的样品完成瓶盖密封性检测，视野范围为 120 mm × 100 mm，工作距离为 350 mm（允许正向偏差 10%），像素精度小于 0.06 mm。

视频：瓶盖密封性检测操作演示

1. 内容导航

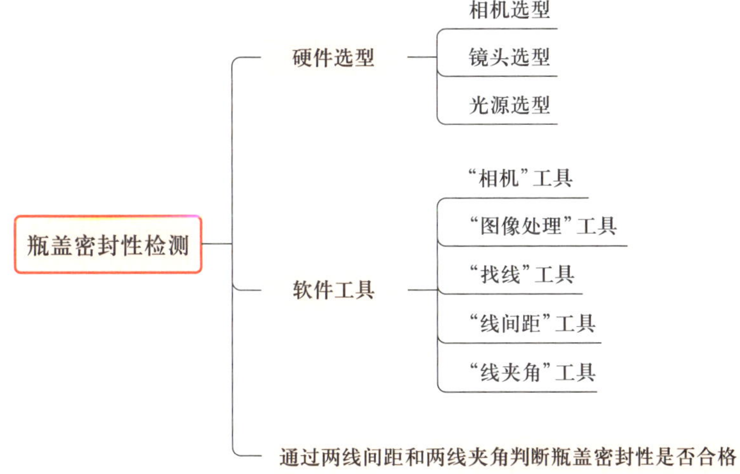

2. 实施步骤

（1）相机选型

本项目要求像素精度小于 0.06 mm，为满足拍摄被测物体的需求，视野范围至少应为 120 mm × 100 mm。若图像传感器与视野范围的长宽比一致，则有

$$\frac{视野长度}{图像传感器长度}=\frac{视野宽度}{图像传感器宽度}=\frac{工作距离}{焦距}$$

实际上，图像传感器的长宽比（与相机成像视野的长宽比一致）往往与项目要求的最小视野范围的长宽比不一致。在实际应用中，相机成像视野在长度或者宽度方向满足项目要求时，总会在另一个方向大于项目要求的视野范围。如图 3–12 所示，图中外框为相机成像视野，内框为项目要求的视野范围。如果项目要求的视野范围的长宽比大于相机成像视野的长宽比，则当二者长度方向相等时，相机成像视野的宽度会大于要求值，如图 3–12a 所示；如果项目要求的视野范围的长宽比小于相机成像视野的长宽比，则当二者宽度方向相等时，相机成像视野的长度会大于要求值，如图 3–12b 所示。

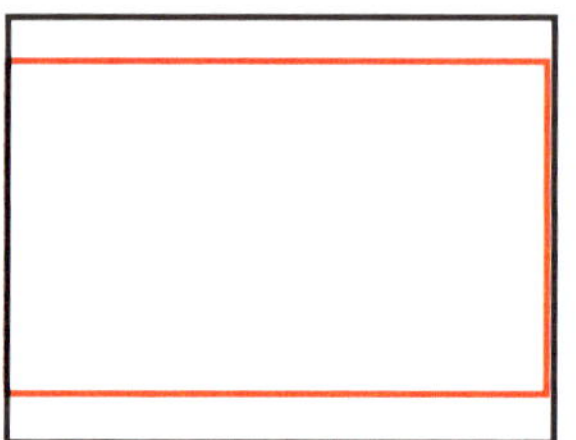

(a) 项目要求的视野范围的长宽比大于相机成像视野的长宽比

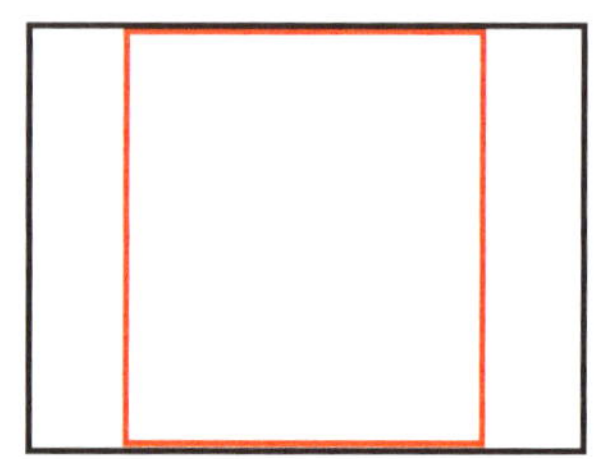

(b) 项目要求的视野范围的长宽比小于相机成像视野的长宽比

图 3–12　相机成像视野与项目要求的视野范围示意图

综上所述，对于指定的视野范围，应先计算出其长宽比，根据将采用相机的图像传感器的长宽比，比较二者之值，并最终决定采用长度还是宽度来计算焦距以及像素精度。

本项目中，视野范围的长宽比为$\frac{120}{100}=1.2$，而在机器视觉器件箱中有 2D 相机 A，B，C 可选，相机 A 图像传感器的长宽比为$\frac{1\,280}{960}\approx1.3>1.2$，相机 B 图像传感器的长宽比为$\frac{2\,448}{2\,048}\approx1.195<1.2$，相机 C 图像传感器的长宽比为$\frac{2\,592}{1\,944}\approx1.3>1.2$。若要使用相机 A，则应以宽度方向计算像素精度，根据像素精度 $=\frac{视野范围}{分辨率}$，可以得出，采用相机 A 的话，像素精度为$\frac{100}{960}\text{ mm}\approx0.1\text{ mm}>0.06\text{ mm}$，不符合选型要求；若要使用相机 B，则应以长度方向计算像素精度，像素精度为$\frac{120}{2\,448}\text{ mm}\approx0.049\text{ mm}<0.06\text{ mm}$，符合选型要求；若要使用相机 C，则应以宽度方向计算像素精度，像素精度为$\frac{100}{1\,944}\text{ mm}\approx0.051\text{ mm}<0.06\text{ mm}$，符合选型要求。

相机 B（黑白）与相机 C（彩色）均为 500 万像素，且像素精度与视野范围均满足要求，由于相机 C 采用的是拜耳彩色阵列结构，输出彩色图像，其灰度值是不完全精确的，在不须要采集被测样品色彩信息的项目中，优先选择同等像素的黑白相机。因此，本项目采用相机 B。

（2）镜头选型

根据相机选型可知相机 B 的图像传感器长度为 $2\,448\times3.45\ \mu\text{m}=8.445\,6\text{ mm}$，视野长

度为 120 mm，工作距离为 350 ~ 385 mm，根据 $\frac{\text{视野长度}}{\text{图像传感器长度}}=\frac{\text{工作距离}}{\text{焦距}}$，可以得出，最小焦距 $f_{\min}\approx24.63$ mm，最大焦距 $f_{\max}\approx27.10$ mm，因此选择 25 mm 焦距镜头。

（3）光源选型

本项目要求对不透光物体的轮廓特征进行定位和测量，所以选用背光源打光，使物体轮廓与背光形成稳定的高对比度。

（4）相机和镜头设置与调整

MV Viewer 是相机驱动软件，其界面如图 3–13 所示。

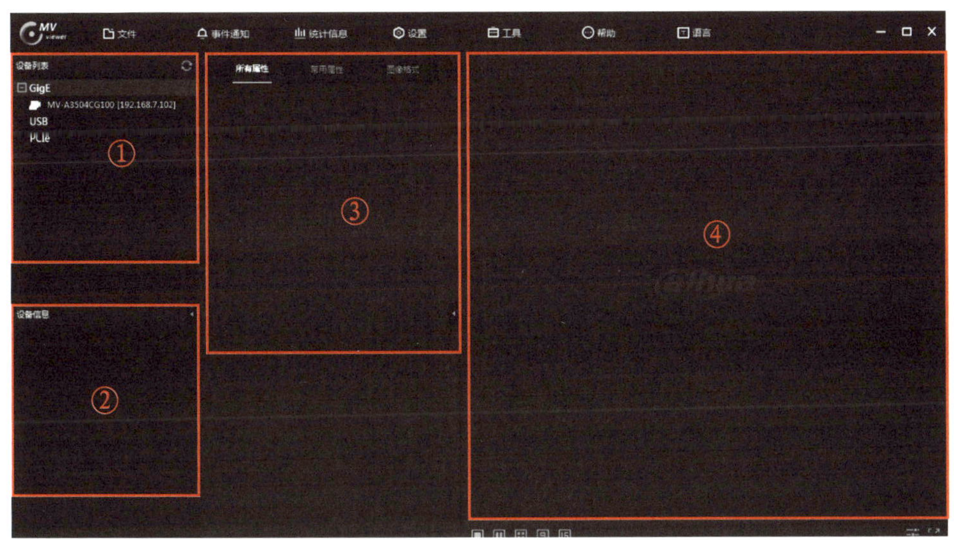

①— “设备列表”栏：显示所有已连接的硬件设备；②— “设备信息”栏：显示选中设备的信息；③— “所有属性”栏：修改相机参数；④—输出窗口：显示相机采集图像。

图 3–13　相机驱动软件界面

① IP 地址设置

相机与计算机通过线缆连接后，须要将相机 IP 地址和计算机网口 IP 地址设置在同一网段，有两种设置方法。

方法一：修改相机 IP 地址。图 3–14 所示“设备列表”栏中显示有设备通过 GigE 接口连接，但带有黄色警告标识，表示连接未成功，点击该设备，在图 3–15 所示“设备信息”栏中，可以看到设备的“接口信息”（图中①处）和“设备信息”（图中③处），根据“接口信息”中的“IP 地址”（图中②处，即计算机网口 IP 地址）修改“设备信息”中的“IP 地址”（图中④处，即相机 IP 地址）。图中，计算机网口 IP 地址为“192.168.100.10”，须要将相机 IP 地址修改为“192.168.100.X”（X 为任意三位数字，但不可与计算机网口 IP 地址相同）。右击图 3–14 中连接未成功设备，在弹出的菜单中，点击“设置 IP”，如图 3–16 所示。

打开“IP 地址设置”窗口，如图 3–17 所示，“接口信息”中的参数是不允许修改的，只能修改“设备信息”中的参数，修改图中②处“IP 地址”，使其与图中①处的“IP 地址”处于同一网段，即前三段号码相同，最后一段号码不同。

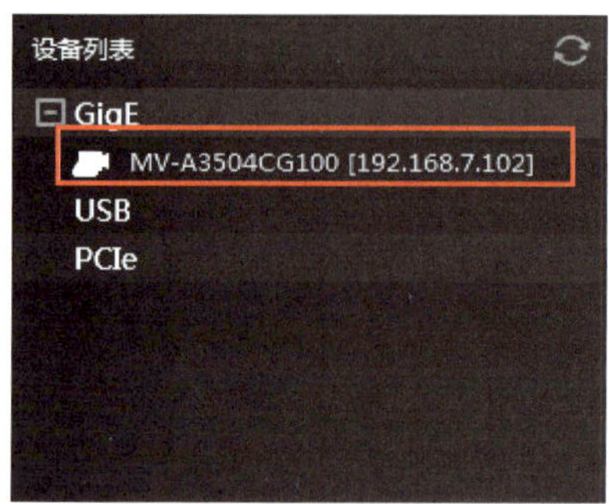

图 3-14 “设备列表”栏

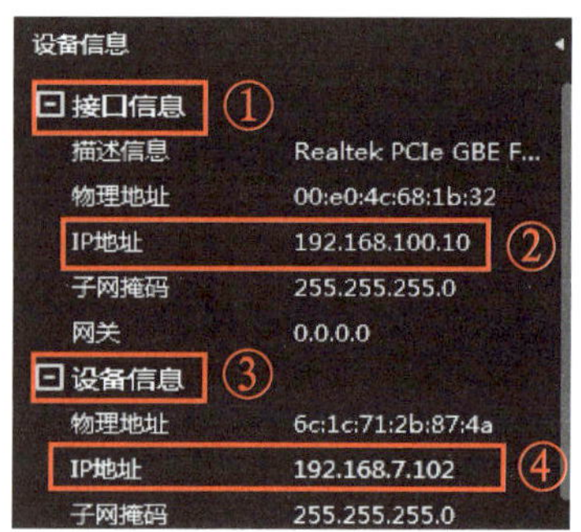

图 3-15 “设备信息”栏

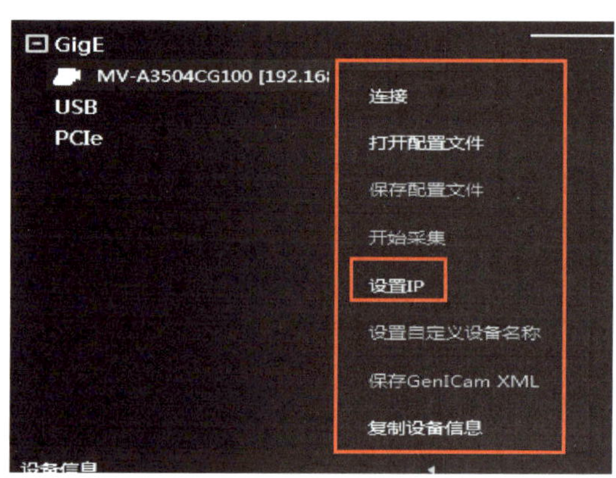

图 3-16 设置 IP

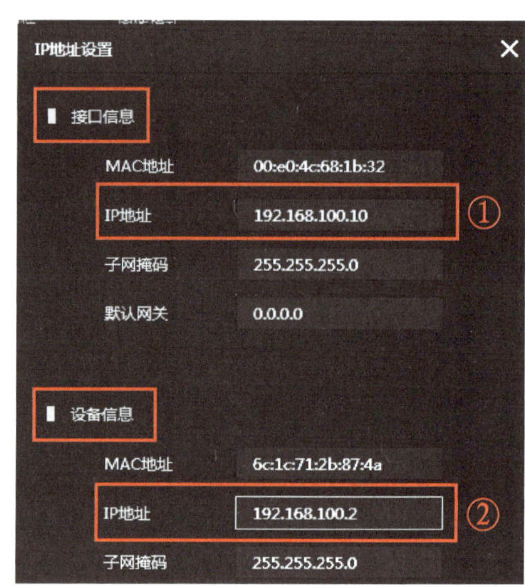

图 3-17 “IP 地址设置”窗口

方法二：修改计算机网口 IP 地址。如图 3-18 所示，右击计算机的网络连接图标（图中①处），在弹出的快捷菜单中，点击“打开网络和共享中心”（图中②处）。打开“网络和共享中心”窗口。

点击“更改适配器设置”，如图 3-19 所示，打开“网络连接”窗口。

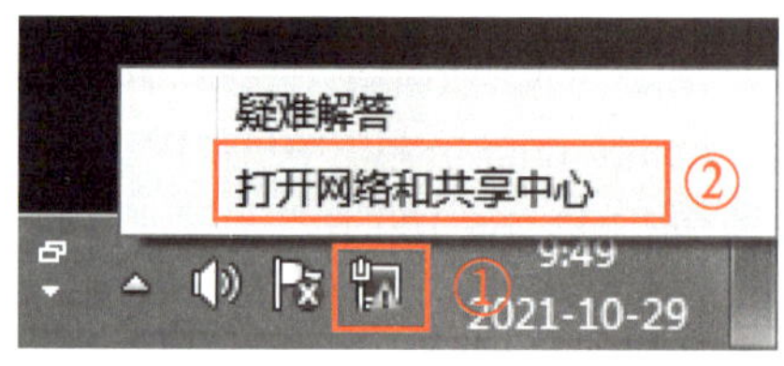

图 3-18 打开网络和共享中心

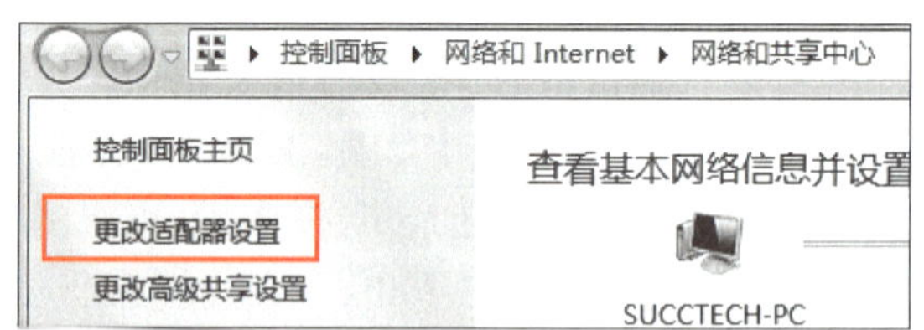

图 3-19 更改适配器设置

在“网络连接”窗口（图 3-20）中，双击实际接入的网口图标，打开属性设置对话框。

图 3-20　“网络连接”窗口

在属性设置对话框中，双击“Internet 协议版本 4（TCP/IPv4）”，如图 3-21 所示，打开“Internet 协议版本 4（TCP/IPv4）属性”对话框。

如图 3-22 所示，点击图中①处，选中“使用下面的 IP 地址”，在图中②处输入与相机 IP 地址在同一网段的 IP 地址（最后一段号码不能相同，否则 IP 地址会冲突），然后点击图中③处的“确定”按钮。

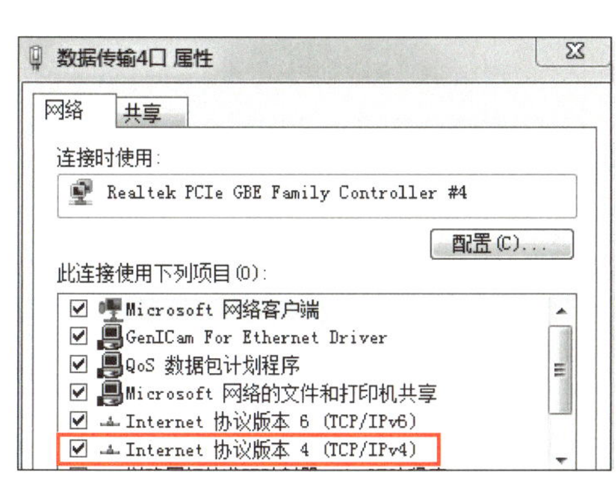

图 3-21　属性设置对话框

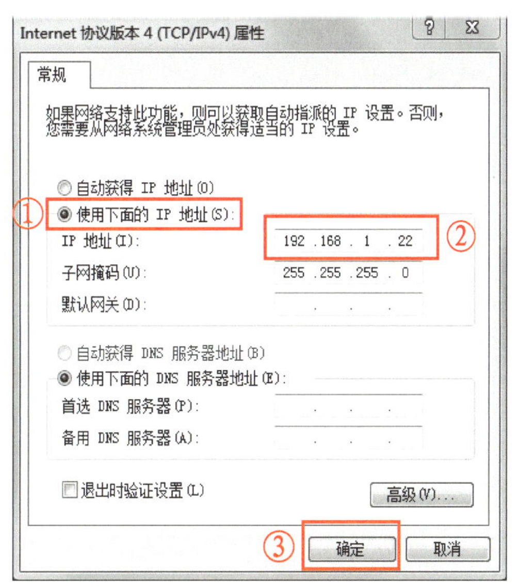

图 3-22　“Internet 协议版本 4（TCP/IPv4）属性”对话框

IP 地址设置完成后，相机驱动软件中的黄色警告标识已经消失，点击“连接”按钮，如图 3-23 所示。

图 3-23　点击“连接”按钮

如图 3-24 所示，点击“开始采集”按钮，就可以开始使用相机采集图像了。

② 调整相机参数

点击“开始采集”按钮后，相机采集图像会在图 3-25 中①处显示，如果图像亮度过低，则须要调高曝光参数。

如图 3-26 所示，点击图中①处的“常用属性”进入参数设置，在图中②处调整相机的“曝光时间”，将“曝光时间”调高，提高图像亮度。然后在图中③处的输出窗口中可以看到经过调整的图像。

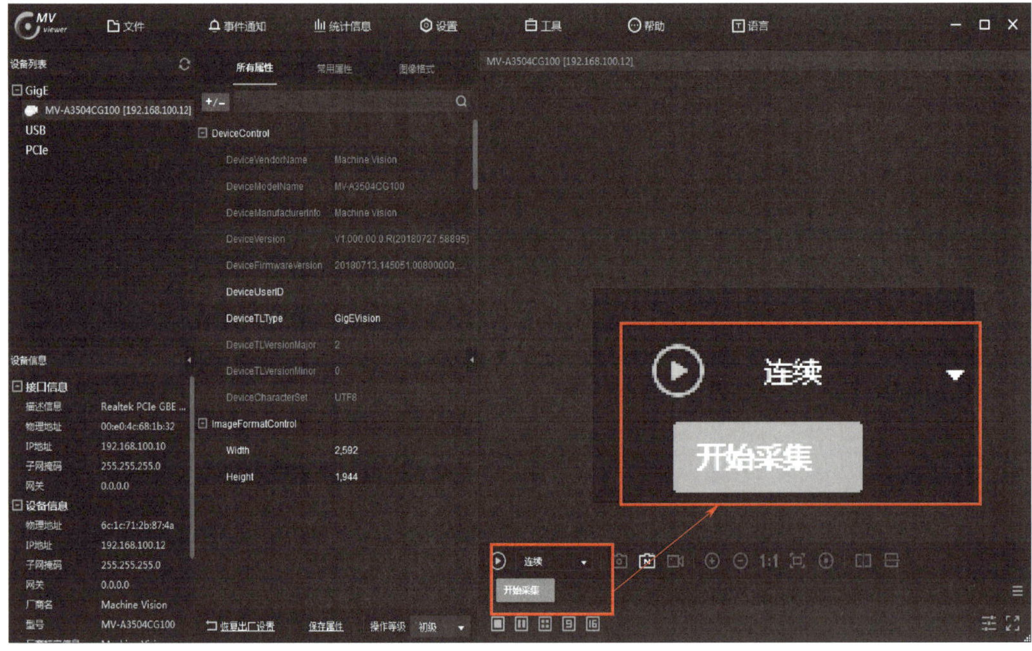

图 3-24　点击“开始采集”按钮

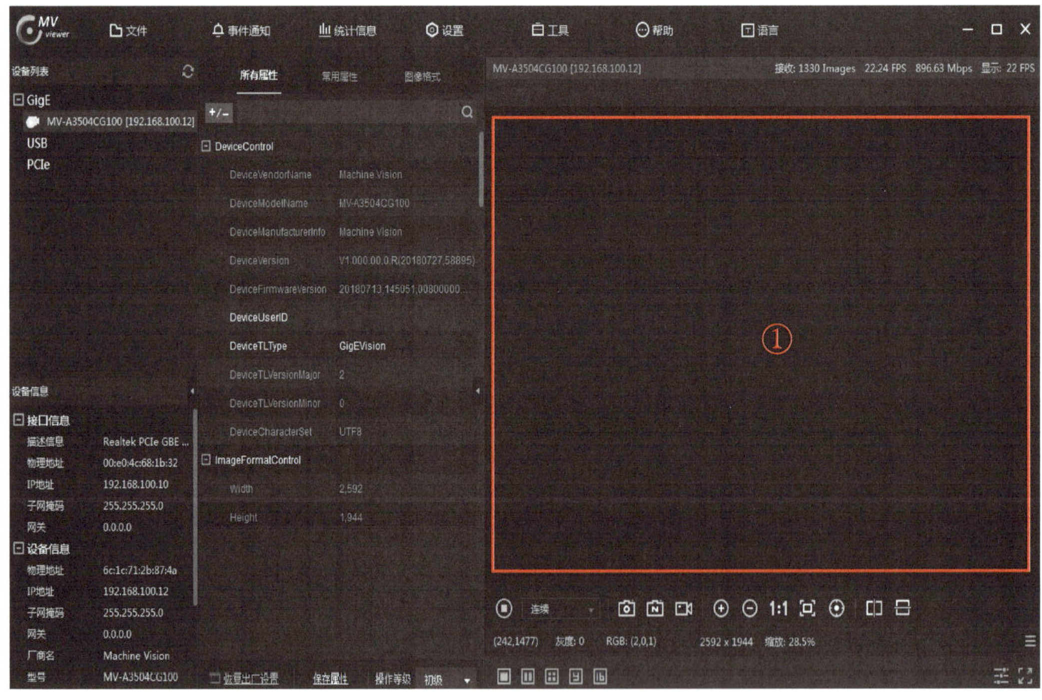

图 3-25　相机采集图像显示

注意：使用相机驱动软件只是为了使相机与计算机连接，在相机驱动软件中设置的属性不会与 KImage 软件中相通，进入 KImage 软件后须要重新调整相机参数。

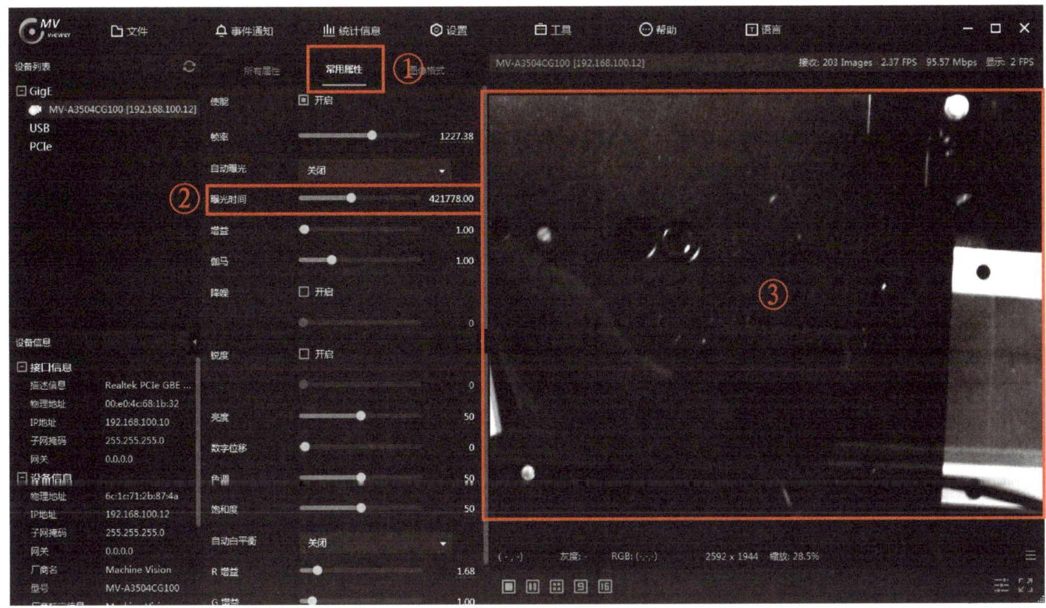

图 3-26　调整相机参数

③ 调整镜头

本项目所选镜头为 25 mm 焦距镜头（图 2-28），调节焦距调节环与光圈调节环，在相机驱动软件的输出窗口观察成像效果，完成调整后，拧紧紧固螺钉，防止焦距调节环与光圈调节环因振动而发生变化。

（5）新建项目

KImage 软件界面如图 3-27 所示。

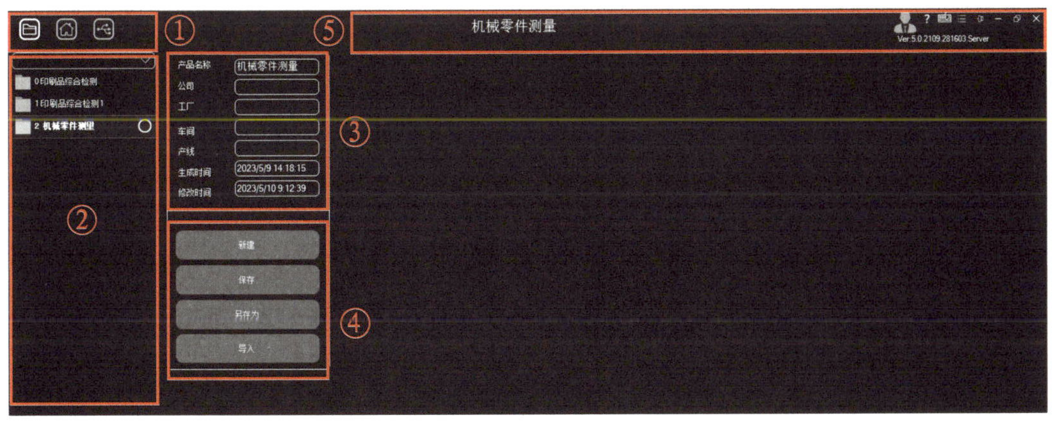

①—导航栏：用于进入各个模块，以及设置各种视觉工具；②—文件列表栏：用于选择不同的项目；③—文件信息栏：用于设置项目信息；④—文件操作栏：用于新建、保存、添加、删除项目等；⑤—标题栏：用于显示当前项目名称，关闭、最小化、还原窗口等。

图 3-27　KImage 软件界面

如图 3-28 所示,点击图中①处图标,进入文件配置,在图中②处输入新的“产品名称”,然后点击图中③处“新建”按钮,创建新项目。

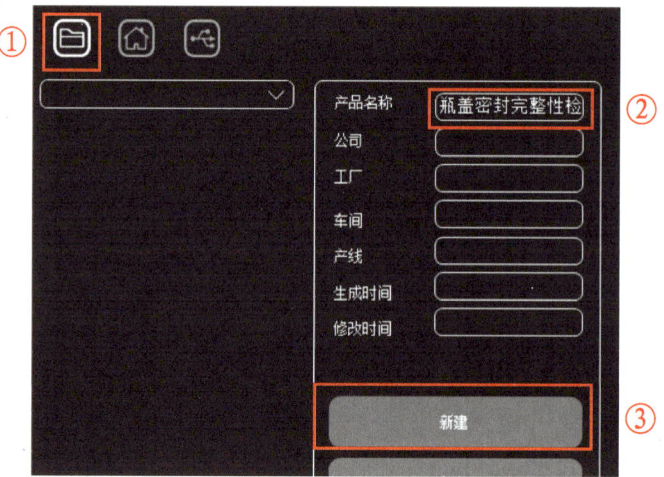

图 3-28 新建项目

(6)添加工具组

在 KImage 软件中,所有的工具都只能在工具组中进行添加,所以首先要在流程图中添加一个工具组。如图 3-29 所示,点击图中①处图标,进入编程主界面,然后点击图中②处图标,将鼠标光标移动到图中③处绘制流程图区域,点击完成工具组的添加,双击“工具组”图标,进入工具组,即可添加工具。

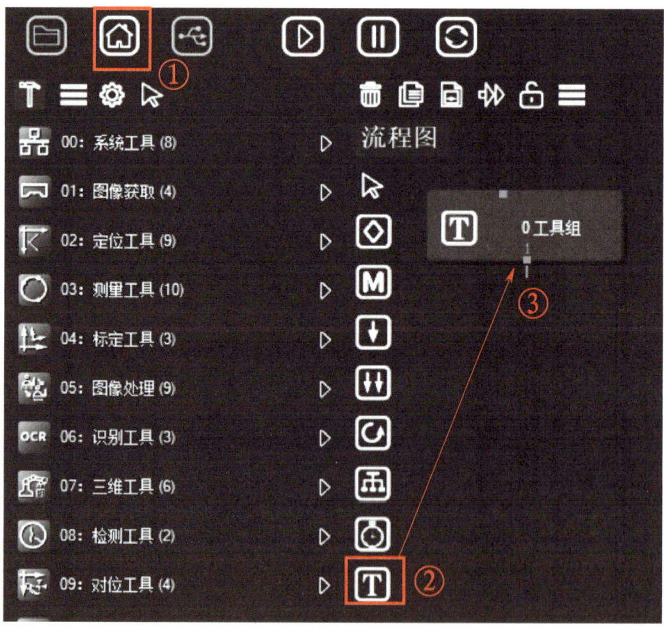

图 3-29 添加工具组

（7）修改模块和工具名称

在 KImage 软件中，所有的模块和工具都可以修改名称，如图 3-30 所示，点图中①处图标，进入工具组设置，在图中②处输入想要修改的名称，关闭窗口，完成名称修改。

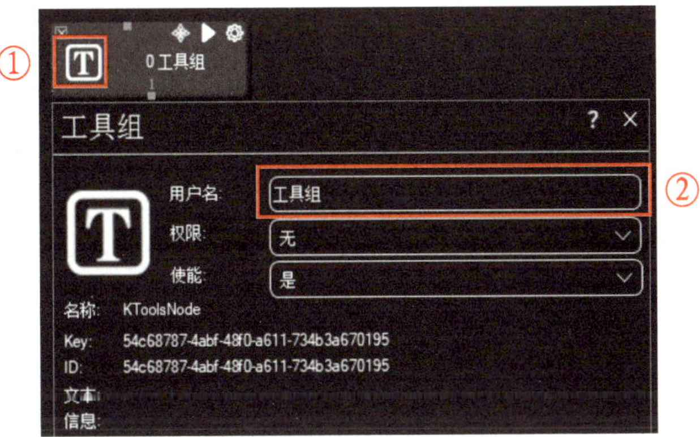

图 3-30　修改模块和工具名称

（8）输入图像

在 KImage 软件中，有两种输入图像的方法。

方法一：使用“图像”工具输入本地图像。如图 3-31 所示，将“图像”工具添加至工具组中，点击图中①处“添加图像”按钮，选择自己需要的图像。

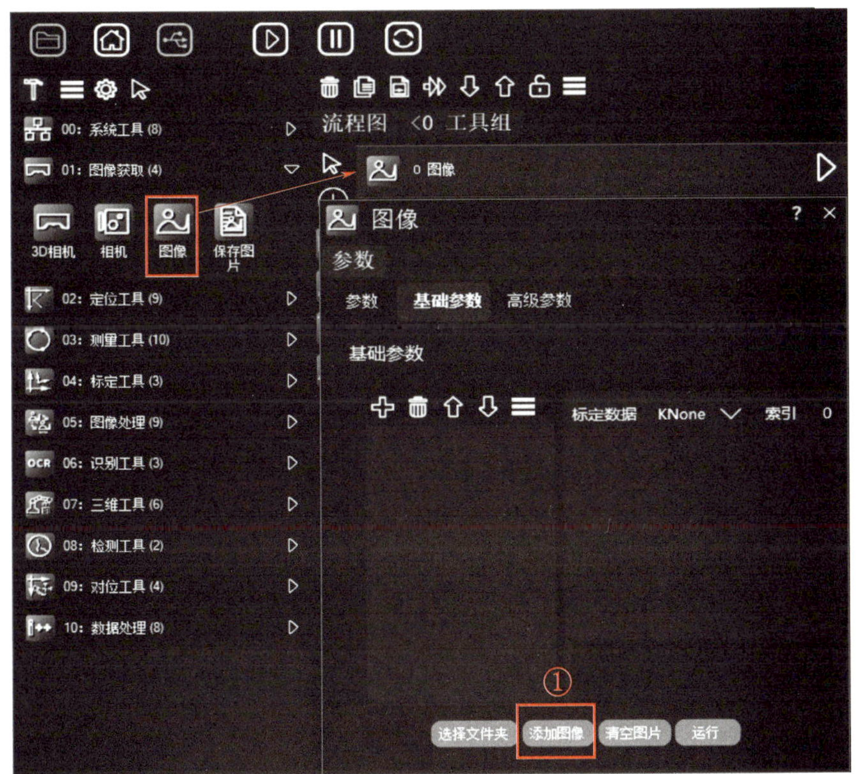

图 3-31　添加“图像”工具

执行后，添加的图像会在右边的输出窗口中显示，如图 3-32 所示。

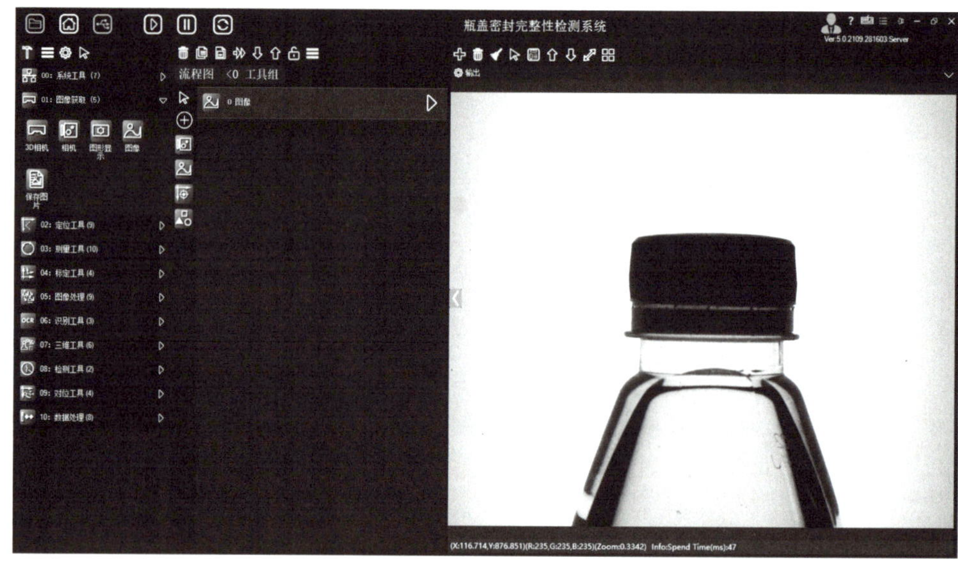

图 3-32 图像显示

方法二：使用“相机”工具输入相机图像。如图 3-33a 所示，将“相机”工具添加至工具组中，在“基础参数”中找到“相机选择”（图中①处），打开下拉菜单，选择要调用的相机；如图 3-33b 所示，在“图像设置”中进行“图像参数”的设置，可修改的图像参数见表 3-1，实际操作中应根据图像的状态灵活设置“曝光”和“增益”等。

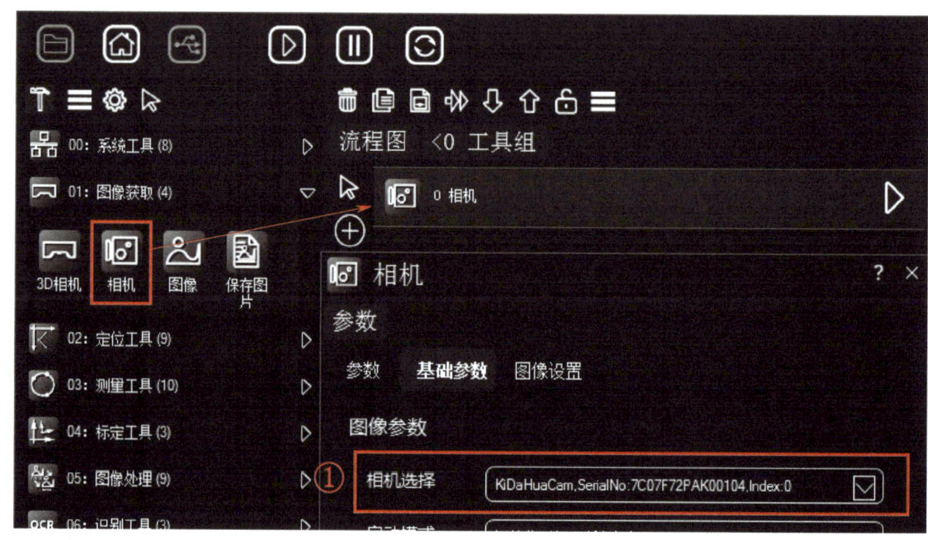

(a) 添加“相机”工具

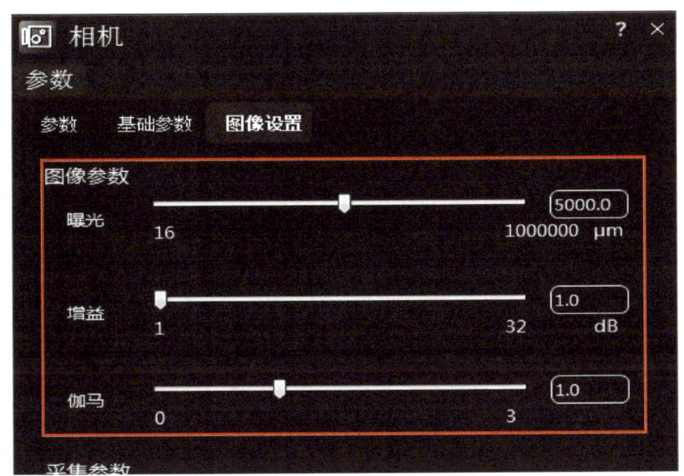

(b) 设置“图像参数”

图 3-33　使用“相机”工具输入相机图像

表 3-1　图 像 参 数

参数	说　明
曝光	从快门打开到关闭的时间间隔。曝光时间越长，图像亮度越高，噪点越多；曝光时间越短，图像亮度越低，噪点越少
增益	工业相机通常具有一个对传感器信号进行放大的视频放大器，其放大倍数称为增益。增益越大，图像亮度越高，噪声也会变大
伽马	按幂函数对亮度值重新分布，伽马就是幂函数的指数。伽马大于 1 时使亮的更亮，暗的更暗，可以抹掉一些弱信号；伽马小于 1 时则可以让较弱信号显示出来

执行拍照后，相机采集的图像如图 3-34 所示。

图 3-34　相机采集的图像

图 3-35　图像中存在大量噪点

（9）图像预处理

相机采集的图像中存在大量噪点，如图 3-35 所示，这是因为在低亮度环境中，需要增加相机的曝光时间来调整图像，而曝光时间的增加，会导致图像产生噪点，此时须要通过图像预处理技术进行滤波处理以保证最终检测效果稳定可靠。

在 KImage 软件中，“图像处理”工具提供了不同的滤波工具用于消除噪点。首先在工具组中添加“图像处理”工具，如图 3-36a 所示，然后点击图中①处小三角，在弹出的菜单中，点击“输入图像”。选择相机的“输出图片”，如图 3-36b 中所示。

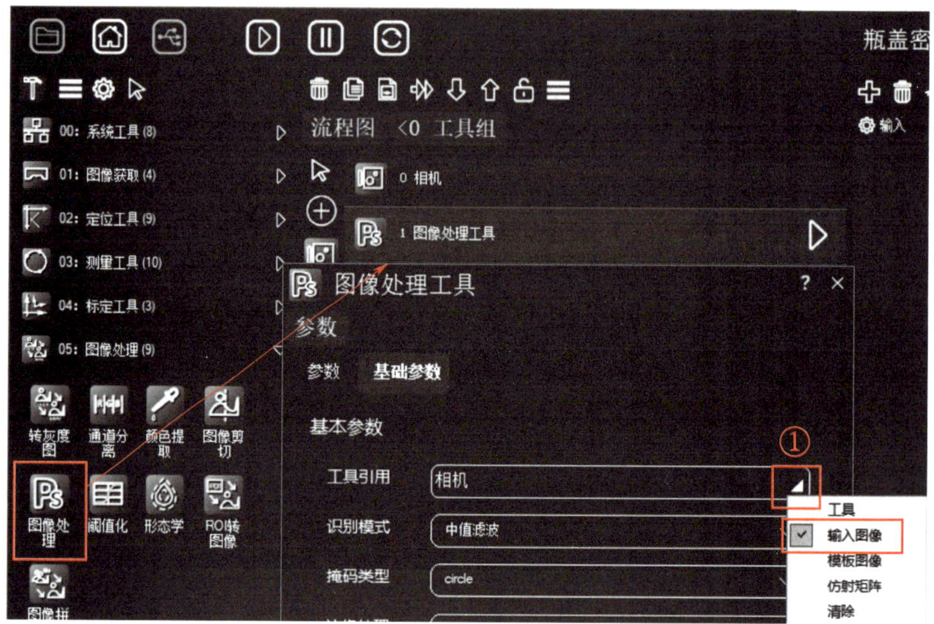

(a) 添加“图像处理”工具

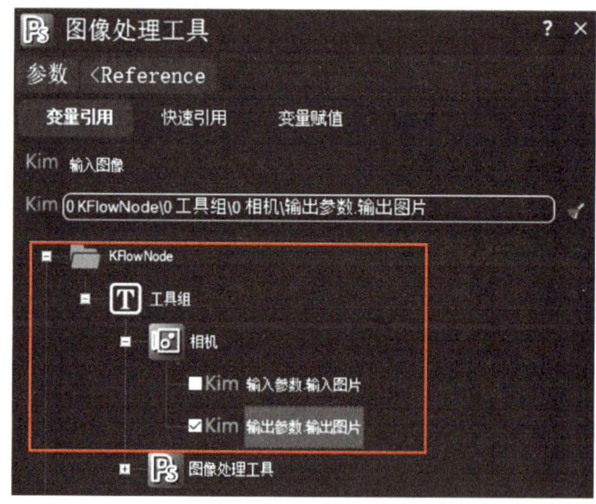

(b) 选择相机的“输出图片”

图 3-36　使用“图像处理”工具

图 3-37 所示为“图像处理”工具的参数设置，可设置的参数见表 3-2。本项目采用“中值滤波”处理噪点，可以在消除噪点的同时更好地保留图像的细节。

图 3–37　“图像处理”工具的参数设置

表 3–2　“图像处理”工具参数

参数	说　明
工具引用	可以选择要输入的图像、模板图像，以及要使用的仿射矩阵
识别模式	选择图像预处理工具
掩码类型	滤波核的形状
掩码半径	滤波核的大小，掩码半径越大，参与滤波的像素范围越大

图像在中值滤波前后的局部对比如图 3–38 所示，可以看到经过中值滤波后，基本消除掉了噪点。

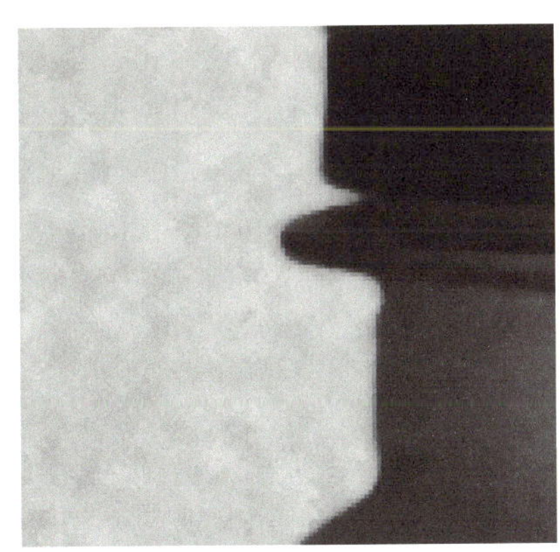

图 3–38　图像在中值滤波前后的局部对比

采用滤波工具去除噪点后，还须要采用阈值分割提取图像中的特征，以提高每次识别的准确度。

如图 3–39 所示，将“图像处理”工具添加至工具组中，然后双击添加好的“图像处理”

工具，在图中①处设置“图像处理”工具的参数，“识别模式”选择“全局阈值”，“灰度下限”和“灰度上限”指的是进行二值化的灰度阈值，夹在两阈值之间的像素灰度值将转化为 255，其余像素灰度值转化为 0。每个像素的灰度值可以通过鼠标光标在图中移动观察到。如图 3-40 所示，观察图中①处 R, G, B 值可以确定该处灰度值，图中②处为图中①处的放大图。

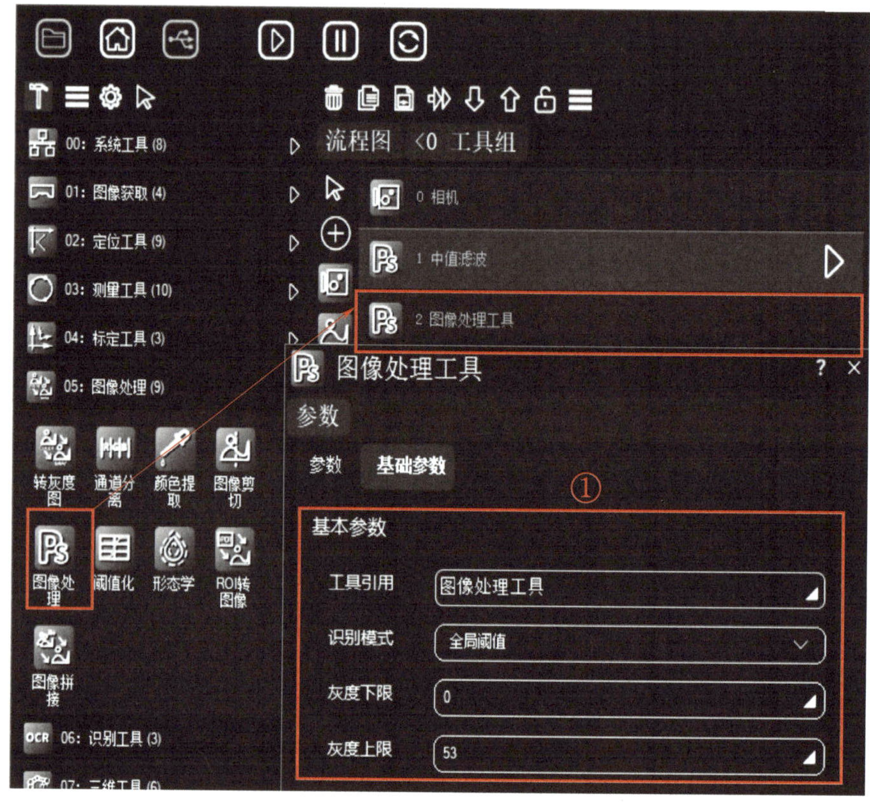

图 3-39　设置“图像处理”工具的参数

图 3-40　灰度值确认

注意：当图像为彩色图像时，R，G，B 值显示三通道的值；当图像为灰度图像时，R，G，B 值代表灰度值。

阈值分割完成后，图像中只剩下二值化后的瓶盖轮廓信息，如图 3-41 所示。

图 3-41　阈值分割完成效果

（10）使用“找线”工具

本项目通过瓶盖边界线之间的距离和夹角判断瓶盖密封性，须要先在图像中定位瓶盖的边界线。在“定位工具”栏中找到“找线”工具，添加至工具组中。“找线”工具参数见表 3-3。

表 3-3　“找线”工具参数

参数	说　明
工具引用	可以选择要输入的图像、模板图像以及要使用的仿射矩阵
平滑系数	高斯平滑系数，数值越大，图像越模糊
灰度变化	相邻像素点之间的最小灰度差
最小得分	查找直线的最小得分值，即卡尺查找到点的个数与卡尺的个数的比例的最小值，最小得分越高，查找的精度越高，越不容易找到，最小得分越低，查找的精度越低，越容易找到
边缘选择	选择从搜索方向开始搜索到的第一条边或最后一条边
搜索极性	指搜索矩阵的过渡方向（从黑到白或从白到黑）

将“输入图像”设置为处理完成的图像，如图 3-42a 所示，经过阈值分割后，图像已经变成二值图像，像素灰度值通过在图中移动鼠标光标，在图中①处可以观察到，图中②处为图中①处的放大图。

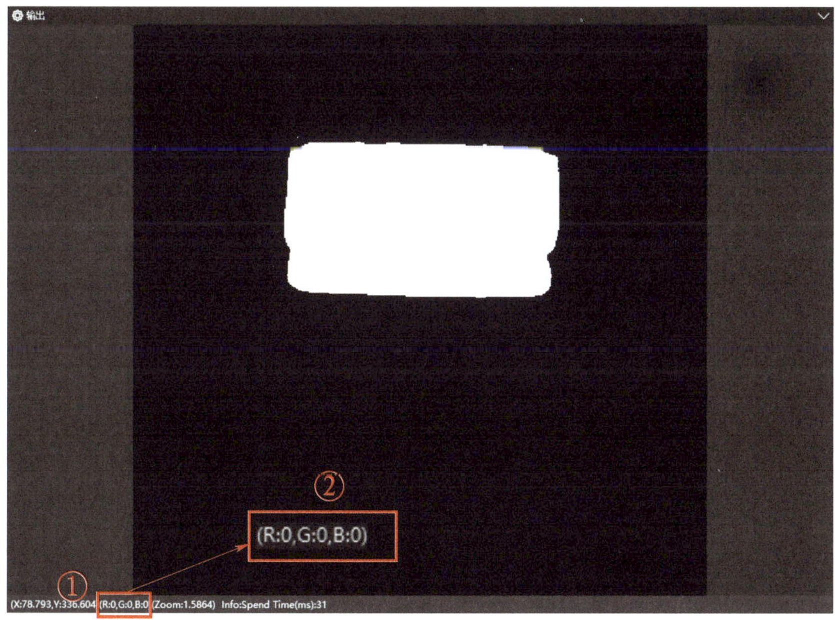

(a) 阈值分割后图像

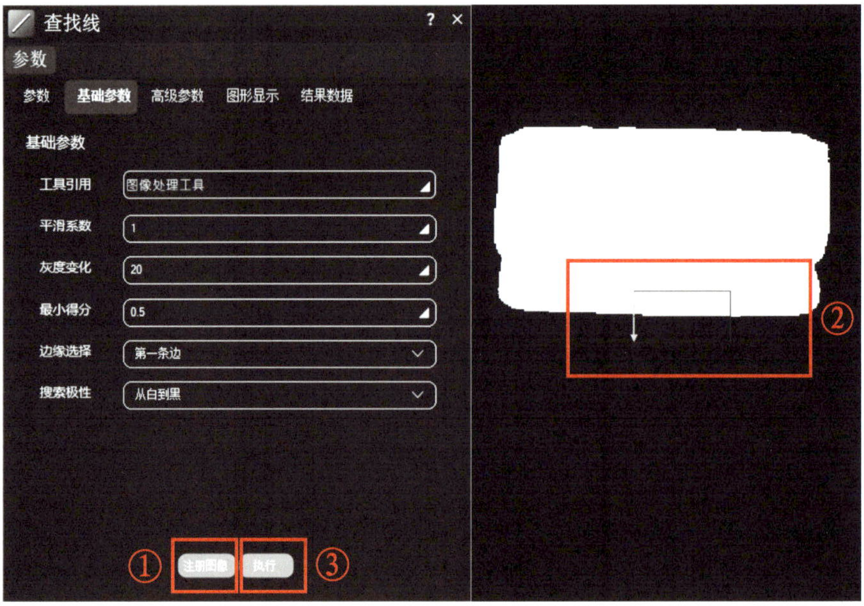

(b) 找线

图 3-42　找线工具步骤

如图 3-42b 所示，点击“注册图像”按钮（图中①处），出现 ROI（图中②处），ROI 中黄色箭头表示搜索方向，使用 ROI 框选想要查找直线的区域，设置参数后，点击“执行”按钮（图中③处）。“找线”工具根据设置的参数按照 ROI 中黄色箭头所示搜索方向找到灰度突变的一条分界线，即瓶盖底部直线，如图 3-43 所示。

再次添加“找线”工具，查找瓶盖顶部直线，如图 3-44 所示。

图 3-43　瓶盖底部直线

图 3-44　瓶盖顶部直线

（11）使用“线间距”工具

在“测量工具”栏中找到“线间距”工具，添加至工具组中，在“线间距”工具中，选择“两点式”计算方式，然后须要将查找到的线坐标引用至“线间距”工具中。如图 3-45 所示，将“找线”工具和“线间距”工具的参数设置窗口并排放置，点击图中①处“参数”，进入参数设置，点击图中②处“输出参数”，打开输出参数列表，找到图中③处“线坐标”，点击“线坐标”的数值，出现该参数的设置栏，拖动图中④处图标至图中⑤处进行引用。

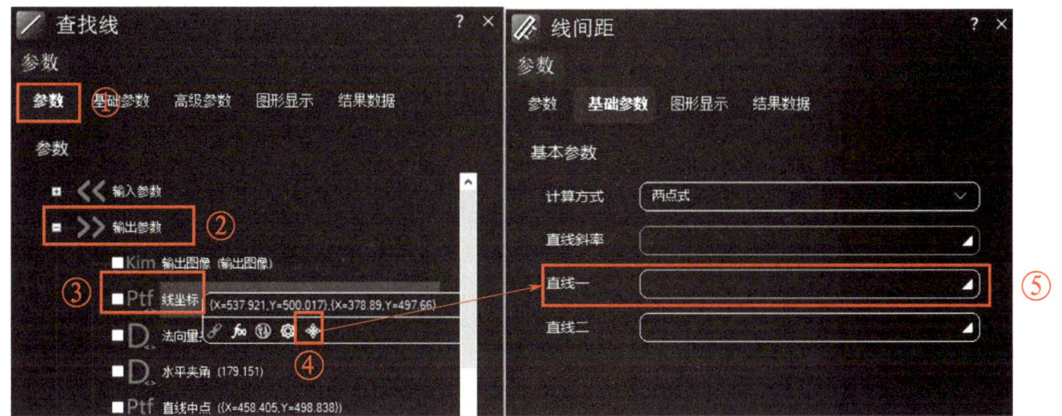

图 3-45　参数的引用

引用成功后会弹出系统消息提示引用操作成功，如图 3-46 所示。

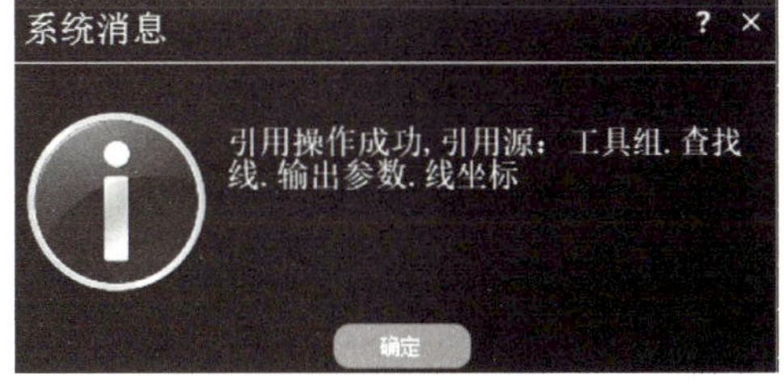

图 3-46　引用操作成功

将瓶盖底部直线和瓶盖顶部直线分别引用至“线间距”工具的“直线一”和“直线二”中，点击“执行”按钮，即可在输出窗口和“线间距”工具的输出参数中看到测出的两线距离，如图 3-47 所示。

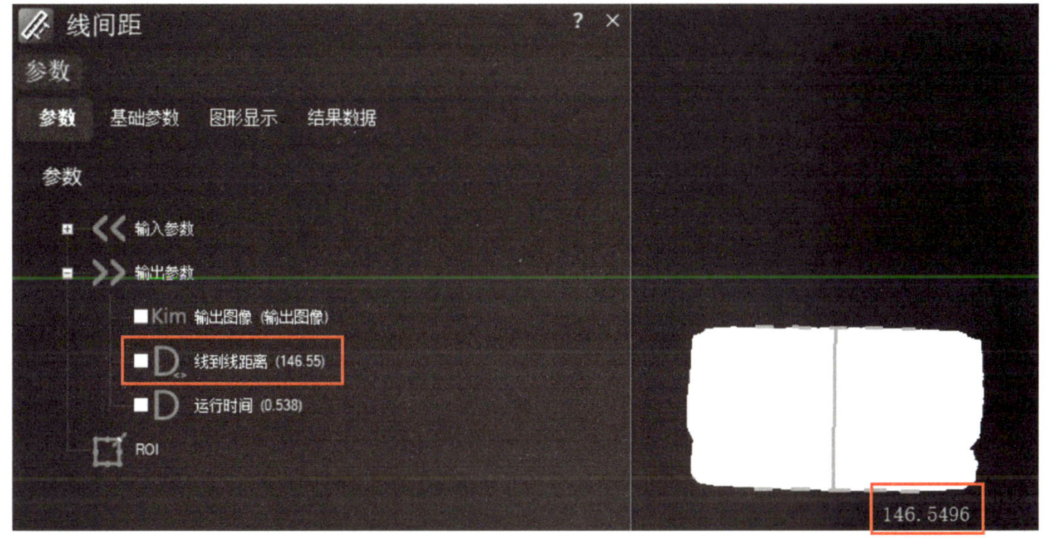

图 3-47　线间距测量结果

点击图 3-48a 中“线到线距离”，打开该参数的设置栏，然后在设置栏中点击变量设置图标，如图 3-48b 所示，进行参数的变量设置。

如图 3-49 所示，在图中①处进行类型选择，点击图②处的箭头，打开下拉菜单，有两种判断方法：“等于”是测量值等于设定值时，会判断为“True”，否则为“False”；“区间”

是测量值在设定的区间内即为“True”（包含设定的最小值和最大值），否则为“False”。

在实际应用中，通常用“区间”的方法来进行判断，允许测量值有一定的误差，已知标准值为 146.5，允许误差为 ±0.2。需要注意的是，此处“146.5”为像素距离，并不代表实际物理空间中的尺寸。如果要将像素距离转换为物理空间中的尺寸，则要预先做好相机标定，相机标定的概念，将会在后文中提到。

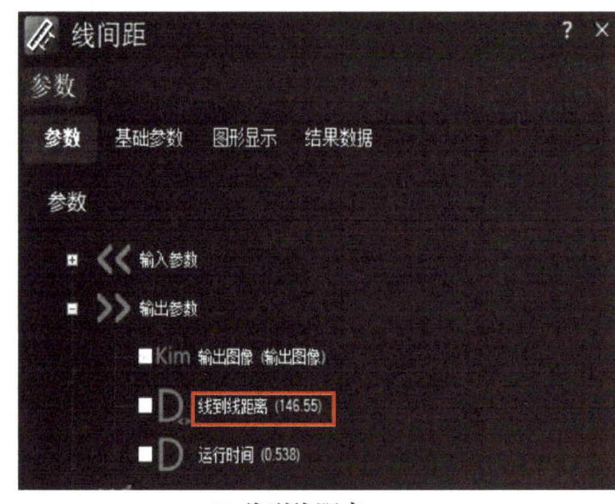

(a) 线到线距离

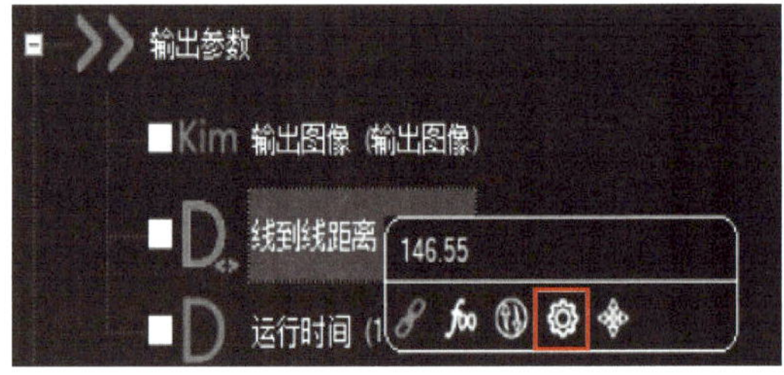

(b) 变量设置图标

图 3-48　参数设置

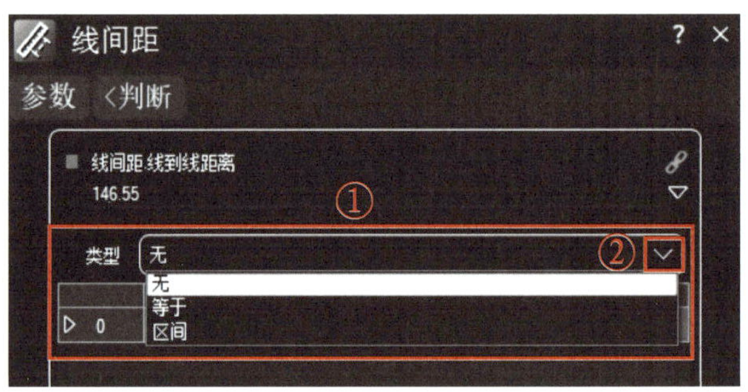

图 3-49　变量设置窗口

如图 3-50 所示，“类型”选择“区间”，“最小值”和“最大值”分别输入“146.3”和“146.7”。

（12）使用“线夹角”工具

接着测量两线夹角，添加“线夹角”工具至工具组中，将瓶盖底部直线和瓶盖顶部直线分别引用至“线夹角”工具的“直线一”和“直线二”中，点击“执行”按钮，在“线夹角”工具的“输出参数”中可以看到两线夹角，如图 3-51 所示。

对线夹角进行判断，打开变量设置窗口，“类型”选择“区间”，已知线夹角标准值为 0°，允许误差为 ±0.1°，线夹角区间设置如图 3-52 所示。

（13）判断瓶盖是否合格

如图 3-53 所示，点击“工具组”，“工具组”右上角出现三个图标，将图中①处图标拖动至图中②处的输出窗口（此时会弹出系统消息，如图 3-54 所示，点击“否”按钮），点击图中③处图标，执行整个工具组。

执行完成后，在输出窗口会显示工具组中的所有工具执行结果，如图 3-55 所示。

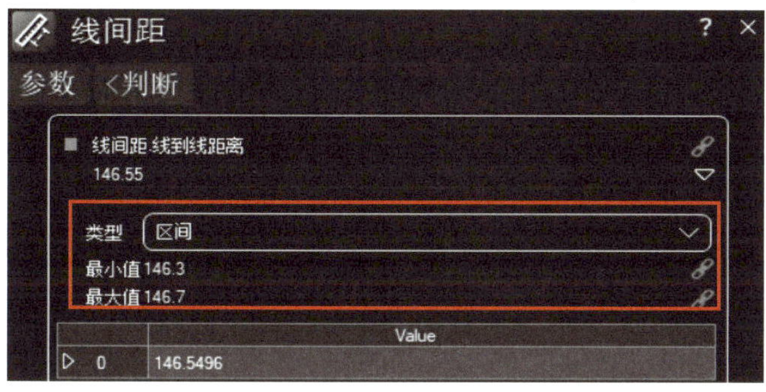

图 3-50　线间距区间设置

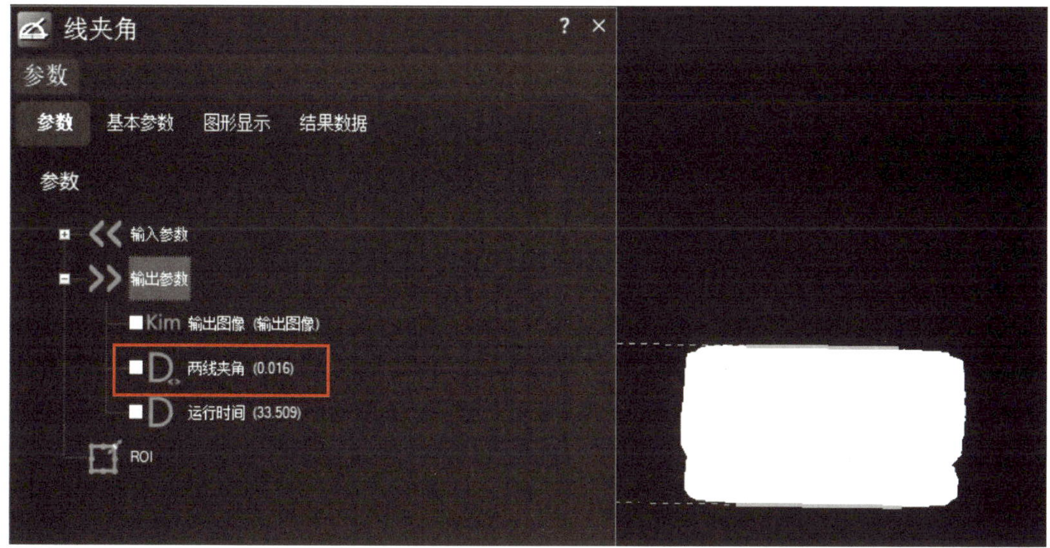

图 3-51　线夹角测量结果

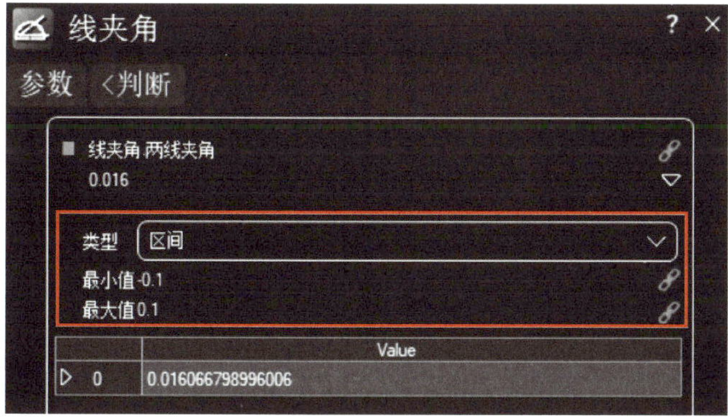

图 3-52　线夹角区间设置

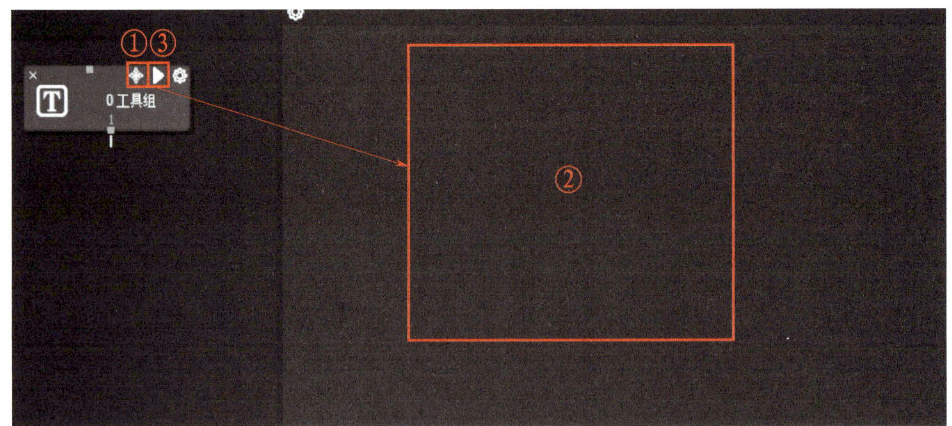

图 3–53　执行工具组

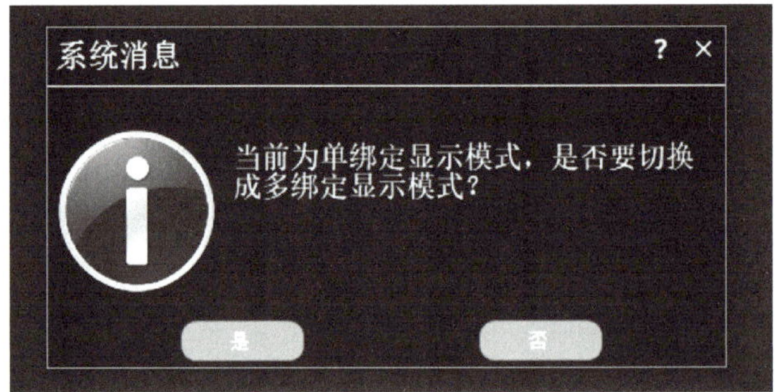

图 3–54　切换模式

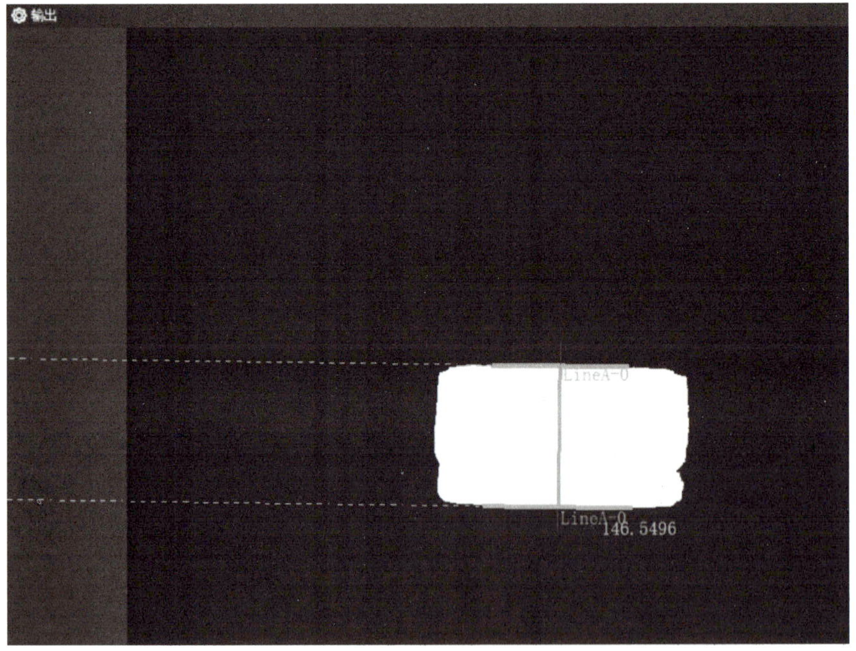

图 3–55　执行结果

在输出窗口任意位置处右击，如图 3-56 所示，在弹出的菜单中，点击“添加 ROI”（图中①处），然后在弹出的次级菜单中，点击“添加标签”（图中②处），出现如图 3-57 所示标签“Text”。

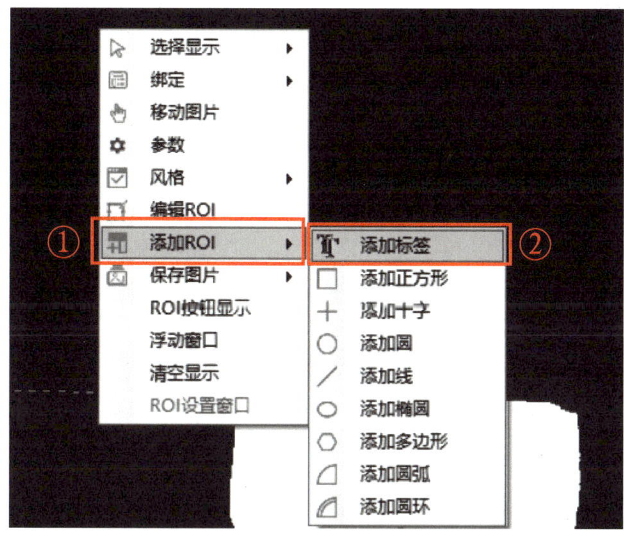

图 3-56　添加标签

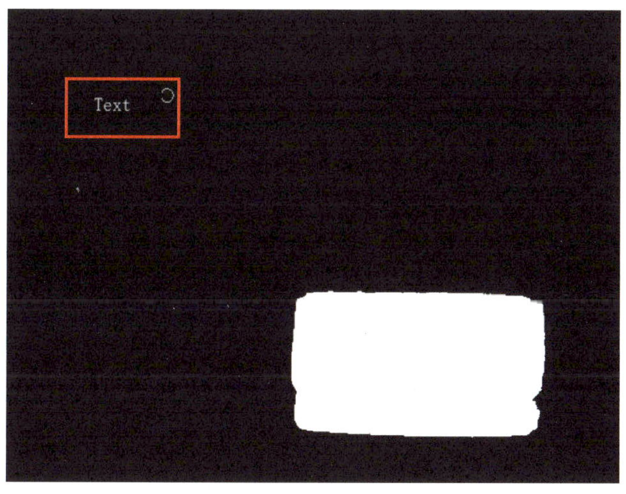

图 3-57　标签“Text”

双击标签“Text”，出现如图 3-58 所示的标签设置窗口。点击图中①处图标，在弹出的菜单中，选择“OK/NG”，如图 3-59 所示。

按照图 3-60 中①—④所示步骤，引用工具组的结果（工具组中任一工具出现“False”，则工具组的结果为“False”；所有工具结果都为“True”，则工具组的结果为“True”）。

如图 3-61 所示，将图中①处的“Text”删除，接着点击图中②处图标，然后将标签设置窗口关闭。

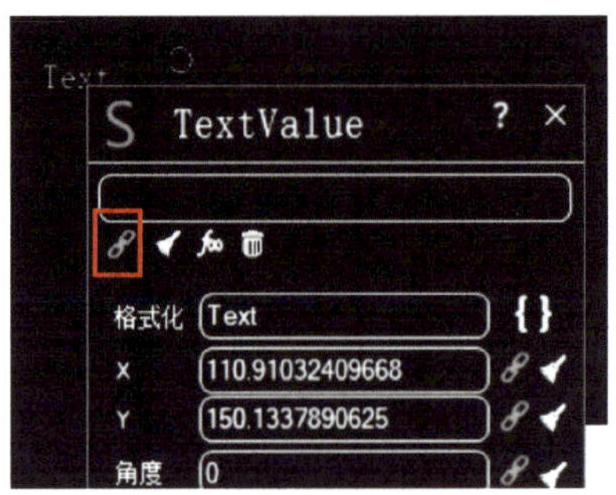

图 3-58　标签设置窗口

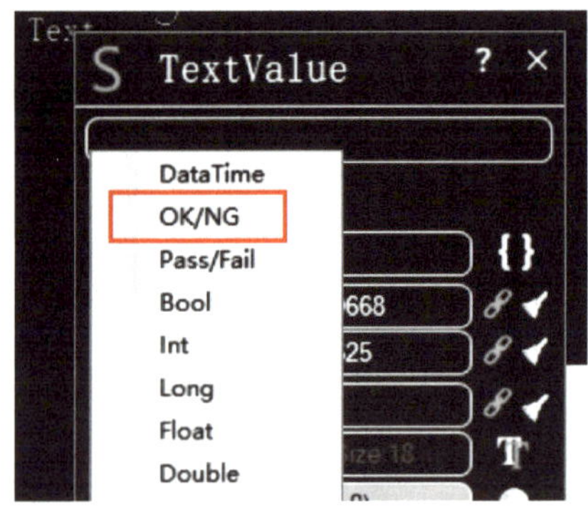

图 3-59　标签显示类型选择

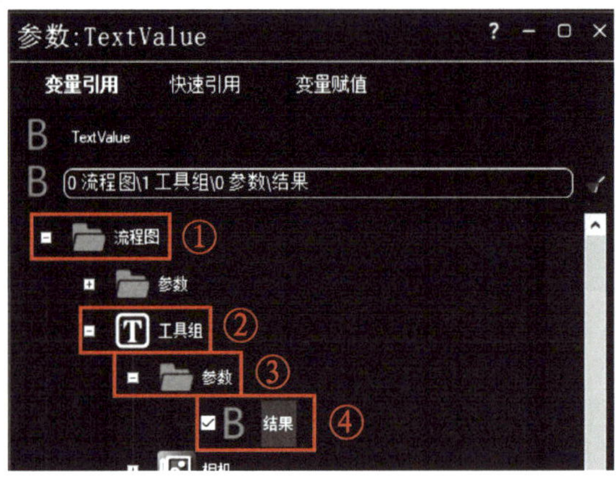

图 3-60　参数引用

设置完成后运行工具组，输出窗口会显示工具组的执行结果和判断结果，如图 3-62 所示。

利用该工具组分别对密封瓶盖与非密封瓶盖进行检测，结果如图 3-63 所示。

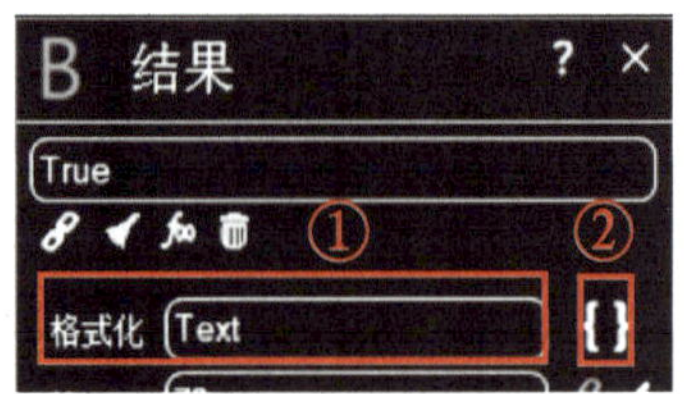

图 3-61　更改显示内容

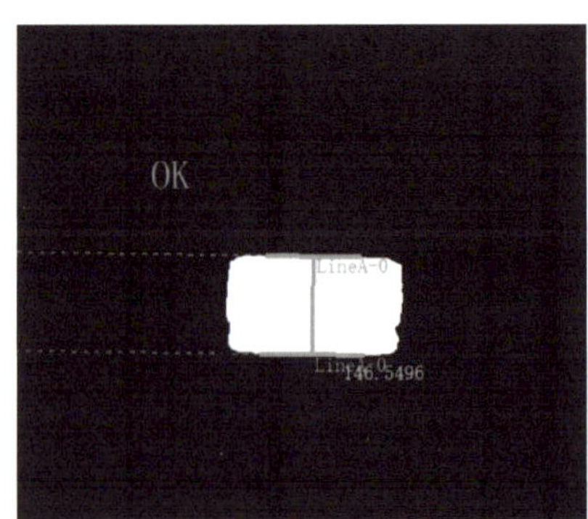

图 3-62　最终显示效果

图 3-63　检测结果

3. 小结

本项目通过一个典型的实施过程，展示了使用 KImage 软件进行瓶盖密封性检测的流程。本项目应用图像处理工具中的“中值滤波”工具，定位工具中的“找线”工具，测量工具中的“线间距”工具和“线夹角”工具。实际上，除了使用“线夹角”工具作判断之外，还可以用其他的测量工具来实现对瓶盖密封性的检测，请读者自行探索。

3.2 大豆计数

学习目标

（1）了解腐蚀、膨胀、开运算和闭运算的原理。

（2）掌握“腐蚀”“膨胀”“斑点分析”工具的使用方法。

（3）具备多个工具搭配使用的意识。

场景导入

农产品装备自动化、智能化已是必然的趋势，原来劳动密集型的繁琐工作将逐渐由机器替代。其中重要的一项就是对无序放置的农产品（如大豆、香菇等）进行视觉分拣。利用机器视觉对无序放置的多个农产品进行分拣，其难点在于如何消除农产品之间重叠的部分，以便对其进行识别与计数。

通过对机器视觉图像进行形态学运算可以消除农产品之间的粘连，本项目将通过对无序放置的大豆的识别与计数，引入图像形态学运算概念及工具使用方式，逐步讲解图像形态学处理方法与“斑点分析”工具等软件功能的编程与调试。

知识链接

图像形态学是用具有一定形态结构的元素，去对图像中的信息进行度量和提取，从而分析和识别图像中的形态信息。其处理工具包括腐蚀、膨胀、开运算、闭运算四种，运用这些处理工具，可以在保持图像中图形基本形态的前提下，去除一部分冗余结构，或增强视觉检测需要的特征结构。

1. 腐蚀与膨胀

在实际应用中，进行形态学运算之前，图像通常已经完成了二值化，将图像中要处理的特征转为白色，其他部分转为黑色。形态学运算通常针对白色区域进行，其中，腐蚀表现为削除边界点，使图案内缩；膨胀则是扩张边界点，使图案扩大。

（1）腐蚀

腐蚀的工作原理为采用结构元素在图像中作逻辑运算，如图 3-64 所示，*A* 为待处理图像，B 为结构元素。遍历图像 A 中的每个像素，每当在图像 A 中找到一个与结构元素 B 相同的子图像时，就把该子图像中与结构元素 B 的原点位置对应的那个像素的值置为 1，否则置为 0，则图像 A 上标注出的所有这样的像素组成的集合，即为腐蚀运算的结果。腐蚀运算的实质就是在图像中标注出那些与结构元素相同的子图像的原点位置的像素。需要注意的是，当结构元素在图像上平移时，结构元素与目标区域要完全覆盖，结构元素中的任何元素不能超出图像的范围。腐蚀工作过程示意图如图 3-65 所示。

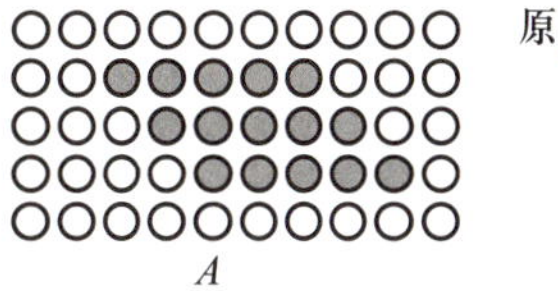

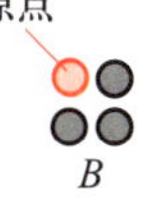

图 3-64　待处理图像与结构元素

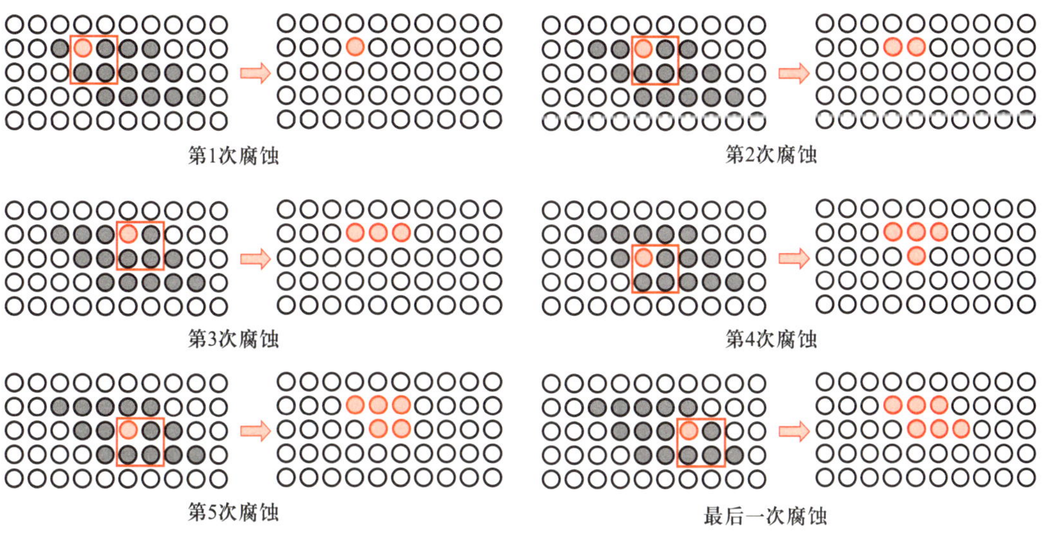

图 3-65　腐蚀工作过程示意图

最后一次腐蚀之后，剩下的标注部分即是腐蚀后的形态。由此可见，腐蚀过程是逐渐消去形状外轮廓的过程。

如图 3-66 所示，对于同一个轮廓外形，使用圆形结构元素、方形结构元素，以及三角形结构元素进行腐蚀，腐蚀之后的轮廓为图中虚线部分。由此可见，采用腐蚀处理图像后，凸出的角在腐蚀后保持不变，凹陷的角在腐蚀后具有结构元素的形状。

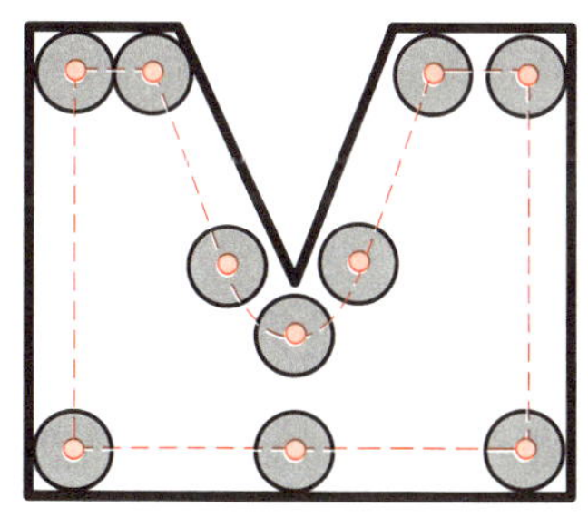

(a) 圆形结构元素

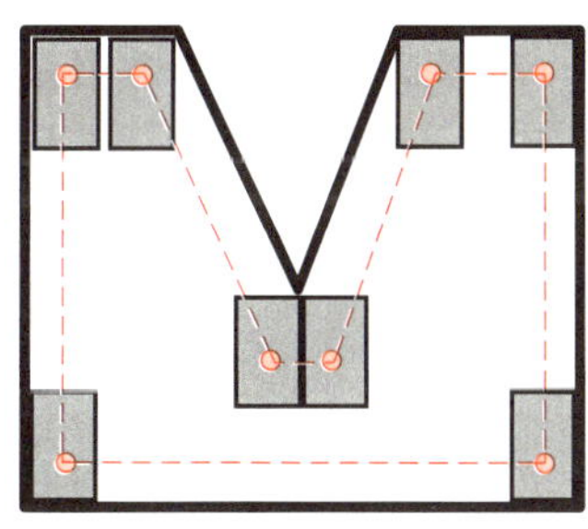

(b) 方形结构元素

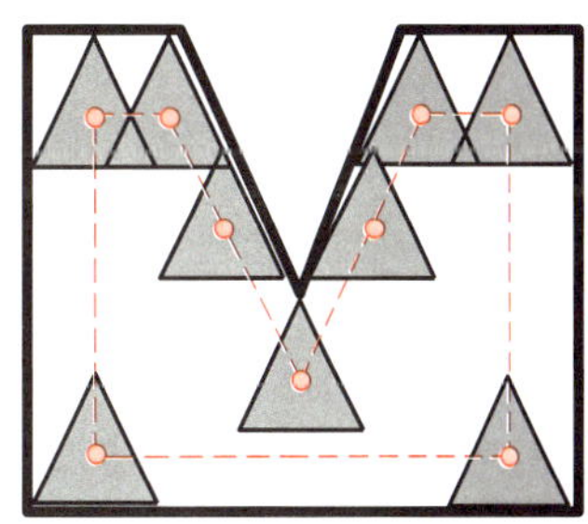

(c) 三角形结构元素

图 3-66　腐蚀轮廓

若图像仅有部分区域小于结构元素，则腐蚀后，图像中的细连通处会断裂，分离为两个区域。若图像中的物体小于结构元素，则腐蚀后，物体将完全消失。因此，可采用腐蚀消除物体之间的粘连，如图 3–67 所示。

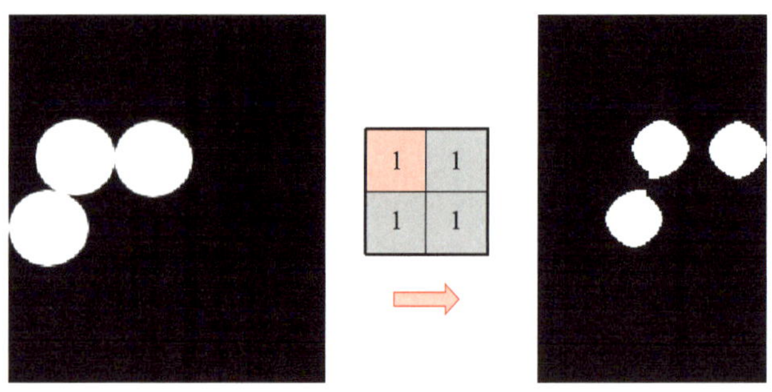

图 3–67 采用腐蚀消除物体之间的粘连

通过对原图像进行腐蚀处理后，将其结果与原图像进行差运算，可以提取目标的边界，如图 3–68 所示。

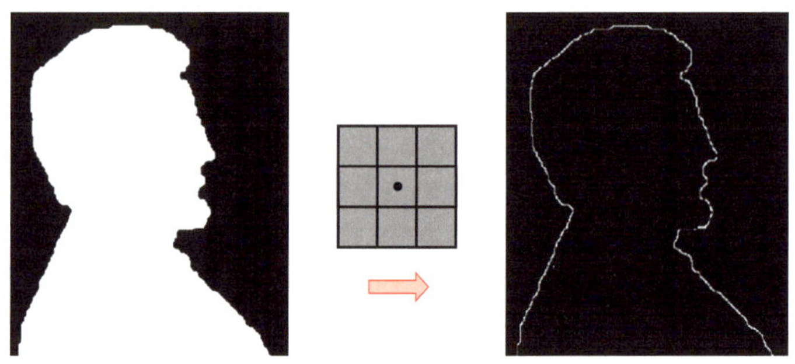

图 3–68 采用腐蚀提取边界

（2）膨胀

与腐蚀类似，膨胀也是通过结构元素对图像进行作用。结构元素 B 对图像 A 的膨胀的具体步骤如下：

第一步，求结构元素 B 的反射 $\hat{B}$（集合 B 中所有相对于原点的反射元素组成的集合称为集合 B 的反射，如图 3–69a 所示），如图 3–69b 所示。

第二步，遍历图像 A 中的每个像素，每当结构元素 B 的反射 $\hat{B}$ 在图像 A 上平移后，结构元素 B 的反射 $\hat{B}$ 与目标物体至少有一个像素相交时，就以图像 A 中与结构元素 B 的反射 $\hat{B}$ 相交的原点为基点，将结构元素 B 的反射 $\hat{B}$ 中其他像素计算后留存。图像 A 上此类像素组成的集合，即为膨胀运算的结果。需要注意的是，当结构元素的反射在图像上平移时，允许结构元素的反射中的非原点像素超出图像范围。膨胀工作过程示意图如图 3–70 所示。

如图 3–71 所示，实线为原图像轮廓，虚线为膨胀处理后轮廓。在不同结构元素的作用下，图像轮廓有了不同的变化。由此可见，膨胀只改变向上凸起的角，令其具有结构元素的形状，凹陷的角在膨胀后保持不变。

采用膨胀可以扩大目标区域中的“孔洞”，如图 3–72 所示。

采用十字形结构元素对不清晰的文字进行膨胀，可以修复文字间断，实现字符连接，如图 3–73 所示。

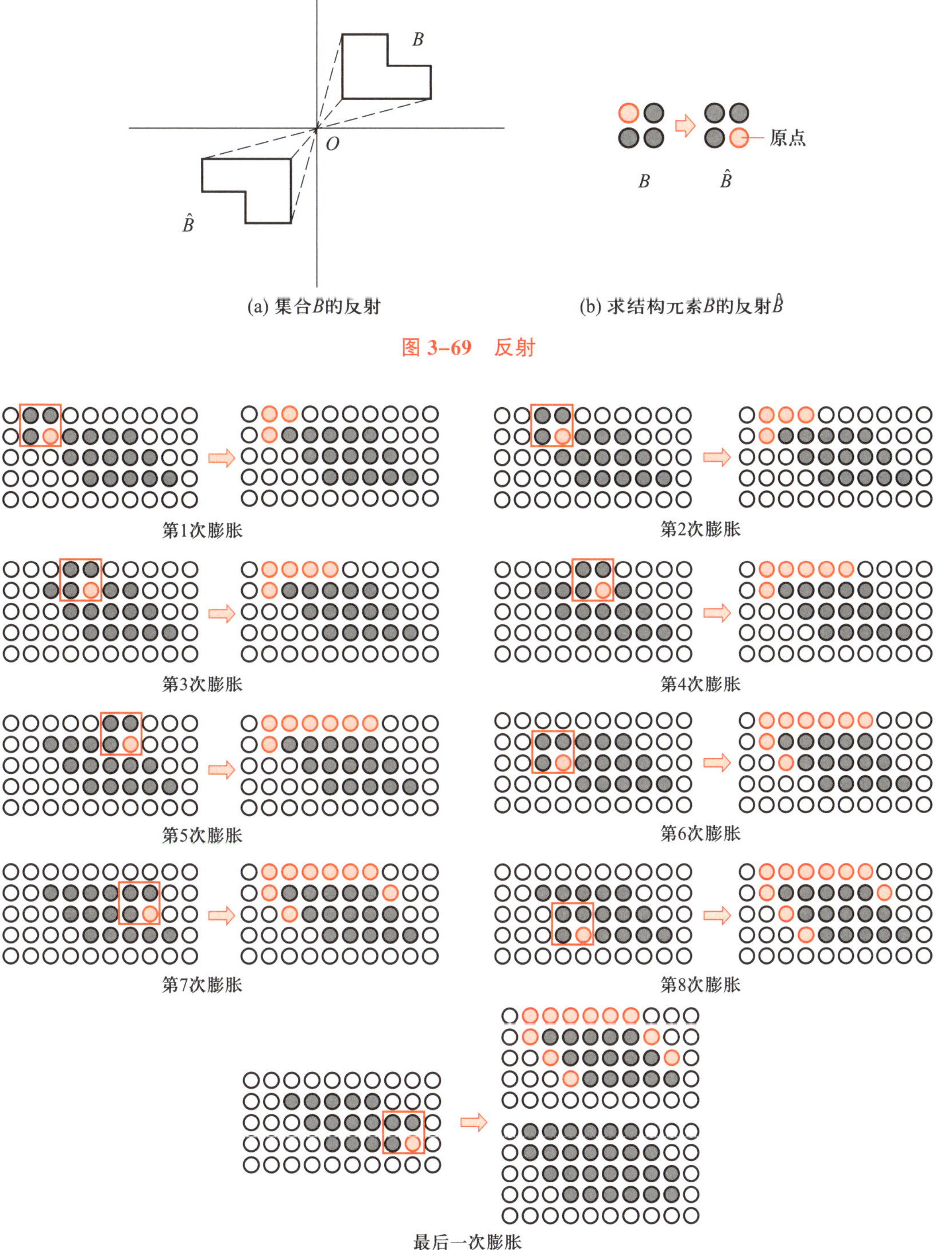

图 3–69　反射

图 3–70　膨胀工作过程示意图

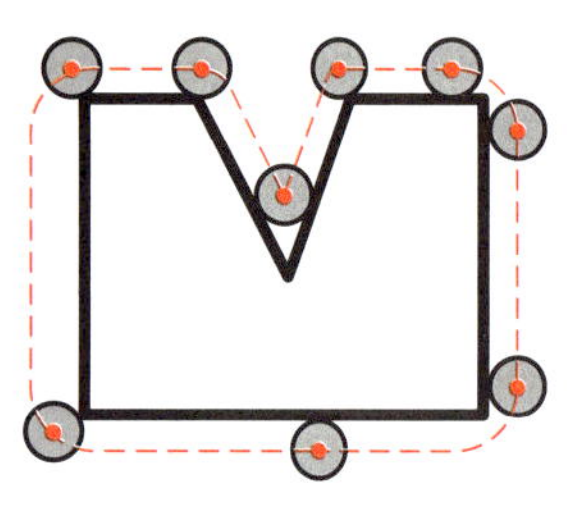

(a) 圆形结构元素

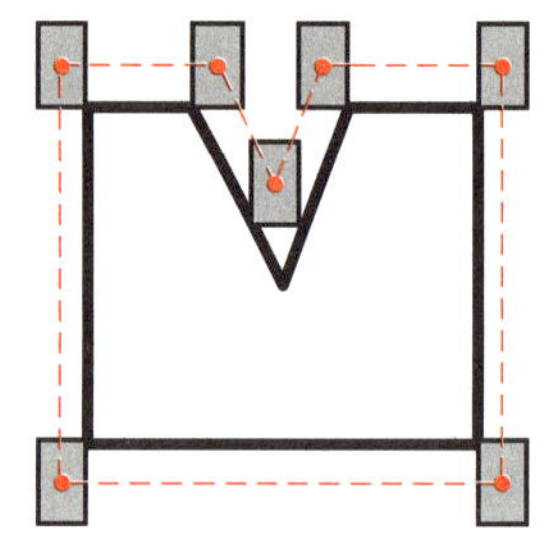

(b) 方形结构元素

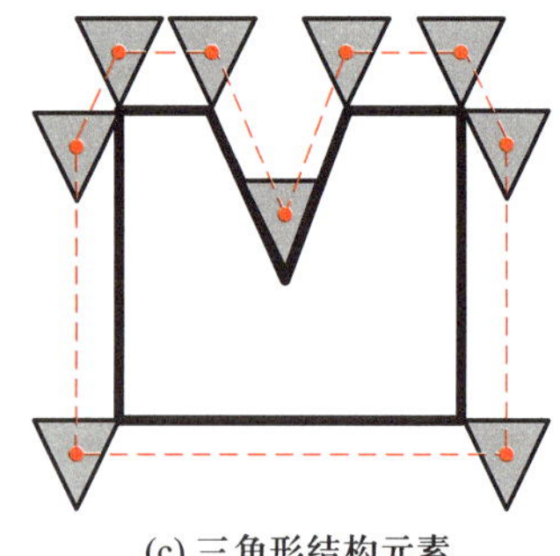

(c) 三角形结构元素

图 3–71 膨胀轮廓

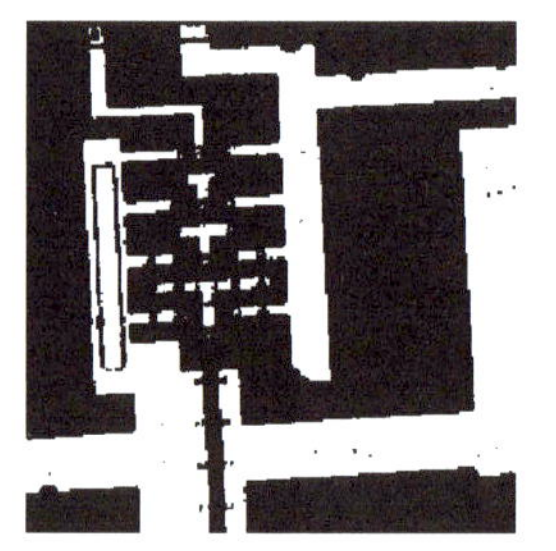

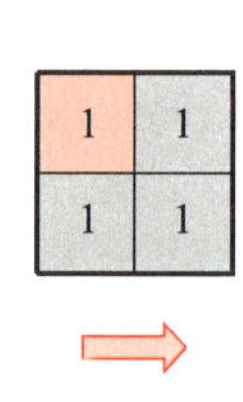

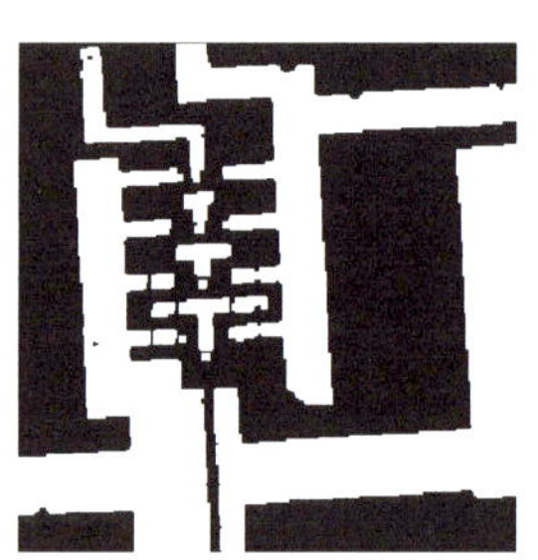

图 3–72 采用膨胀扩大“孔洞”

Historically, certain computer programs were written using only two digits rather than four to define the applicable year. Accordingly, the company's software may recognize a date using "00" as 1900 rather than the year 2000.

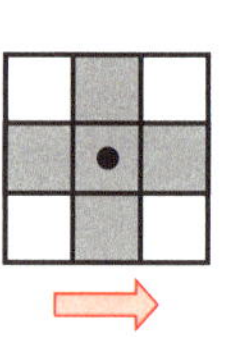

Historically, certain computer programs were written using only two digits rather than four to define the applicable year. Accordingly, the company's software may recognize a date using "00" as 1900 rather than the year 2000.

图 3–73 采用膨胀修复文字间断

2. 开运算与闭运算

开运算的运算法则是“先腐蚀后膨胀”，最终效果可以描述为“削平山峰”；而闭运算的运算法则是“先膨胀后腐蚀”，最终效果可以描述为“填平山谷”。

采用开运算与闭运算对图 3–74a 进行形态学运算，其中，白色部分为背景，灰色部分为目标，图 3–74b 为结构元素。

开运算是先腐蚀后膨胀，可以消除亮度较高的细小区域，而且不会明显改变其他物体区域的面积，可用于平滑物体的轮廓，断开较窄的狭颈并消除细的凸出物。开运算处理过程如图 3–75 所示。

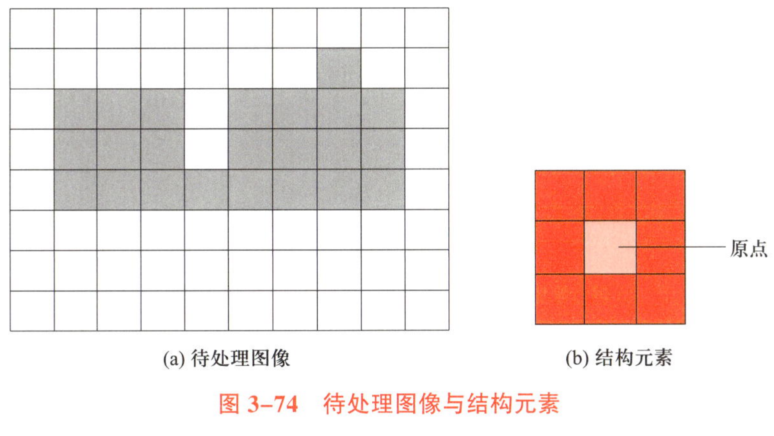

(a) 待处理图像　　(b) 结构元素

图 3-74　待处理图像与结构元素

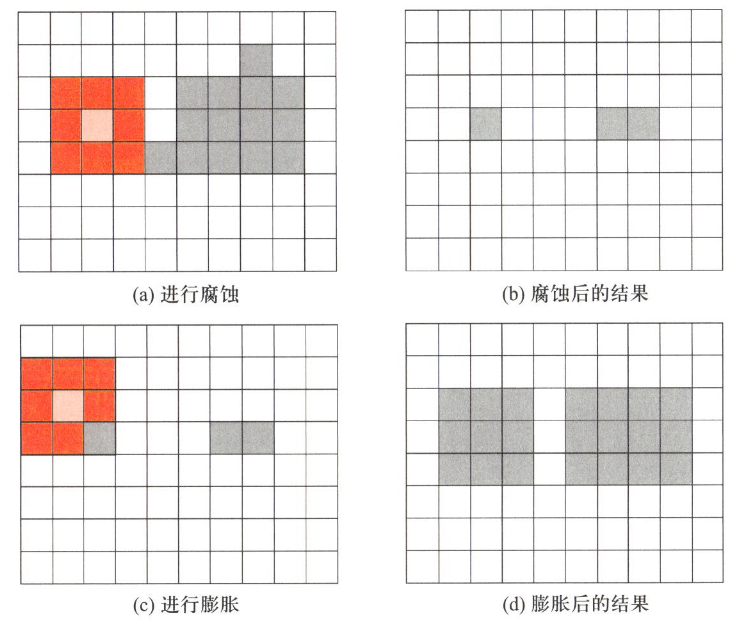

(a) 进行腐蚀　　(b) 腐蚀后的结果

(c) 进行膨胀　　(d) 膨胀后的结果

图 3-75　开运算处理过程

闭运算是先膨胀后腐蚀，可以消除细小黑色空洞，也不会明显改变其他物体区域面积，可用于弥合较窄的间断和细长的沟壑，消除小的孔洞，填补轮廓线中的断裂。闭运算处理过程如图 3-76 所示。

假设结构元素是圆盘形“滚动球”：如图 3-77a 所示，开运算就是推动球沿着曲面的下侧面（内边界）滚动，以便球体能在曲面的整个下侧面来回移动，当球体的任何部分接触到曲面的最高点就构成了开运算的曲面，具体表现为“削平山峰”；如图 3-77b 所示，闭运算就是推动球沿着曲面的上侧面（外边界）滚动，进而构成闭运算的曲面，具体表现为“填平山谷”。因此，开运算使图像缩小，闭运算使图像扩大。

开运算可以滤掉背景中的椒盐噪声、亮噪声，闭运算可以滤掉目标中的沙眼噪声、暗噪点。图 3-78a 所示为通过开运算去除了亮噪声；图 3-78b，c，d 所示为通过闭运算去除了暗噪声与细微暗噪声。

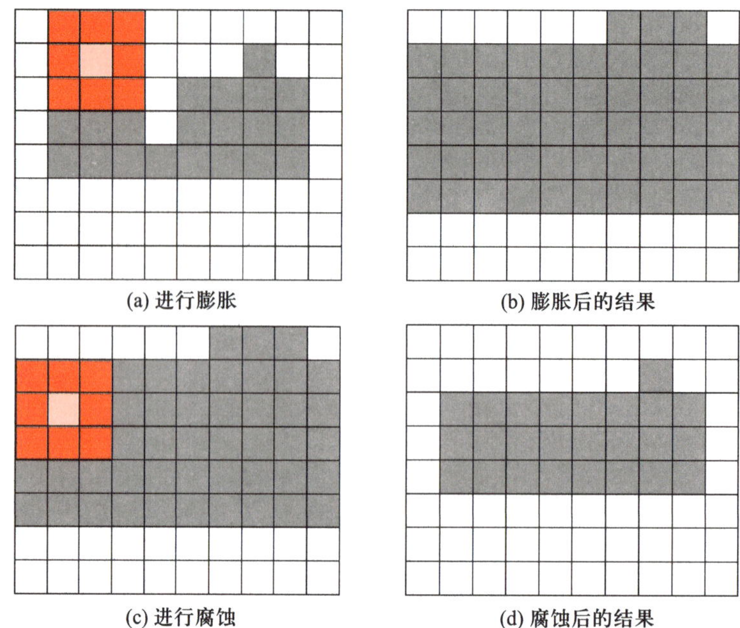

图 3-76 闭运算处理过程

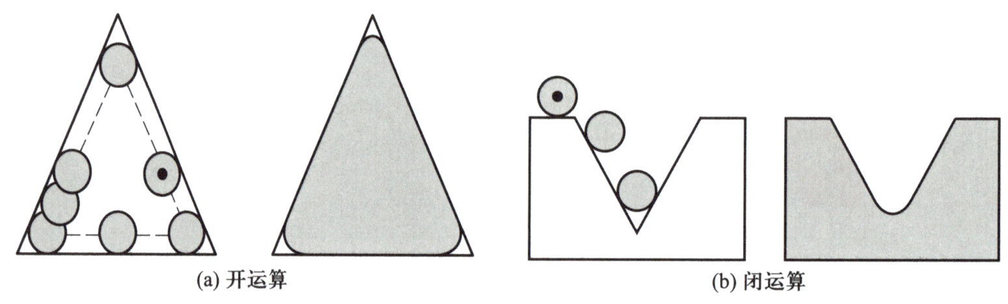

图 3-77 开运算与闭运算

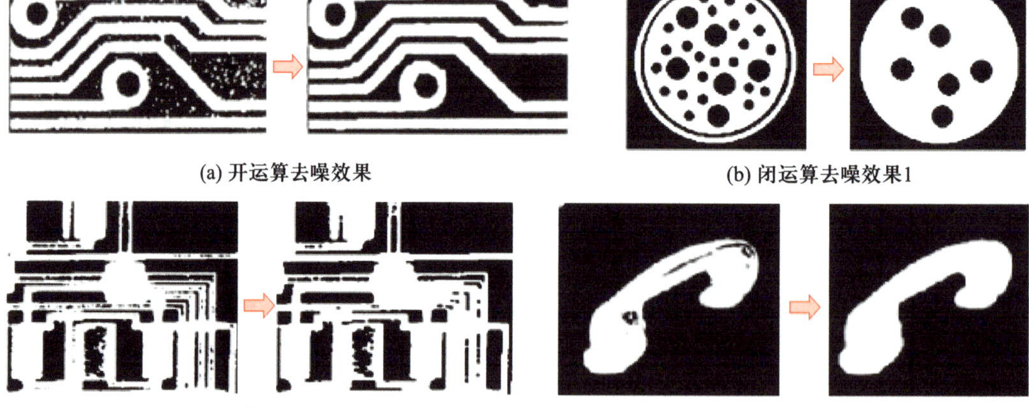

图 3-78 开运算与闭运算去噪效果

项目实施

本项目要求对随机分布的大豆完成定位和计数，视野范围为 120 mm × 100 mm，工作距离为 350 mm（允许正向偏差 10%），像素精度小于 0.06 mm。

1. 内容导航

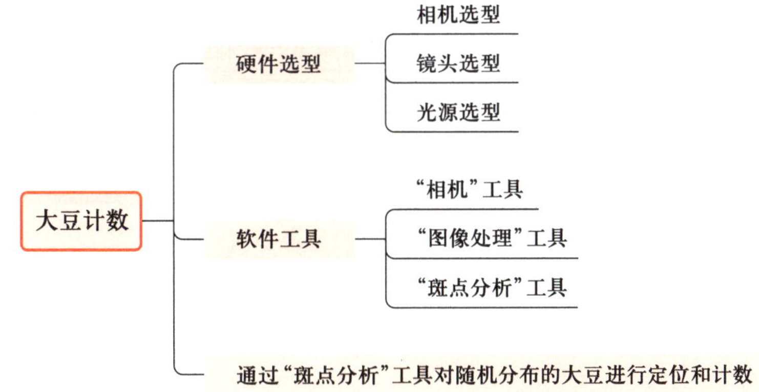

2. 实施步骤

（1）硬件选型与调试

本项目相机、镜头、光源选型与图像采集调试等步骤，与“3.1　瓶盖密封性检测”项目类似，此处不再赘述，采集到的图像如图 3-79 所示。

（2）形态学运算

如图 3-79 所示，大豆处于粘连状态，无法进行计数，只有通过形态学运算消除大豆之间的粘连，才能创造计数条件。由于图中大豆为黑色，背景为白色，消除粘连部位须要扩大白色部位，缩小黑色部位，因此选择膨胀处理。

如图 3-80 所示，将图中①处的“图像处理”工具添加至工具组中，在图中②处进行参数设置，可设置的参数见表 3-4，在“识别模式”中选择“膨胀”，“掩码宽度”和“掩码高度”修改为“50”。

图 3-79　大豆图像采集

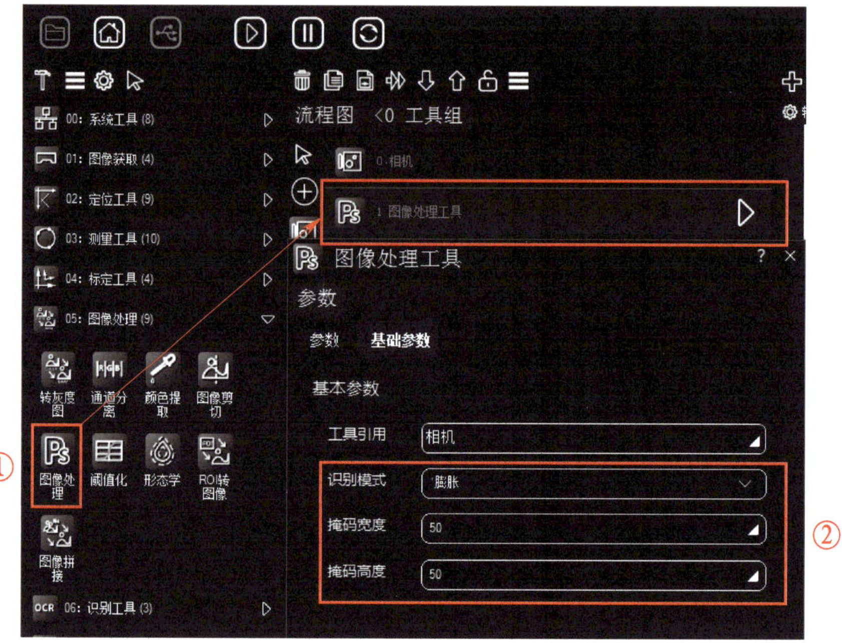

图 3-80 “图像处理”工具设置

表 3-4 “膨胀”参数

参数	说明
工具引用	可以选择要输入的图像、模板图像，以及要使用的仿射矩阵
识别模式	选择图像处理的方式
掩码宽度	模板的宽度，掩码宽度越大，图像处理效果越明显。对于“膨胀”而言，掩码宽度越大，图像中扩张的白色部位越大
掩码高度	模板的高度，掩码高度越大，图像处理效果越明显。对于“膨胀”而言，掩码高度越大，图像中扩张的白色部位越大

在经过“膨胀”处理后，大豆之间粘连已经消除，如图 3-81 所示。

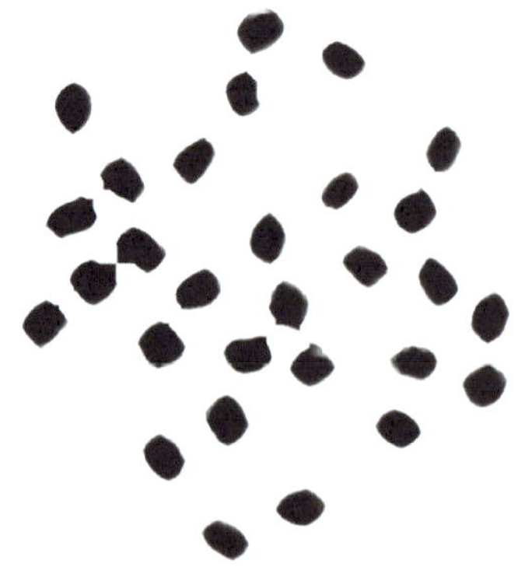

图 3-81 大豆之间粘连已经消除

（3）斑点分析与计数

消除粘连后，就可以使用“斑点分析”工具对大豆进行定位和计数操作了。如图 3-82 所示，将图中①处的“斑点分析”工具添加至工具组中，在图中②处进行参数设置，可设置的参数见表 3-5，这里的“工具引用”选择“图像处理工具”的输出图像作为输入图像，“计算方式”选择“原始值”，“搜索阈值”选择“0”和“50”，“长宽比”“面积”等参数在图中③处可选择是否启用此筛选条件，这里只用了“面积”作为筛选条件。

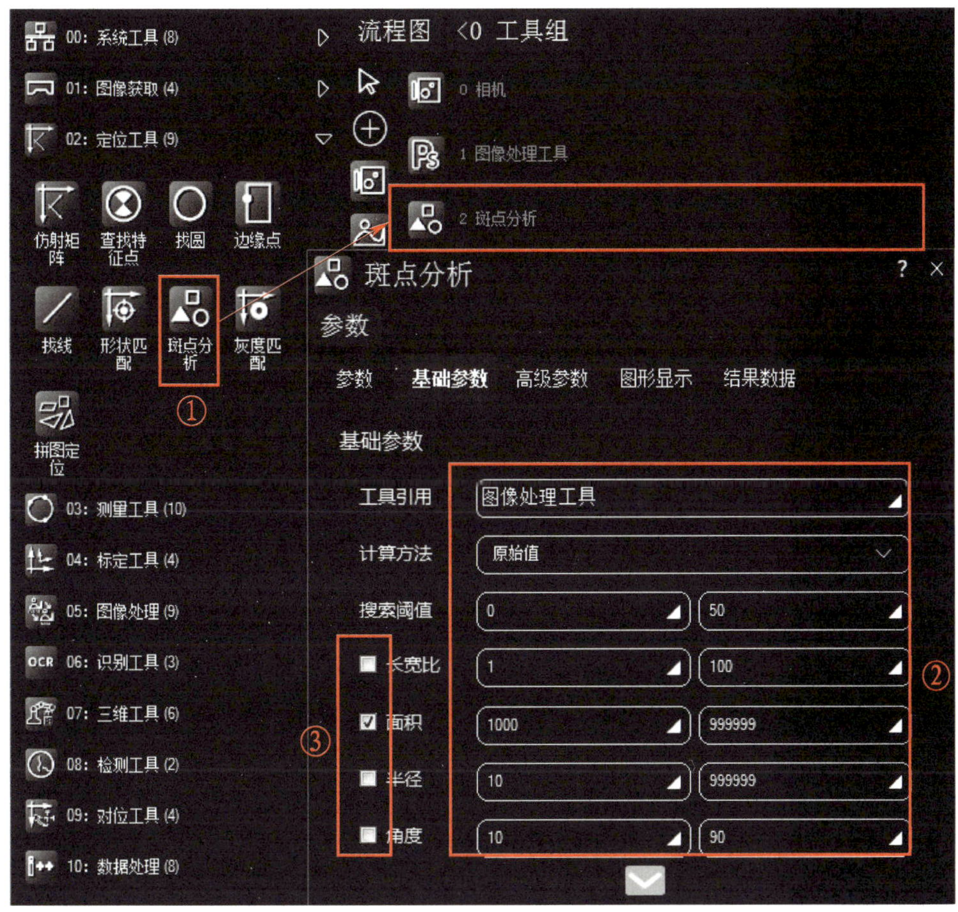

图 3-82　“斑点分析”工具设置

表 3-5　“斑点分析”参数

参数	说　明
工具引用	可以选择要输入的图像、模板图像，以及要使用的仿射矩阵
计算方法	对斑点进行指定图案的嵌套计算，如选择“最大内接圆”，输出参数中的斑点面积会变为在斑点内的最大内接圆的面积
搜索阈值	灰度范围，在此灰度范围内进行斑点分析
长宽比、面积、半径、角度	筛选条件，勾选后会启用此筛选条件，可以选用多个筛选条件，会提取出同时满足这些条件的区域

设置筛选条件后，点击“注册图像”按钮，如图 3-83 所示，使用蓝色框选中要进行斑点分析的区域，点击“执行”按钮。

执行后，如图 3-84 所示，在“斑点分析”工具的输出参数中可以看到“所有斑点中心”“所有斑点面积”“斑点个数”等参数，通过“斑点分析”工具获得了大豆的个数（斑点个数）、大豆的中心坐标（所有斑点中心），并显示在输出窗口上，如图 3-85 所示。

图 3-83　检测区域

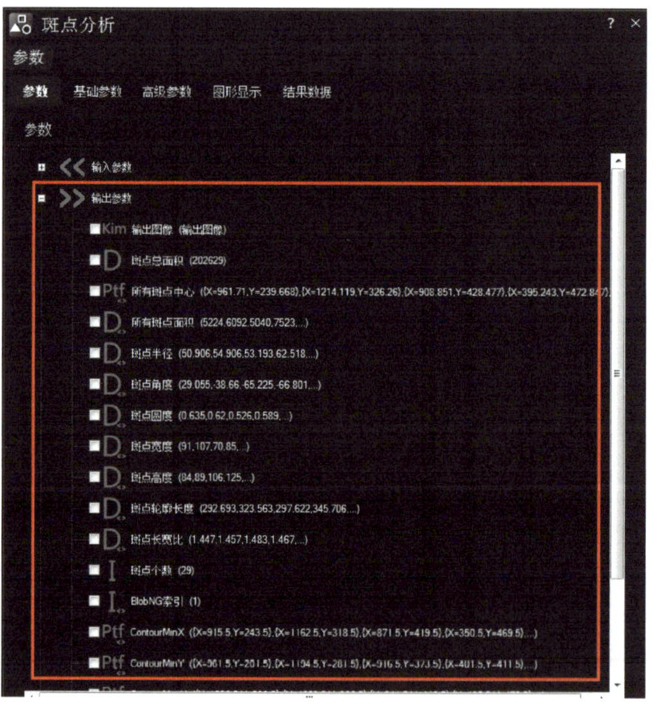

图 3-84　大豆计数输出参数

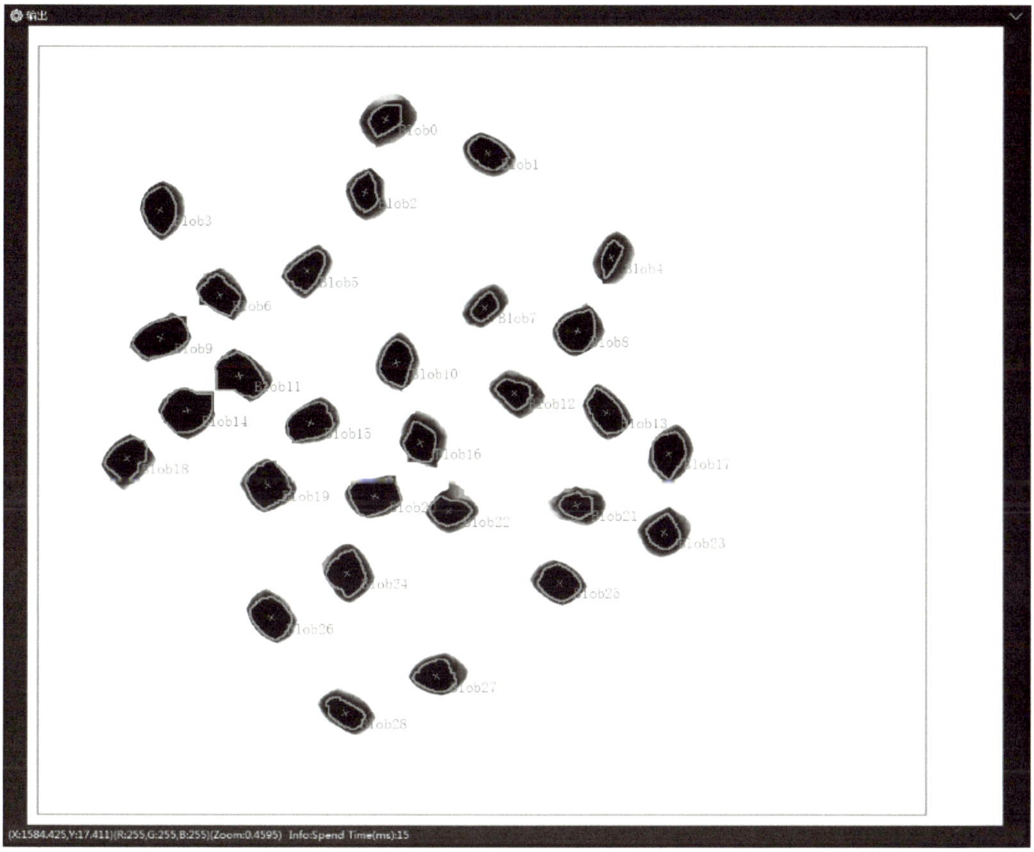

图 3-85　大豆计数输出显示

3. 小结

本项目通过一个典型的实施过程，展示了在 KImage 软件中对于随机分布的产品进行定位和计数的过程。然而还有两个问题并未解决：如何检测出大豆中的异物？如何分拣出异物？后文中，将会分别介绍如何使用图像识别及“N 点标定”工具，来解决这两个问题。

第 4 章
机器视觉图像识别

机器视觉中，图像识别主要是指利用计算机对图像进行处理、分析和理解，以识别各种不同模式的目标和对象的技术。图像识别的发展经历了三个阶段：文字识别、数字图像处理与识别、物体识别。

文字识别的研究是从 1950 年开始的，一般是识别字母、数字和符号，从印刷文字识别到手写文字识别，应用非常广泛。文字识别的应用领域包括自动驾驶、产品检测等。

数字图像处理与识别的研究开始于 1965 年。与模拟图像相比，数字图像具有存储、传输方便，且在传输过程中不易失真，数据处理方便等巨大优势，这些都为图像识别的发展提供了强大的动力。

物体识别主要指的是对三维世界的客体及环境的感知和认识，属于高级的计算机视觉范畴。物体识别是以数字图像处理与识别为基础的，结合人工智能、系统学等学科，其研究成果被广泛应用在各种工业及探测机器人上。

当前图像识别技术的主要不足是自适应性差，一旦目标图像被较强的噪声污染或是目标图像有较大残缺，往往就得不出理想的结果。随着神经网络架构和深度学习算法的出现和发展，图像识别技术的自适应性差的缺点将不断地被改进，最终将接近甚至超过人类的识别水平。

4.1 彩色手机壳识别

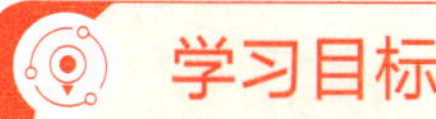

学习目标

（1）认识颜色模型。

（2）掌握“颜色提取”工具。

场景导入

手机壳在生活中随处可见，在手机壳的生产过程中，一般会使用同一条包装线来进行包装，不同颜色的手机壳就须要被分拣出来，为了提高效率，可以使用机器视觉代替人工进行识别以便分拣。

知识链接

图片：

RGB 颜色模型

颜色提取属于图像分割的一种方式，在做颜色提取之前，首先要了解颜色模型。

颜色模型（颜色空间）就是用一组数值来描述颜色的数学模型。常见的颜色模型有：RGB，HSV，HLS 等。

（1）RGB 颜色模型

RGB 颜色模型是工业界的一种颜色标准，如图 4–1 所示，这种颜色模型是通过变化和叠加红（R）、绿（G）、蓝（B）三个颜色通道来得到各式各样的颜色的，几乎包括了人类视力所能感知的所有颜色，是目前运用最广的颜色模型之一。RGB 颜色模型通常用于彩色图像显示设备中，如彩色阴极射线管、彩色显示器等。在 RGB 立方体主对角线上，各原色的强度相等，均等的三通道值混色出来即是不同的灰度值，其中，R=0，G=0，B=0 为黑色；R=1，G=1，B=1 为白色。

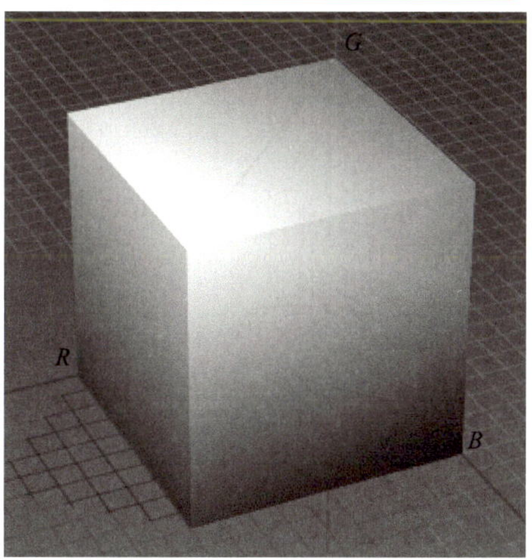

图 4–1　RGB 颜色模型

（2）HSV 颜色模型

HSV 颜色模型如图 4-2 所示，这种颜色模型模拟了人类视觉细胞对颜色的感受。HSV 颜色模型中，每种颜色都是由色相（hue，H）、饱和度（saturation，S）和色明度（value，V）所表示的。HSV 颜色模型对应于圆柱坐标系中的一个圆锥形子集，圆锥的顶面对应色明度值 V=1，所代表的颜色最亮。色相 H 由绕 V 轴的旋转角给定，红色对应于角度 0°，绿色对应于角度 120°，蓝色对应于角度 240°。在 HSV 颜色模型中，每一种颜色和它的补色相差 180°。饱和度 S 取值为从 0 到 1，所以圆锥顶面的半径为 1。HSV 颜色模型的三维表示是从 RGB 立方体演化而来的，设想从 RGB 立方体对角线的白色顶点向黑色顶点观察，就可以看到立方体的六边形外形。六边形边界表示色相，水平轴表示饱和度，垂直轴表示色明度。

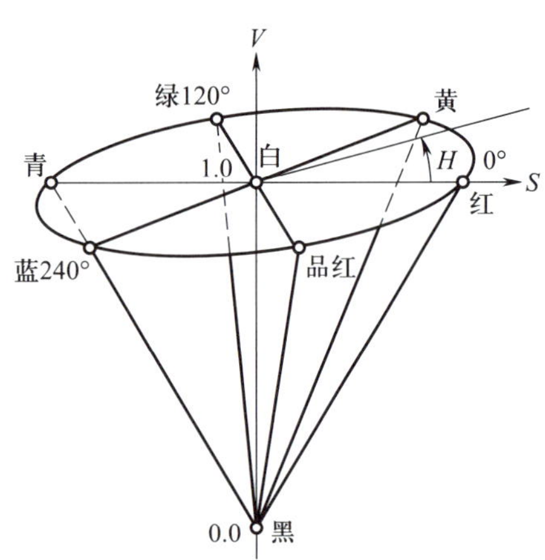

图 4-2　HSV 颜色模型

项目实施

本项目要求读取本地图像，对图像中的彩色手机壳进行识别。

1. 内容导航

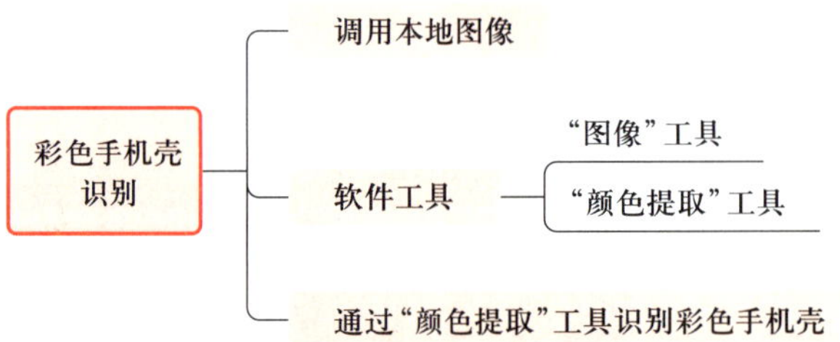

2. 实施步骤

（1）新建项目

如图 4-3 所示，点击图中①处图标进入文件配置，在图中②处输入项目名称，点击图中③处“新建”按钮，创建新项目。

（2）绘制流程图与修改名称

如图 4-4 所示，点击图中①处图标，进入编程主界面，所有的工具都只能在工具组中进行添加，所以首先在流程图中添加一个工具组。点击图中②处图标，将鼠标光标移动到图中③处绘制流程图区域，点击完成工具组的添加。

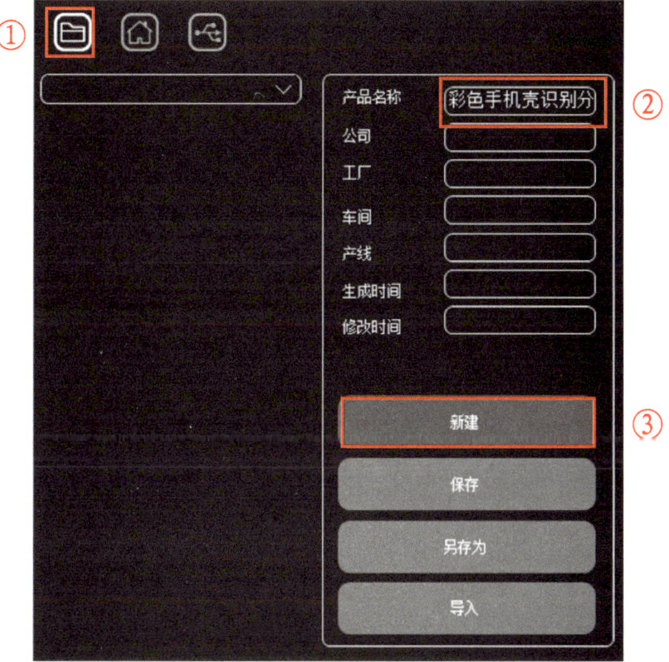

图 4-3 新建项目

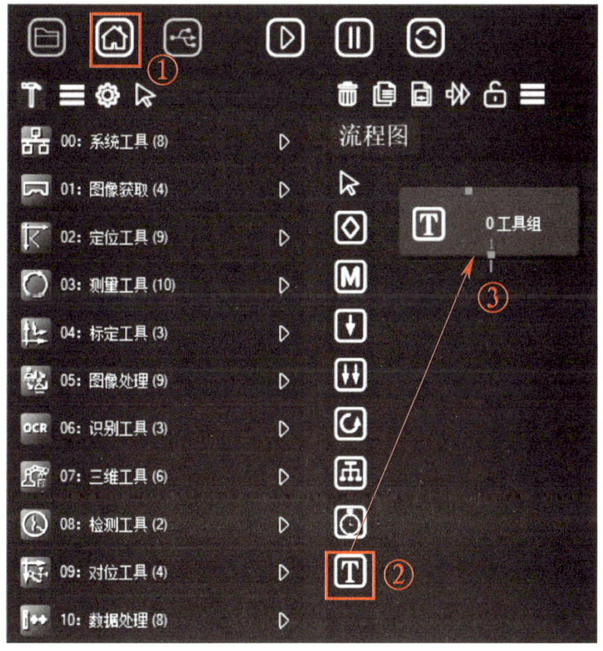

图 4-4 添加工具组

如图 4-5 所示,若要修改工具组的名称,点击图中①处图标,进入工具组设置,在图中②处输入想要修改的名称,点击图中③处关闭按钮,完成名称修改。

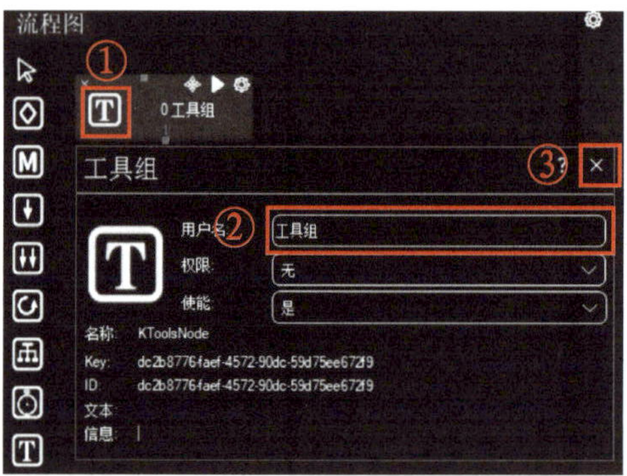

图 4-5　工具组名称修改

（3）输入图像

如图 4-6 所示，点击图中①处“图像”工具，将鼠标光标移动至工具组中空白区域，在图中②处再次点击，即可在工具组中添加“图像”工具，双击添加好的“图像”工具进入参数设置，点击图中③处“添加图像”按钮，选择自己需要的图像。

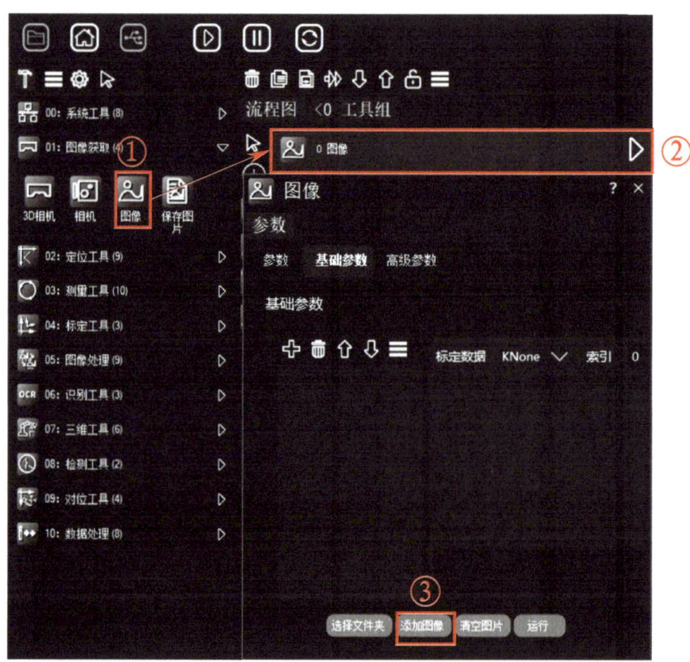

图 4-6　添加“图像”工具

如图 4-7 所示，执行后，添加的图像会在右边的输出窗口中显示。

（4）颜色提取

① 粉色提取

如图 4-8 所示，将图中①处的“颜色提取”工具添加至图中②处的工具组中，点击图中③处“颜色提取”工具图标，进入参数设置，在图中④处输入“粉色提取”，点击图中⑤处关闭按钮，完成名称修改。

图 4-7　输入图像显示

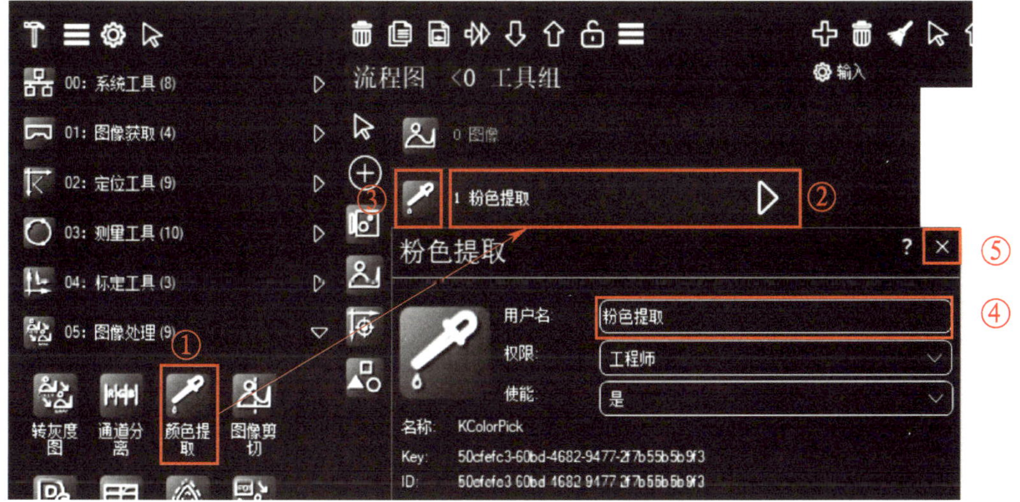

图 4-8　添加“颜色提取”工具

图 4-9 所示为“颜色提取”工具参数设置窗口。图中①处用于引用要进行处理的图像，图中②处用于选择要使用的颜色空间，图中③处用于选择处理完成后的输出模式，图中④处为三个通道的名称，图中⑤处为进行提取时 R, G, B 值的最小值，图中⑥处为进行提取时 R, G, B 值的最大值，“颜色提取”工具在执行时，会从图像中提取出同时满足三个通道范围的区域。

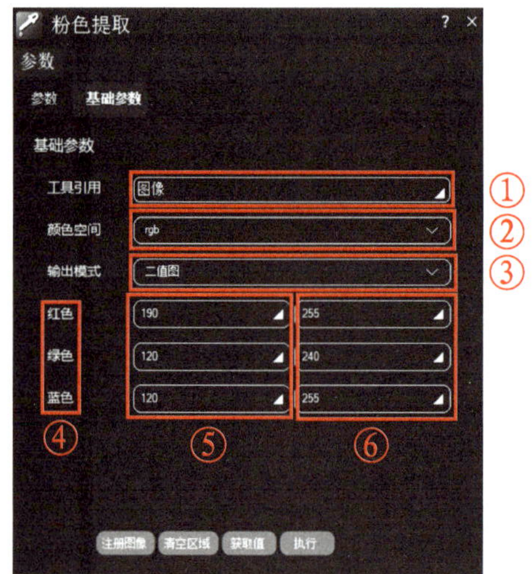

图 4-9 “颜色提取”工具参数设置窗口

表 4-1 为“颜色提取”工具参数，列举了“颜色提取”工具的不同参数及其说明。

表 4-1 “颜色提取”工具参数

参数	说　明
工具引用	可以选择要输入的图像、模板图像，以及要使用的仿射矩阵
颜色空间	选择要使用的颜色空间，如 RGB，HSV，HIS 等
输出模式	选择图像处理完成后的输出模式，有三种模式可以选择：彩色图、灰度图、二值图
红色	图像中要提取部分的 R 值范围
绿色	图像中要提取部分的 G 值范围
蓝色	图像中要提取部分的 B 值范围

如图 4-10 所示，双击图中①处，打开“粉色提取”工具参数设置窗口，点击图中②处，出现“工具引用”下拉菜单，点击图中③处“输入图像”进行图像引用。

如图 4-11 所示，按照图中①—④所示步骤，引用“图像”工具的“输出参数 . 输出图像”为“粉色提取”工具的“输入图像”。

如图 4-12 所示，在图中①处选择要使用的“颜色空间”为“rgb”，在图中②处输入要提取的 R，G，B 值范围。

如图 4-13 所示，在输出窗口左下角可观察到图像中鼠标光标所在位置的 R，G，B 值。

图 4-14a 所示为彩色图输出，图 4-14b 所示为灰度图输出，图 4-14c 所示为二值图输出。由此可见，二值图的对比度最强，最易于观察效果，因此选择二值图输出模式。

② 蓝色提取

如图 4-15 所示，将图中①处的“图像”工具添加至图中②处的工具组中，修改名称为“蓝色手机壳”，点击图中③处“添加图像”按钮，调用本地图像“蓝色手机壳”。

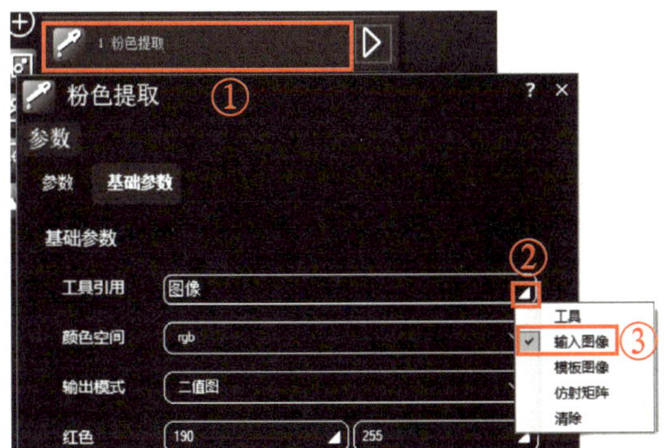

图 4-10　“粉色提取”工具参数设置窗口

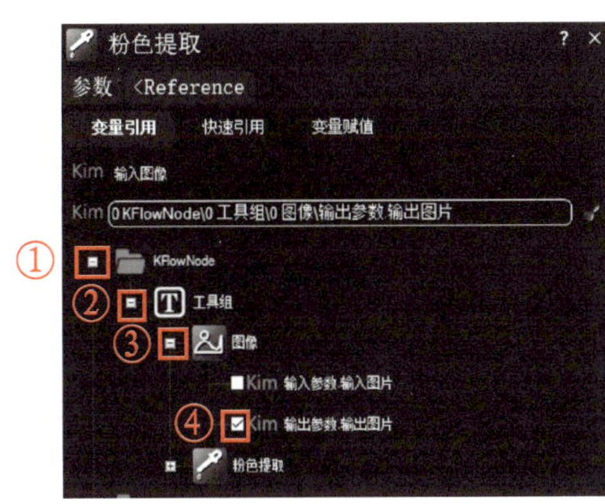

图 4-11　引用图像

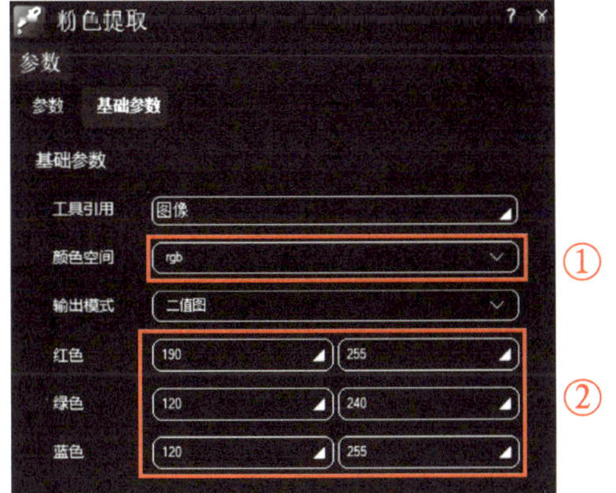

图 4-12　参数界面

图 4-13　*R*，*G*，*B* 值显示

(a) 彩色图输出

(b) 灰度图输出

(c) 二值图输出

图 4-14　三种输出模式效果对比

图片：

三种输出模式效果对比

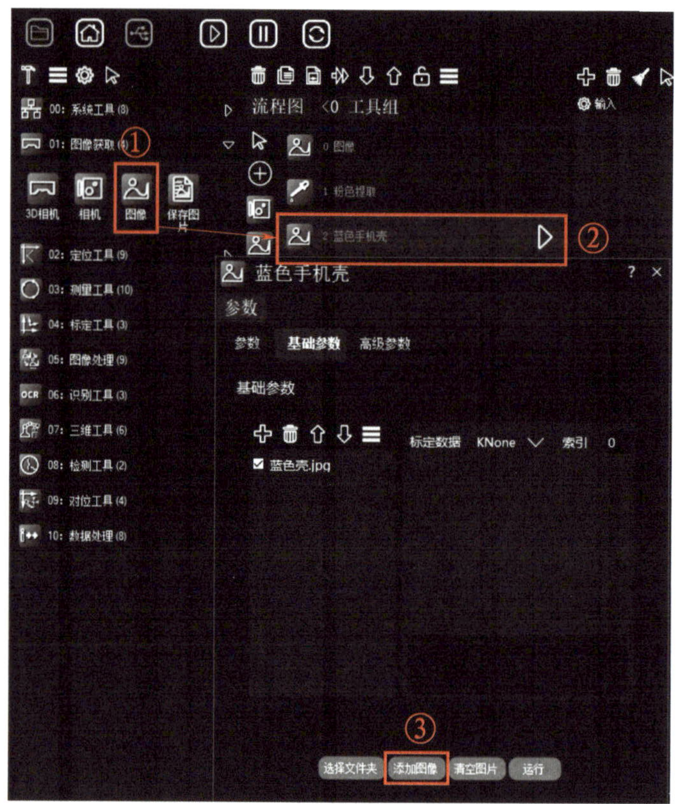

图 4-15　调用本地图像“蓝色手机壳”

如图 4-16 所示，将图中①处的“颜色提取”工具添加至图中②处的工具组中，修改名称为“蓝色提取”，在图中③处“工具引用”参数引用“蓝色手机壳”的“输出图像”，在图中④处将“输出模式”选为“二值图”，在图中⑤处输入想要提取的 R,G,B 值范围。

图 4-17 所示为“蓝色提取”的执行结果。

③ 黄色提取

如图 4-18 所示，将图中①处的“图像”工具添加至图中②处的工具组中，修改名称为“黄色手机壳”，点击图中③处“添加图像”按钮，调用本地图像“黄色手机壳”。

如图 4-19 所示，将图中①处的“颜色提取”工具添加至图中②处的工具组中，修改名称为“黄色提取”，在图中③处“工具引用”参数引用“黄色手机壳”的“输出图像”，在图中④处将“输出模式”选为“二值图”，在图中⑤处输入想要提取的 R,G,B 值范围。

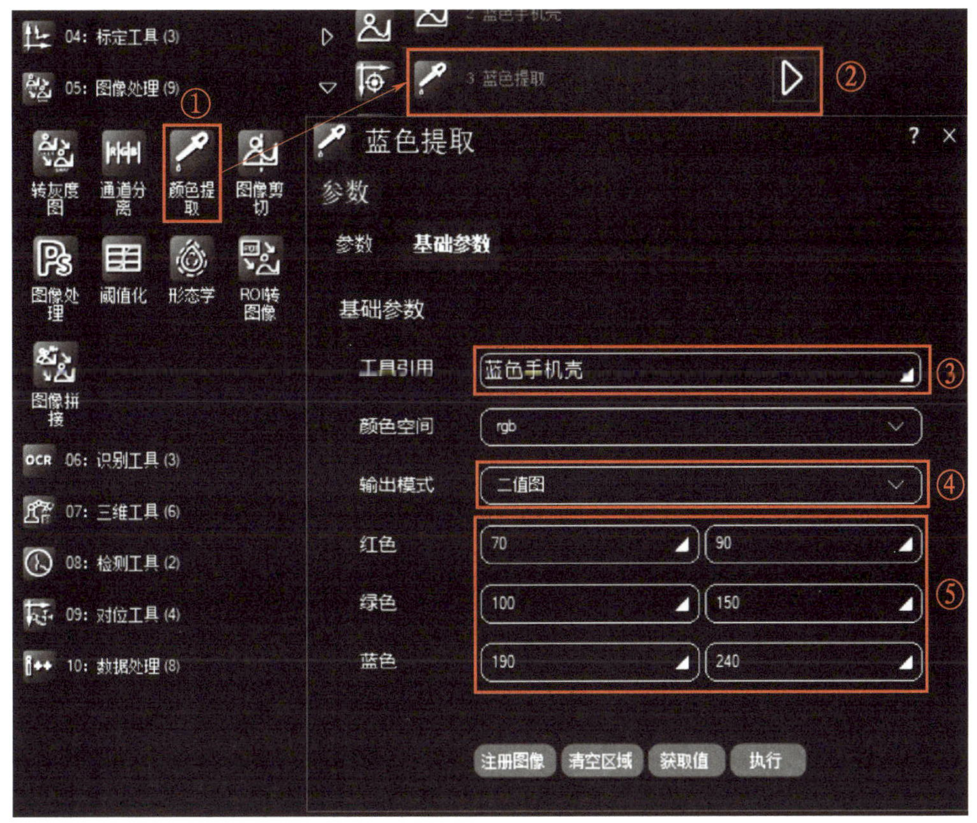

图 4–16　“蓝色提取”工具参数设置

图 4–17　“蓝色提取”的执行结果

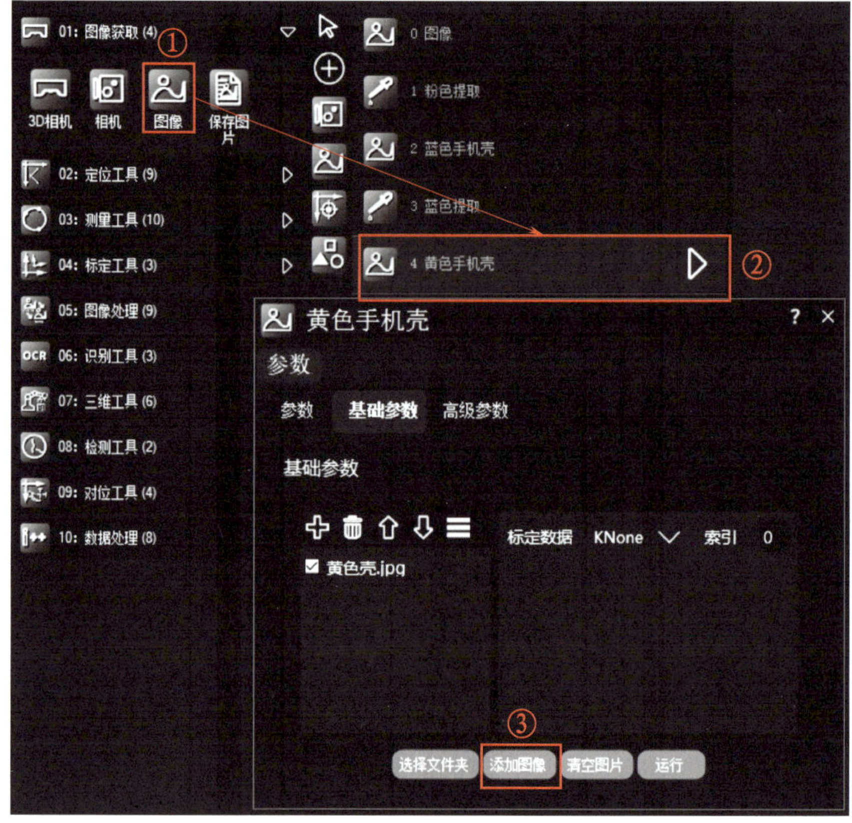

图 4-18 调用本地图像“黄色手机壳”

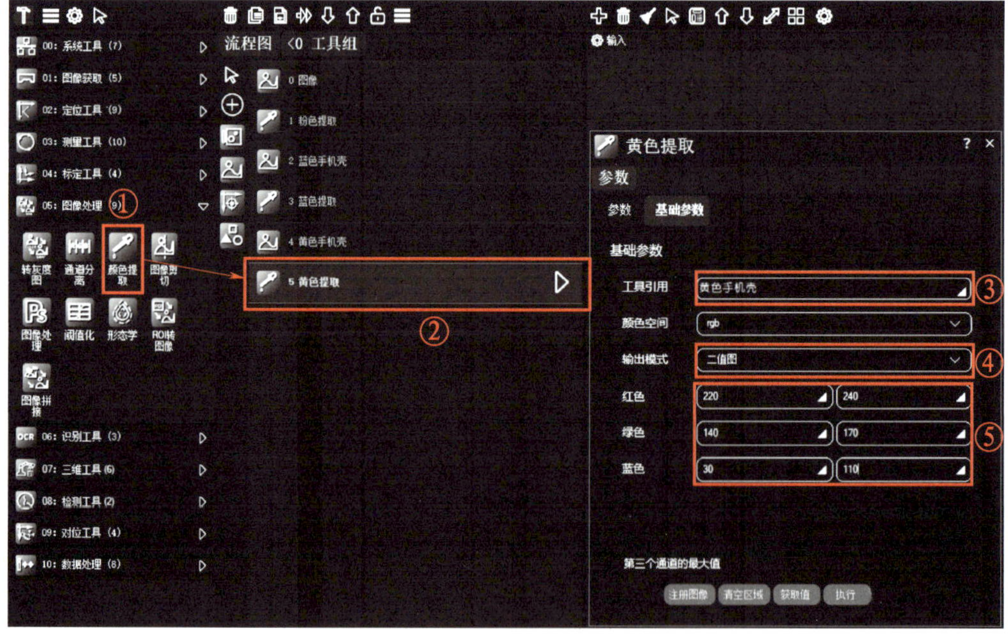

图 4-19 “黄色提取”工具参数设置

图 4-20 所示为“黄色提取”的执行结果。

图 4-20　“黄色提取”的执行结果

3. 小结

本项目通过对彩色手机壳识别的实施过程，学习了如何应用机器视觉系统软件 KImage 进行颜色提取。在复杂多变的工业环境当中，物体的颜色将会有很大的差异，这就要求使用者在软件中要灵活设置“颜色提取”参数，合理设置范围值，以便有效地进行颜色提取。

4.2 条形码与二维码识别

学习目标

（1）了解条形码、二维码的码制。

（2）掌握“条码检测”工具。

（3）掌握“二维码检测”工具。

场景导入

条形码与二维码如图 4-21 所示，它们是通过不同黑白线条或方块的组合，根据特定的编码规则编制而成，用于表达一组数字、字母信息的图形标识符。在进行识别的过程中，机器视觉将采集到的信息二值化为黑白条，并根据条形码、二维码的编码规则，输出对应的存储内容。

(a) 条形码

(b) 二维码

图 4-21　条形码与二维码

知识链接

1. 条形码

条形码（一维码）是用一组规则排列的条、空组成的标记表示信息的。

条码技术最早出现在 20 世纪 40 年代。当时美国两位工程师研究用条码表示信息，并于 1949 年获得世界上第一个条码专利。这种最早的条码由几个黑色和白色的同心圆组成，被形象地叫作牛眼式条码。这种条码与现在广泛应用的条形码在原理上一致，都是用深色的条和浅色的空来表示二进制数的“1”和“0”。

我国在 1991 年加入国际物品编码协会，在 1992 年开发出第一套 POS 信息条形码采集系统，这标志着我国具备使用条形码的基础条件，而后随着大型商超在我国各大城市的普及，条形码便进入了国人的日常生活中。

2. 二维码

二维码（QR 码）是用特定的几何图形按一定规律在平面（二维方向上）分布的黑白相间的矩形方阵上记录数据符号信息的新一代条码技术，是在一维码的基础上，扩展出多一维的具有可读性的条码，由于它在两个维度都携带了信息，所以能存储更多的数据和信息。二维码具有信息量大，纠错能力强，识读速度快，全方位识读等特点。

3. 串口通信

串口是一种非常通用的设备通信的接口。串口通信协议是仪器仪表设备通用的通信协议。同时，串口通信协议也可以用于获取远程采集设备的数据。

在 KImage 软件中，串口设置参数包括波特率、极性、数据位、停止位、数据格式等。

（1）波特率

“波特率”表示单位时间内传送的码元符号的个数，是对符号传输速率的一种度量，用单位时间内载波调制状态改变的次数来表示。

（2）极性

“极性”参数有“Even”“Odd”“Space”“Mark”等可供选择。

① Even：在每个字节传送的整个过程中，位为“1”的个数是偶数（校验位调整个数）。

② Odd：在每个字节传送的整个过程中，位为“1”的个数是奇数（校验位调整个数）。

③ Space：校验位总为“0”。

④ Mark：校验位总为“1”。

（3）数据位

“数据位”是衡量通信中实际数据位数的参数。当计算机发送一个信息包，其数据标准值可以是 5，6，7 或 8 位，取决于所要传送的信息。例如，标准 ASCII 码是 0 ~ 127（7 位），扩展 ASCII 码是 0 ~ 255（8 位），如果数据使用简单的文本（标准 ASCII 码），那么每个数据包使用 7 位数据。每个数据包是指 1 个字节，包括开始位、停止位、数据位和奇偶校验位。

（4）停止位

“停止位”用于表示单个数据包的最后一位，典型的值为 1，1.5 或 2 位。停止位不仅表示传输的结束，而且提供计算机校正时钟同步的机会。停止位的位数越多，不同时钟同步的容错程度越大，但同时数据传输也越慢。

（5）数据格式

“数据格式”选择“Hex”表示发送的数据是十六进制数，由程序完成到字节的转化，程序以两位为一组进行读取，所以应该保证每个要发送的数据都是两位的。例如，如果要发送“7”，应写为“07”。在“Hex”数据格式下，如果输入字符“ab”，那么程序会读为十六进制数“AB”；如果输入“1234”，则发送“12”“34”，如果输入“01020304”，则发送

“01”“02”“03”“04”。

“数据格式”选择“ASCII”表示发送的数据是字符串，程序会一位一位地进行读取。例如，如果输入“1234”，在字节流中传递的就是“1234”对应的ASCII码（“1”为49，“2”为50，“3”为“51”，“4”为“52”）的十六进制数，即“31”“32”“33”“34”。

项目实施

本项目要求正确识别快递单中的条形码、二维码信息，视野范围为77 mm×60 mm，工作距离为300 mm（允许正向偏差10%），像素精度小于0.045 mm。

1. 内容导航

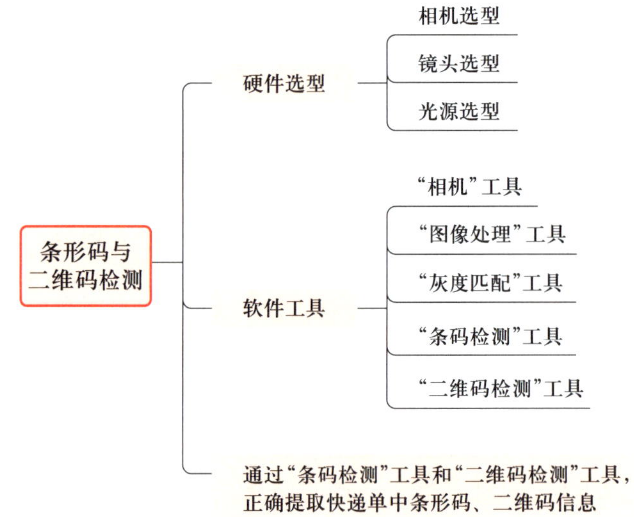

2. 实施步骤

（1）相机选型

本项目中，由于不须要采集色彩信息，故选择黑白相机A或B。视野范围长宽比为$\frac{77}{60}\approx 1.283$，而相机A图像传感器长宽比为$\frac{1\,280}{960}\approx 1.333>1.283$，相机B图像传感器长宽比为$\frac{2\,448}{2\,048}\approx 1.195<1.283$。若要使用相机A，则应以宽度方向计算像素精度，即像素精度为$\frac{60}{960}$ mm ≈ 0.063 mm>0.045 mm，不符合选型要求；若要使用相机B，则应以长度方向计算像素精度，即像素精度为$\frac{77}{2\,448}$ mm ≈ 0.031 mm<0.045 mm，符合选型要求。故选择黑白相机B。

（2）镜头选型

根据相机选型，可知相机 B 图像传感器长宽比约为 1.195，视野范围长宽比约为 1.283，由于视野长宽比相较于相机图像传感器长宽比更大一些，所以使用长边进行计算，相机 B 的图像传感器长度为 2 448 × 3.45 μm = 8.445 6 mm，工作距离为 300~330 mm，根据$\frac{\text{焦距}}{\text{工作距离}}=\frac{\text{图像传感器长度}}{\text{视野范围长度}}$，可以得出，最小焦距 $f\approx 32.9$ mm，最大焦距 $f\approx 36.2$ mm，故选择 35 mm 镜头。

（3）光源选型

因采集物体表面信息，且物体为非透明状态，故选择小型环形光源。

（4）上位机与光源控制板建立通信

如图 4-22 所示，点击图中①处图标，打开串口列表，双击图中②处“串口”打开串口设置窗口。

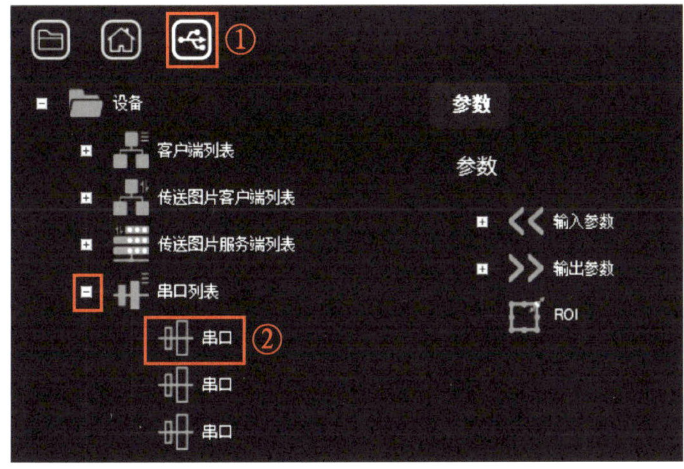

图 4-22　设备资源列表

如图 4-23 所示，“端口号”按实际插入计算机的端口进行选择，“波特率”选择“9600”，“极性”选择“None”，“数据位”填入“8”，“停止位”选择“One”，“数据格式”选择“ASCII”。

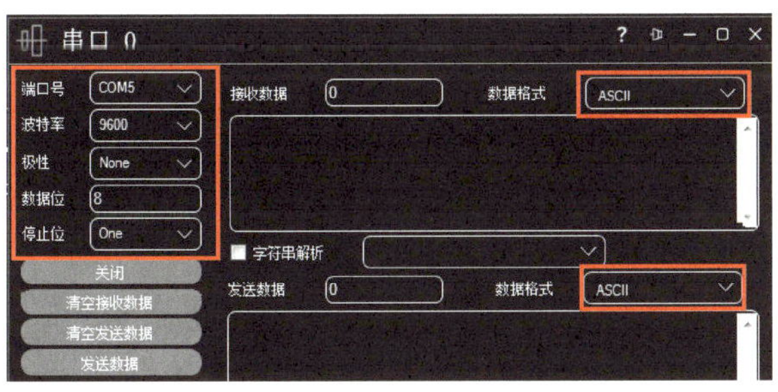

图 4-23　串口设置窗口

（5）新建项目

如图 4–24 所示，点击图中①处图标，在图中②处输入项目名称（项目名称不可与已有项目重复），点击图中③处“新建”按钮，创建新项目。

如图 4–25 所示，双击“工具组”图标，进入工具组。

如图 4–26 所示，添加“相机”工具至工具组中。

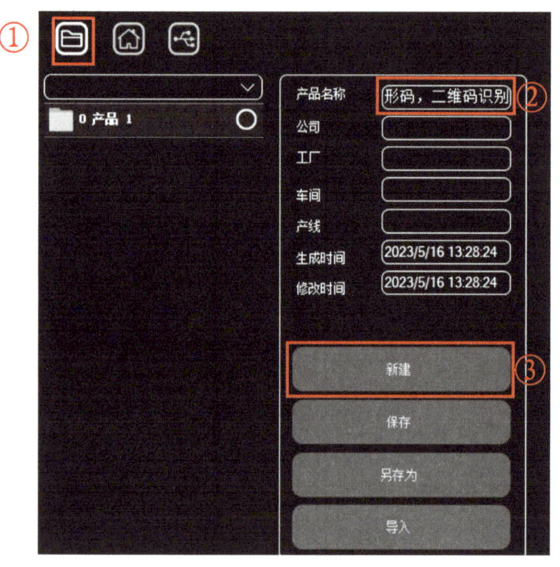

图 4–24　新建项目

图 4–25　进入工具组

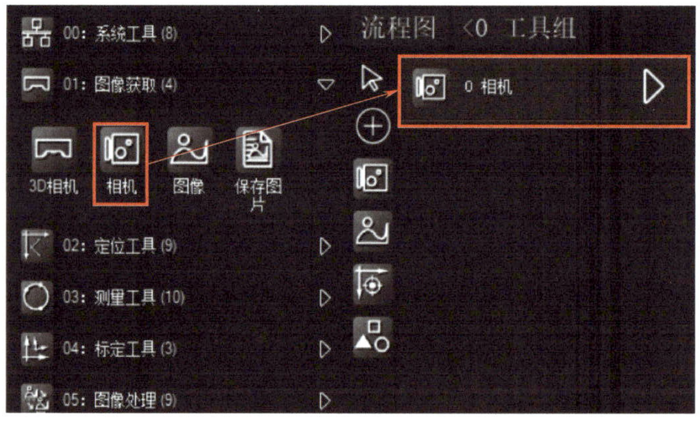

图 4–26　添加“相机”工具

（6）采集图像

双击打开“相机”工具，如图 4–27 所示，点击“执行”按钮，采集到的图像将在右侧的输出窗口显示。

图 4–27 所示采集到的图像偏暗，须要使用合适的光源亮度提高图像亮度。如图 4–28 所示，添加图中①处“光源控制”工具至图中②处工具组中。光源亮度须根据实际接入的光源通道进行调节，本项目中，小型环形光源的 R，G，B 三个通道分别接入了光源通道 2，

3，4，因为选用的是黑白相机，输出图像是没有颜色信息的灰度信号值，所以点亮任一光源通道即可，如图中③处所示。

点亮光源后，通过调节曝光对图像亮度进行微调，如图 4-29 所示，点击图中①处“图像设置”，切换到“图像设置”窗口，调整图中②处的“曝光”参数到合适值，图中③处为调节曝光后采集到的图像。

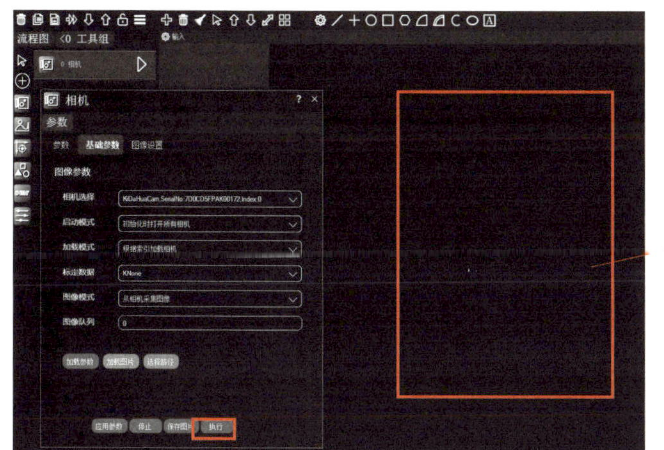

图 4-27　相机采图

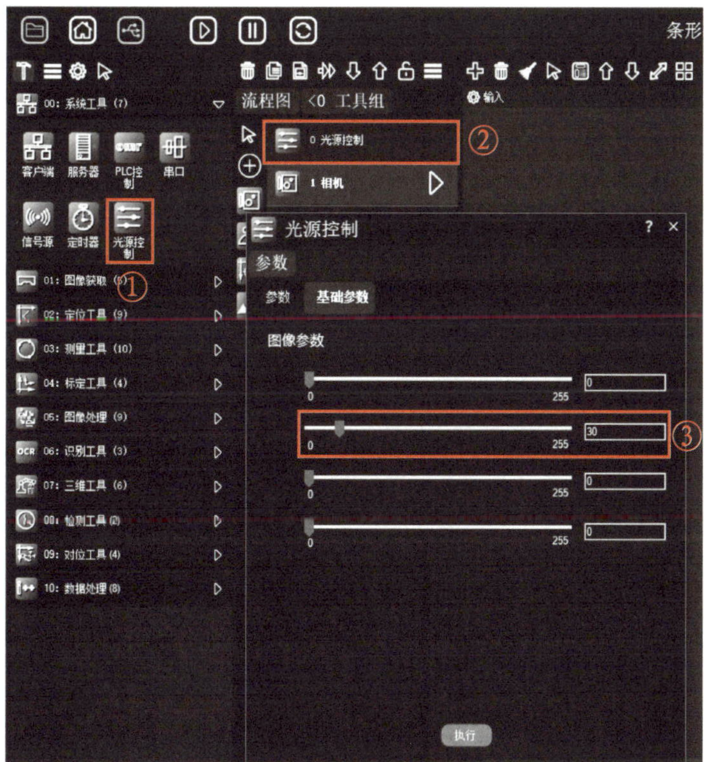

图 4-28　调节光源亮度

（7）图像处理

识别功能是通过识别各像素之间的灰度突变来实现的，所以须要使用图像预处理，增强图像的对比度，保证识别的准确性和稳定性。如图 4–30 所示，将图中①处“图像处理”工具添加至图中②处工具组中。

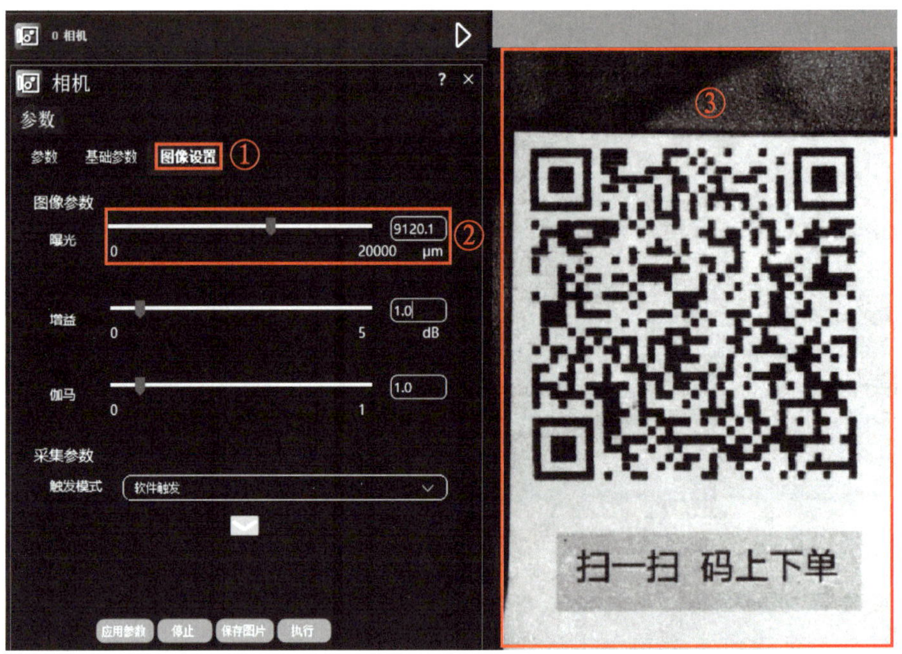

图 4–29　调节曝光

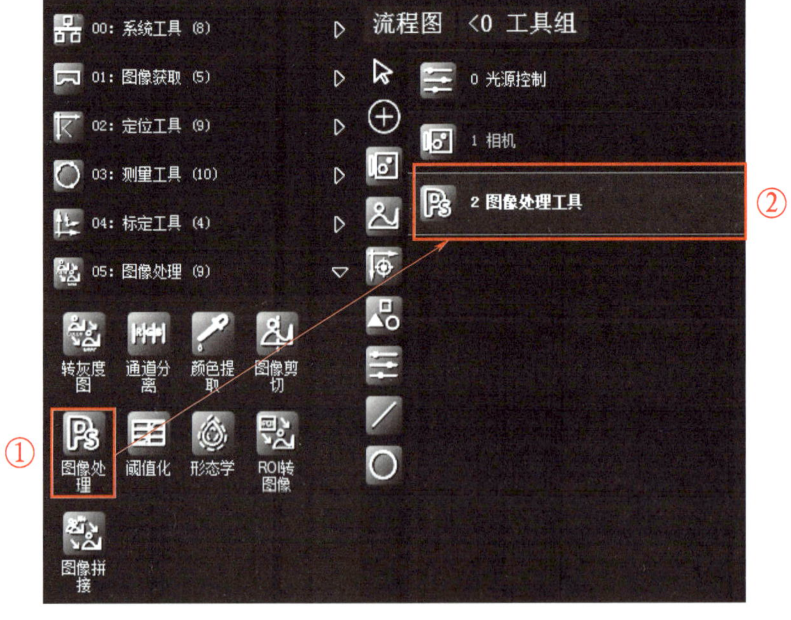

图 4–30　添加“图像处理”工具

双击添加好的“图像处理”工具，进入参数设置，如图 4-31 所示，在图中①处选择“识别模式”为“对比度增强”，在图中②处设置“灰度上限”“灰度下限”分别为“240”“20”。对比度增强前后效果对比如图 4-32 所示。

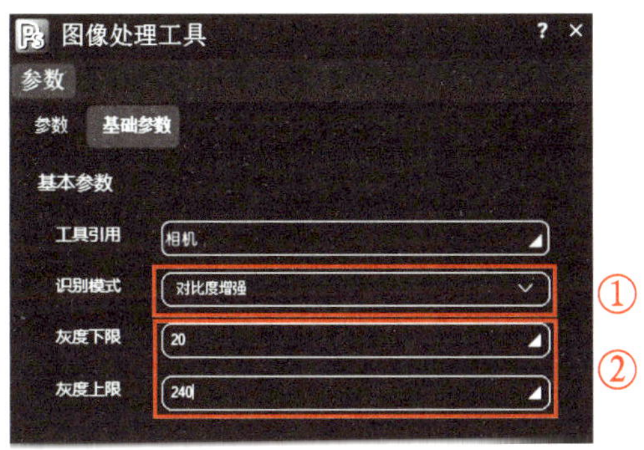

图 4-31　“对比度增强”工具设置

(a) 对比度增强前

(b) 对比度增强后

图 4-32　对比度增强前后效果对比

（8）灰度匹配

灰度匹配用于定位检测图像，在不同角度都可检测到条形码。如图 4-33 所示，将“灰度匹配”工具添加至工具组中。

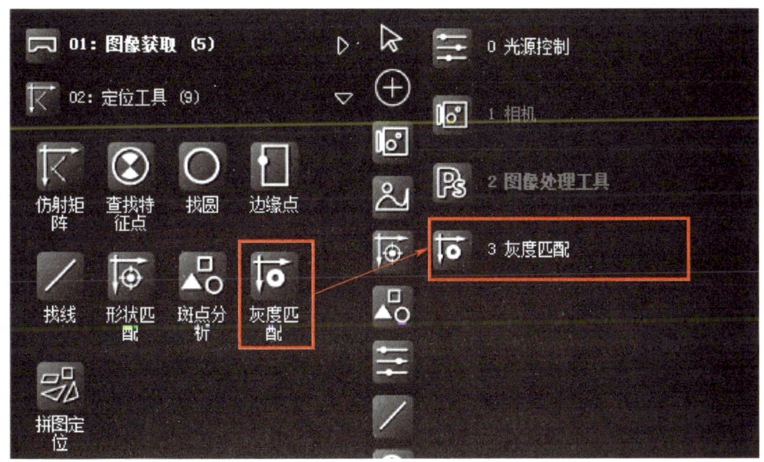

图 4-33　添加“灰度匹配”工具

双击添加好的“灰度匹配”工具，进入参数设置，如图 4-34 所示，点击图中①处“注册图像”按钮，图中②处蓝色框为注册的“ROI 模板框”，图中③处黄色十字光标为“中心点”，中心点为 ROI 的中心点位，以“运单号”三个字创建模板：缩小蓝色框框选图中④处的“运单号”三个字，并设置中心点。

图 4-34　注册图像并设置中心点

如图 4-35 所示，点击图中①处“创建模板”按钮，系统会提示“生成模板成功！”。

图 4-35　创建模板

图 4-36 所示为点击“执行”按钮后的结果，即灰度匹配运行结果。

（9）条码识别

如图 4-37 所示，将“条码检测”工具添加至工具组中，用于识别图中某快递单下单页面的条形码。

如图 4–38a 所示，在“条码检测”工具的输入参数中，找到“仿射矩阵”参数，点击图中①处打开参数引用窗口。如图 4–38b 所示，按照图中①—④所示步骤，引用到“灰度匹配”工具的“输出参数 . 结果区域的仿射矩阵”。

如图 4–39 所示，在图中①处将“搜索模式”选为“局部搜索”。点击图中②处“注册图像”按钮，图中③处即为搜索 ROI，使用 ROI 框选快递单上的条形码。

图 4–36　灰度匹配运行结果

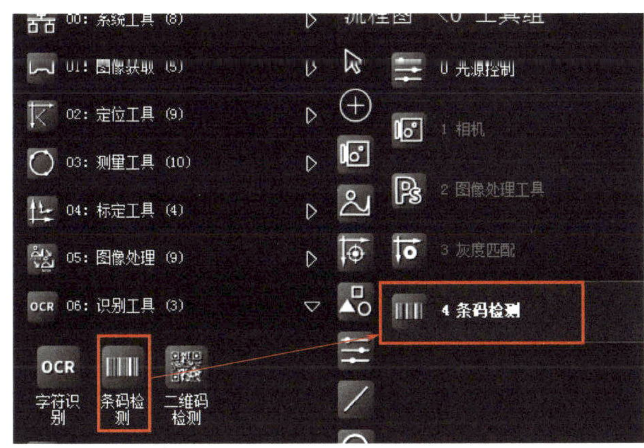

图 4–37　选择条码检测模块

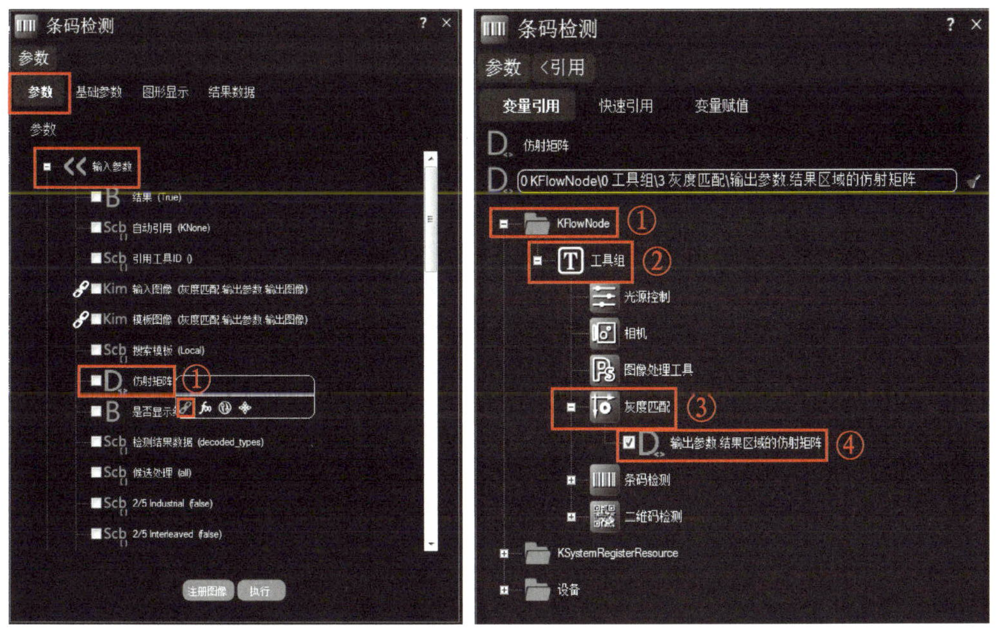

(a) 条码检测仿射矩阵　　(b) 引用仿射矩阵

图 4–38　条码检测使用仿射矩阵

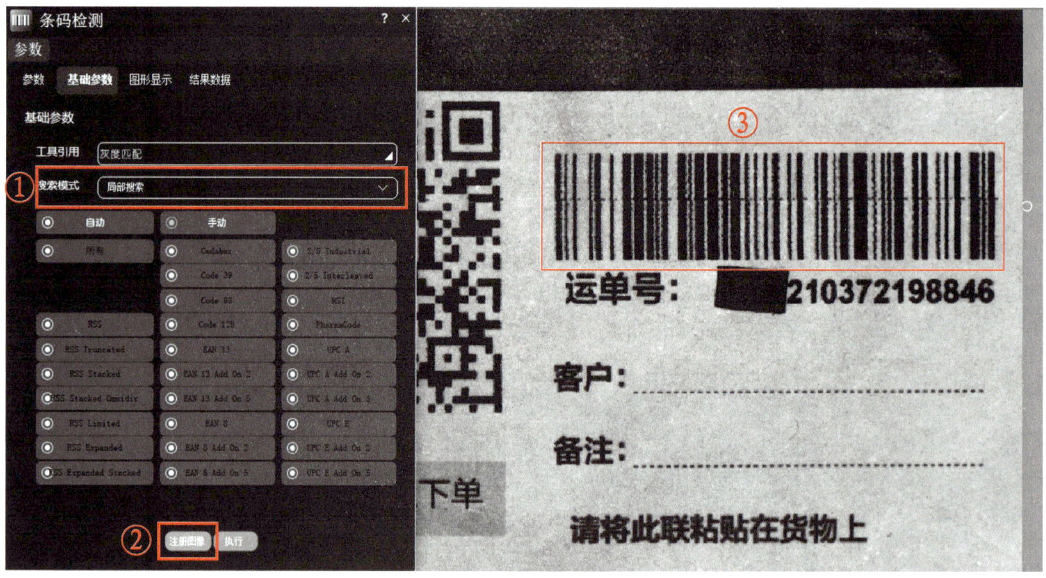

图 4-39　注册图像

注意:“局部搜索”是搜索某一位置区域,搜索区域为注册图像ROI所框选的区域。

如图4-40所示,点击图中①处“执行”按钮,即可在“参数”→“输出参数”→“检测结果”处查看读取到的条形码信息。

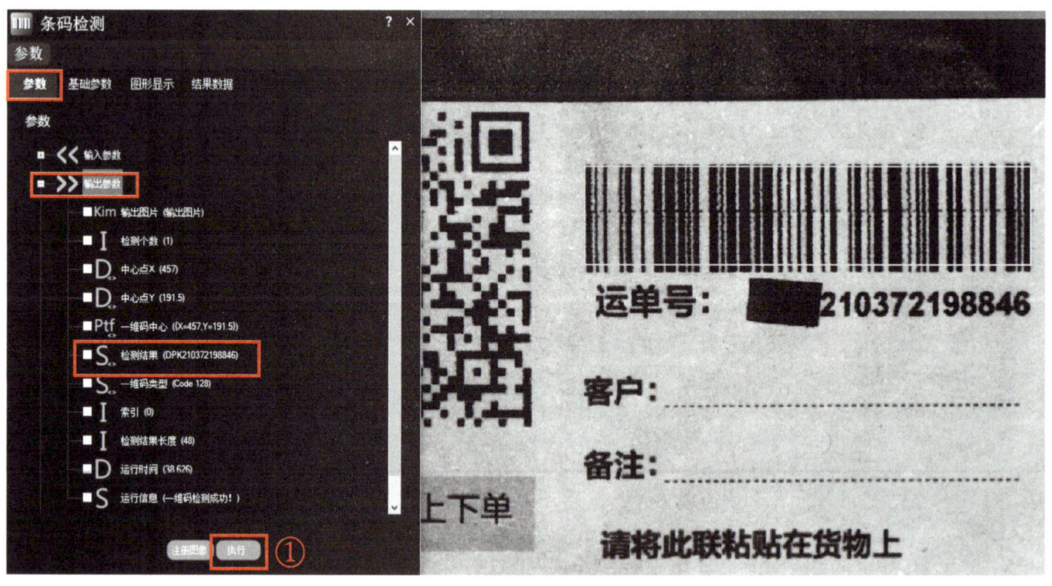

图 4-40　条形码识别结果

（10）二维码识别

如图 4–41 所示，将“二维码检测”工具添加至工具组中，用于识别图中某快递单下单页面二维码。

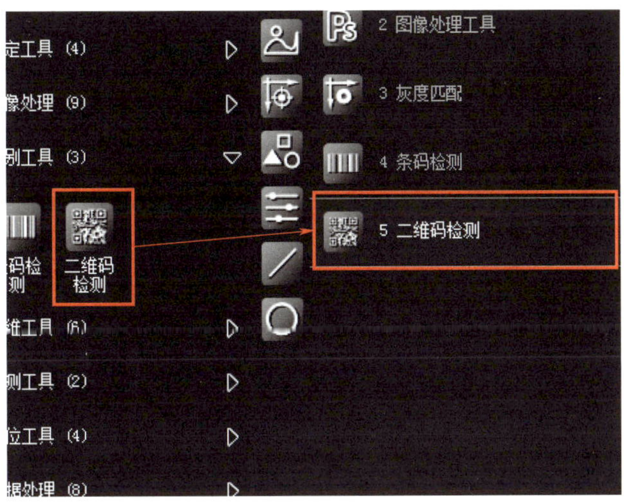

图 4–41　添加“二维码检测”工具

双击添加好的“二维码检测”工具，进入参数设置，如图 4–42a 所示，找到“参数”→“输入参数”→“仿射矩阵”，点击“仿射矩阵”，进入参数引用窗口，点击图中①处图标添加引用。如图 4–42b 所示，按照图中①—④所示步骤，引用到“灰度匹配”工具的“输出参数 . 结果区域的仿射矩阵”。

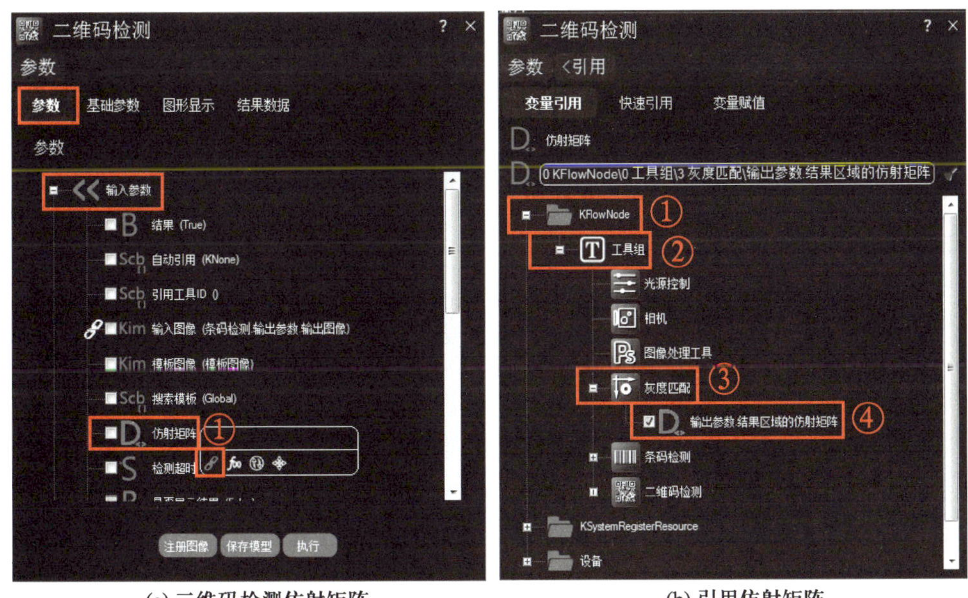

(a) 二维码检测仿射矩阵　　(b) 引用仿射矩阵

图 4–42　二维码检测使用仿射矩阵

如图 4-43 所示，点击图中①处“基础参数”，将图中②处“搜索模式”选为“Local”（局部搜索）。

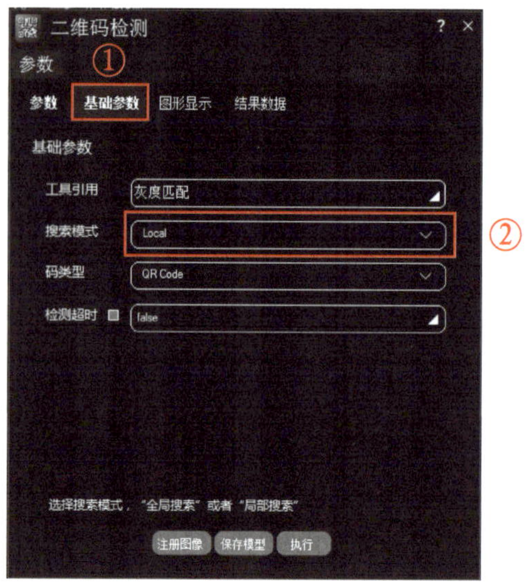

图 4-43　使用“局部搜索”模式

如图 4-44 所示，在图中①处点击“注册图像”按钮，在输出窗口将出现图②处所示黄色框，即 ROI，使用 ROI 框选快递单上的二维码。

图 4-44　注册图像

如图 4-45 所示，在图中①处点击“执行”按钮，图中②处为识别到的二维码(会出现绿色 ROI 将识别到的二维码框选)，切换到“参数”窗口，打开“输出参数”，图中③处的“搜索结果”参数后的括号中的内容即为读取到的二维码信息。

图 4-45　读取结果

3. 小结

本项目通过学习条形码和二维码信息识别的实现，了解了条形码、二维码的码制及 ROI 设置、模板匹配设置等内容。在工业领域中，读码是最为常见的系统应用之一，在工业现场，若只须要实现单独的读码功能，更为常见的是基于嵌入式处理平台的一体化读码器，如条形码读码器或者二维码读码器。对于一般机器视觉系统来说，识别条形码和二维码是为了提取其中的信息，以便于后续的参照、比对、分类、判断等操作。

第 5 章
机器视觉定位和测量

在机器视觉系统中，定位技术主要是指获取目标物体的坐标和角度信息，自动判断物体位置，并通过一定的通信协议输出位置信息，引导执行机构（如机械手）进行打磨、抓取等操作的技术；测量技术主要是指对物体的长度、角度、孔径、直径、弧度等典型几何参数进行测量的技术。因为传统尺寸测量精度低、速度慢，无法满足大规模自动化生产的需要。而基于机器视觉的尺寸测量技术属于非接触性测量，具有检测精度高、速度快、成本低、便于安装等优点。基于机器视觉的尺寸测量技术，不但可以获取在线产品的尺寸参数，同时可对产品在线实时判定和分拣，应用十分普遍。

5.1 N 点标定

学习目标

（1）了解视觉系统坐标系类型及区别。

（2）理解 N 点标定原理。

（3）掌握“N 点标定”工具的使用方法。

场景导入

在日常生活中，人们需要用手抓取某个物体时，首先要能用双眼看到这个物体，然后伸手探过去抓取这个物体，在这个过程中，人眼和手臂的关系是确定的，大脑经过计算之后，判定手臂伸展的方向和角度。

在机器视觉系统中，相机拍照获取的图像是像素坐标系，而机械手是世界坐标系，所以 N 点标定的意义在于获取像素坐标系和世界坐标系的位置关系。如图 5-1 所示，在实际场景中，相机检测到目标在图像中的像素位置后，通过标定好的坐标转换矩阵将相机

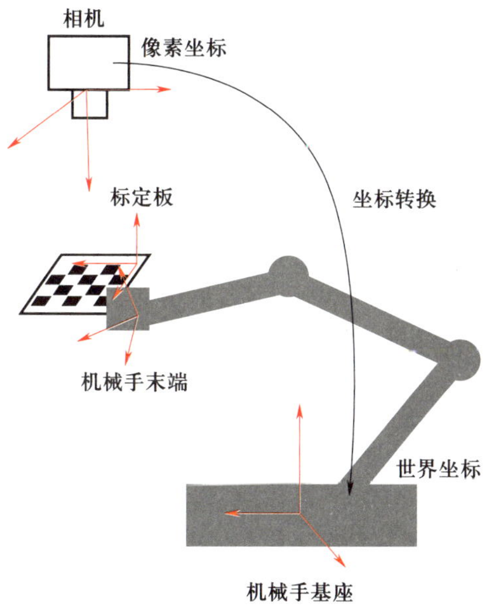

图 5-1　N 点标定

的像素坐标变换到机械手的世界坐标系中，然后根据机械手的世界坐标计算出各个电机该如何运动，从而控制机械手到达指定位置。

知识链接

在视觉系统中，一般涉及三种坐标系：世界坐标系、相机坐标系、像素坐标系。了解这三个坐标系的意义及其关系，对图像恢复和信息重构有重要作用。

（1）世界坐标系

用来描述空间中任何物体相对位置的坐标系就叫作世界坐标系。世界坐标系是一个假想的坐标系，用作一般参考，可根据需要自由定义。

（2）相机坐标系

相机坐标系的坐标原点为相机的光心，X 轴和 Y 轴分别平行于像素坐标系的 X 轴和 Y 轴，Z 轴为相机的光轴。

（3）像素坐标系

数字图像在计算机中是以离散化的像素点形式表示的，图像中每个像素点的亮度值或灰度值以数组的形式储存在计算机中。以图像左上角的像素点为坐标原点，建立以像素为单位的平面直角坐标系，即为像素坐标系，每个像素点在该坐标系下的坐标值表示了该点在图像平面中与图像左上角像素点的相对位置。

项目实施

本项目要求进行 N 点标定，实现像素坐标系与世界坐标系的转换。

1. 内容导航

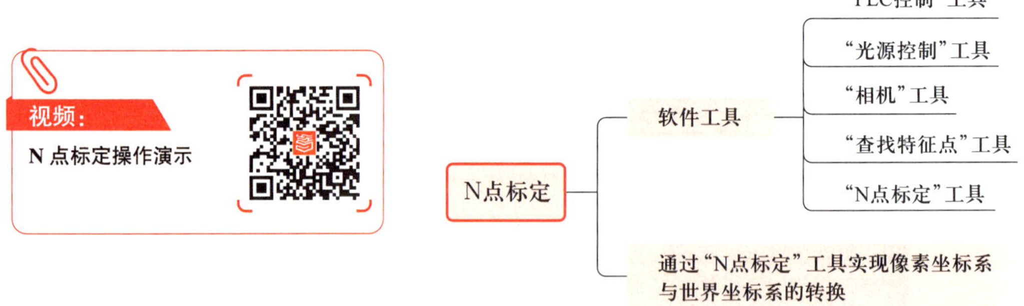

2. 实施步骤

（1）上位机与 PLC 建立通信

如图 5-2 所示，点击图中①处图标，打开设备列表，双击图中②处“欧姆龙 PLC”打开串口设置窗口。

如图 5-3 所示，“端口号”按实际插入计算机的端口进行选择，“波特率”选择“9600”，“极性”选择“Even”，“数据位”填入“8”，“停止位”选择“One”，“数据格式”选择“Hex”。

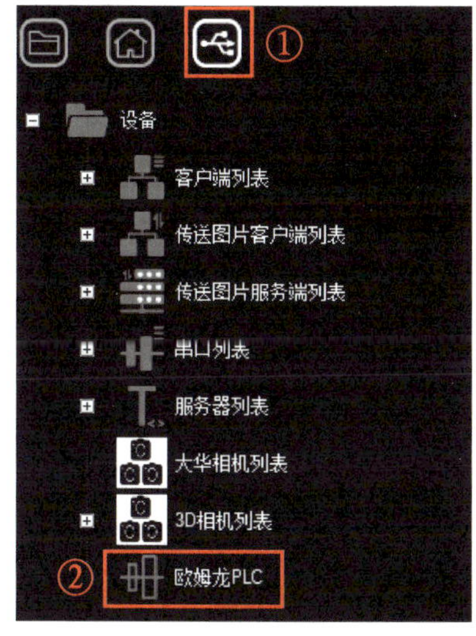

图 5-2　设备资源列表 1

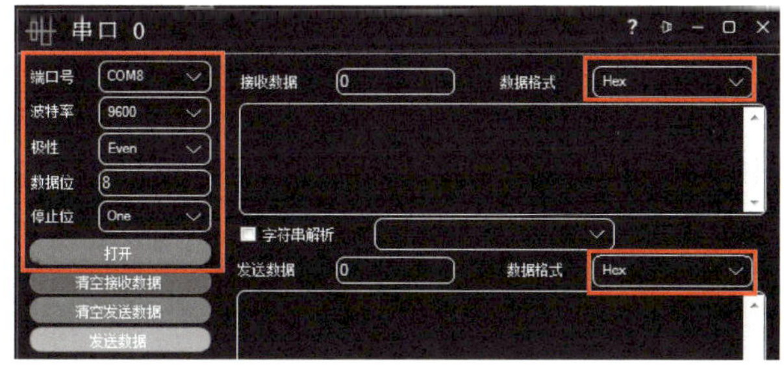

图 5-3　串口设置窗口 1

（2）上位机与光源控制板建立通信

如图 5-4 所示，点击图中①处图标，打开串口列表，双击图中②处“串口”打开串口设置窗口。

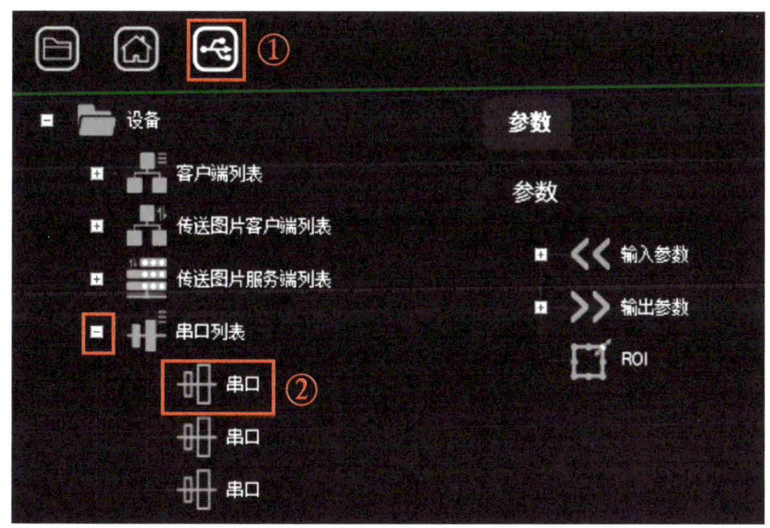

图 5-4　设备资源列表 2

如图 5-5 所示，“端口号”按实际插入计算机的端口进行选择，“波特率”选择“9600”，“极性”选择“None”，“数据位”填入“8”，“停止位”选择“One”，“数据格式”选择“ASCII”。

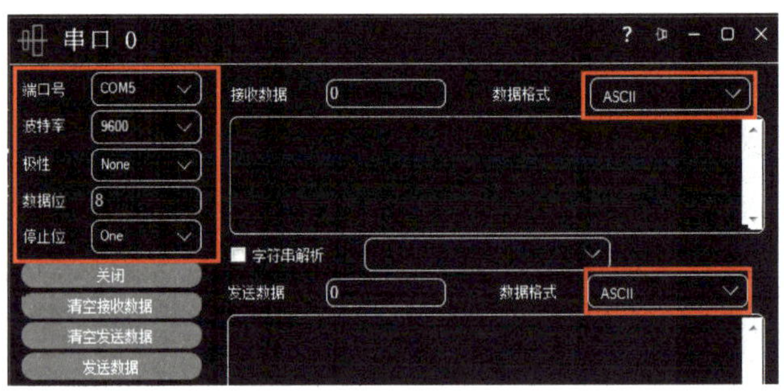

图 5-5　串口设置窗口 2

（3）新建项目

如图 5-6 所示，点击图中①处图标，在图中②处“产品名称”中输入“N 点标定”，点击图中③处“新建”按钮，创建新项目。

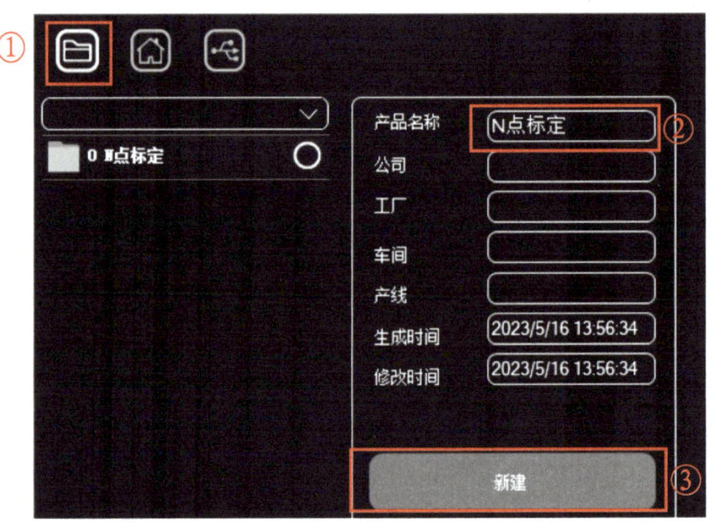

图 5-6　新建项目

如图 5-7 所示，将图中①处“工具组”图标拖动至流程图空白处，即可在流程图中新建工具组，点击图中②处“工具组”图标，打开工具组设置窗口，如图 5-8 所示，将工具组重命名为“N 点标定”，关闭工具组设置窗口，“N 点标定”工具组设置完成。

（4）设置拍照位

双击“N 点标定”工具组，进入参数设置，添加“PLC 控制”工具至工具组中，手动控制运动平台到拍照位，双击添加好的“PLC 控制”工具，打开 PLC 参数设置窗口，如图 5-9 所示，选择图中①处“控制设置”，选择图中②处“获取位置”，点击“执行”按钮便可获取到 PLC 的当前位置。

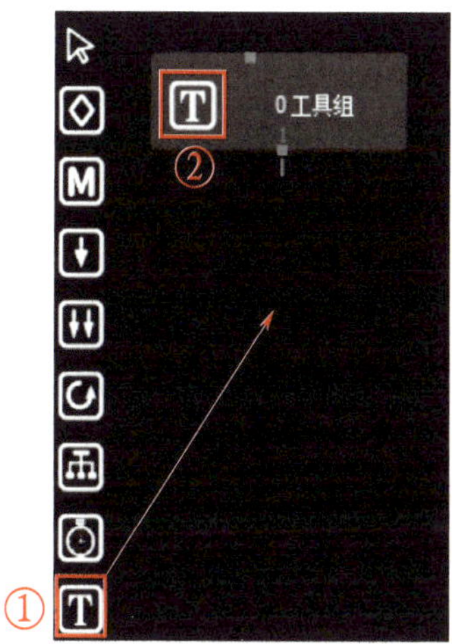

图 5-7　添加工具组

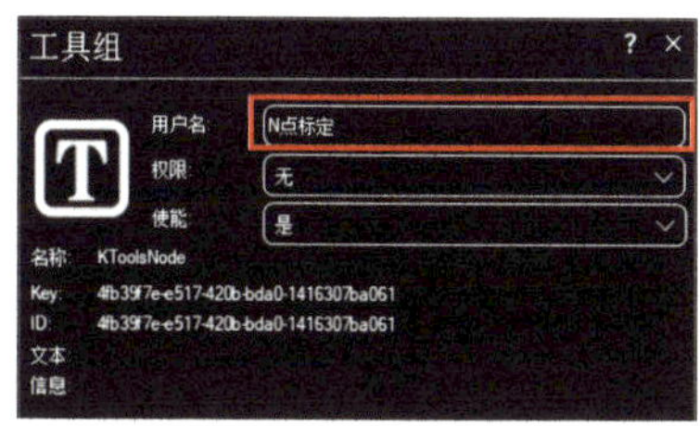

图 5-8　工具组设置窗口

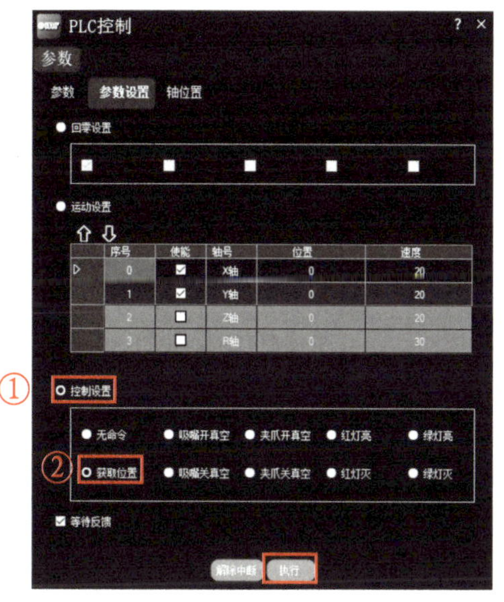

图 5-9　PLC 参数设置窗口

如图 5-10 所示，点击图中①处“轴位置”，打开轴位置显示窗口，在图中②处可看到当前位置坐标。

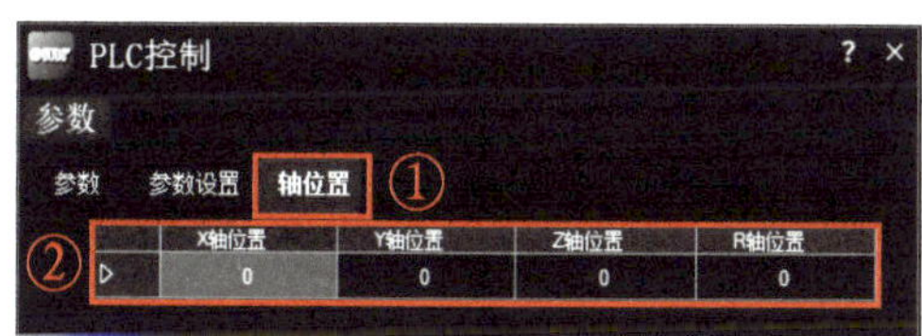

图 5-10　轴位置显示窗口

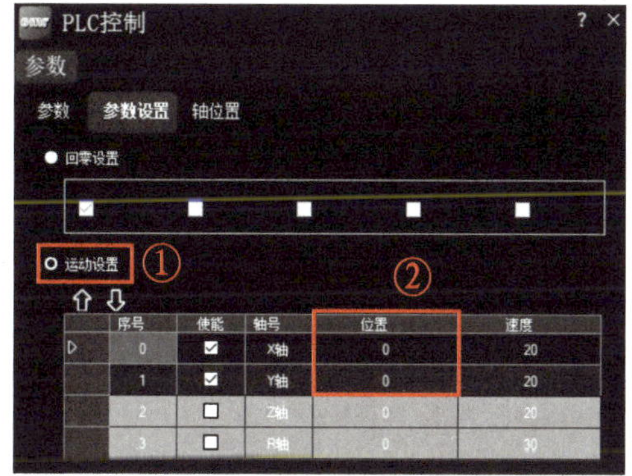

图 5-11　运动设置

如图 5-11 所示，选择图中①处“运动设置”，将 X, Y 轴位置输入到图中②处的位置栏。

（5）采集图像

添加“光源控制”工具至工具组中，设置光源亮度，以实际接入的光源通道进行调节。图 5-12 所示为“光源控制”工具参数设置窗口，图 5-13 所示为光源硬件接口，“光源控制”工具参数与光源硬件接口是一一对应的。例如，图 5-12 中①处参数控制图 5-13 中的“CH1”。

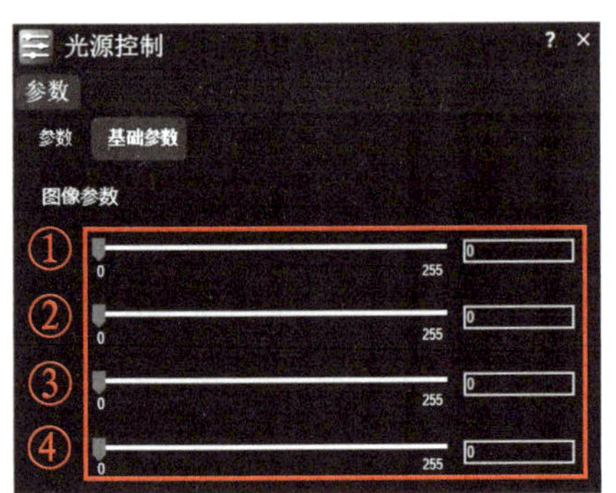

图 5-12 “光源控制”工具参数设置窗口

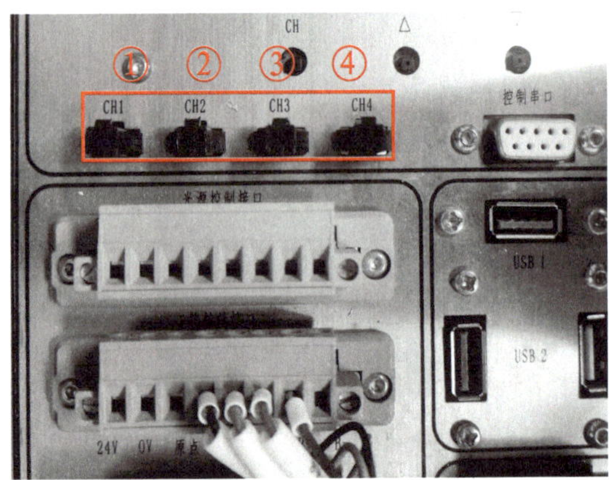

图 5-13 光源硬件接口

添加“相机”工具至工具组中，图 5-14 所示为“相机”工具“基础参数”窗口，在图中①处选择要使用的相机，并点击“执行”按钮后再关闭窗口。

如图 5-15 所示，点击图中①处“图像设置”进入“相机”工具“图像设置”窗口，调整图中②处“曝光”与“增益”数值提高图像效果，点击“执行”按钮进行采图。

图 5-14 “相机工具基础参数”窗口

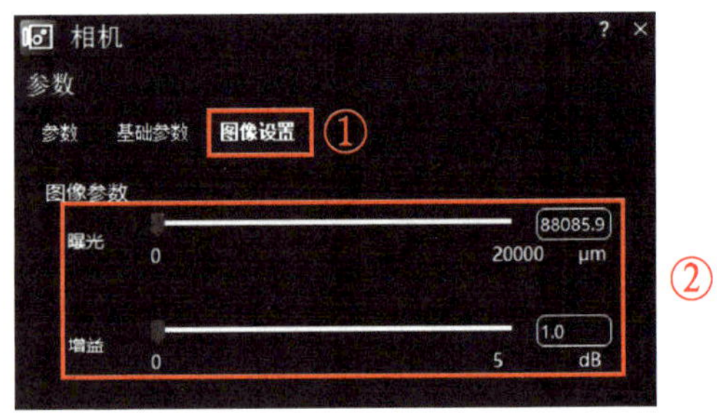

图 5-15 “相机”工具“图像设置”窗口

（6）获得点位像素坐标

添加“查找特征点”工具至工具组中，双击添加好的“查找特征点”工具，进入参数设置窗口，如图 5-16 所示，点击图中①处“参数”，点击图中②处打开“输入参数”列表，点击“输入图像”参数后的括号打开“输入图像”参数设置窗口，点击图中③处图标进入“添加引用”窗口。

如图 5-17 所示，点击图中①处打开“N 点标定”列表，点击图中②处打开“相机”工具参数，选择图中③处“输出参数 . 输出图片”。

如图 5-18 所示，设置查找特征点 ROI（蓝色框默认在图像左上角），点击“执行”按钮，特征点识别结果会在输出窗口显示，记下特征点顺序，“N 点标定”工具输入的世界坐标须与特征点识别到的像素坐标一一对应。

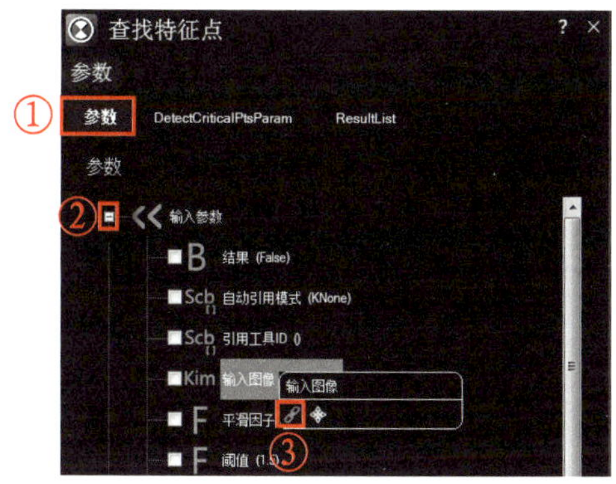

图 5-16　“查找特征点”工具参数设置窗口

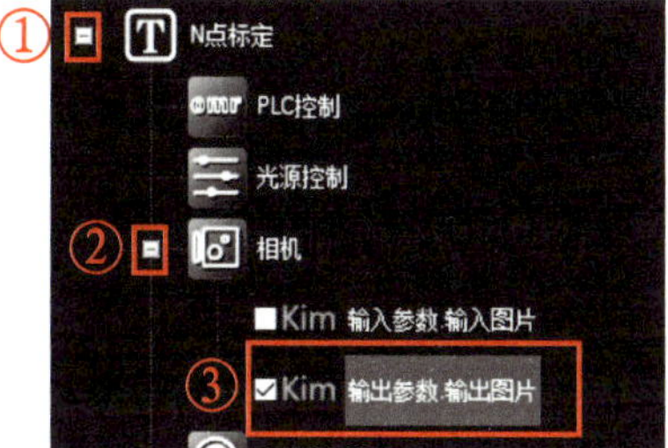

图 5-17　“添加引用”窗口

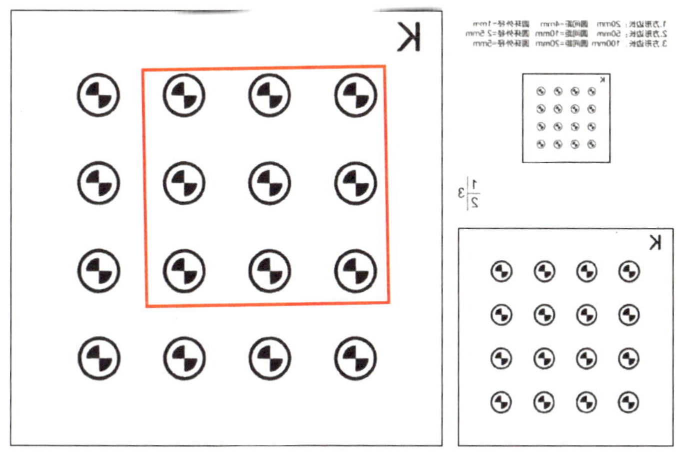

图 5-18　查找特征点 ROI 设置

添加“N 点标定”工具至工具组中，双击添加好的“N 点标定”工具，进入参数设置窗口，如图 5-19 所示，点击图中①处小三角，打开“像素坐标”参数设置，点击图中②处图标进行添加引用。如图 5-20 所示，选择“查找特征点”工具的“输出参数 . 关键点”。如图 5-21 所示，点击“参数”返回参数设置窗口。如图 5-22 所示，点击图中①处“多点更新”按钮，即可获得 9 个特征点的像素坐标。

（7）获得点位世界坐标

手动控制吸盘到标定板 Mark 点（标定板上黑白相间的圆）正上方，添加“PLC 控制”工具至工具组中，打开 PLC 参数设置窗口，选择“控制设置”，选择“获取位置”，点击“执行”按钮即可在轴位置显示窗口查看到当前位置 X, Y 轴坐标，该点位坐标为当前 Mark 点的世界坐标。

（8）获得仿射矩阵

如图 5-23 所示，依次获得各个点位的世界坐标，并将该坐标输入到“世界坐标”栏（注意像素坐标与世界坐标一一对应），点击“执行”按钮后即可生成 N 点标定的仿射矩阵。

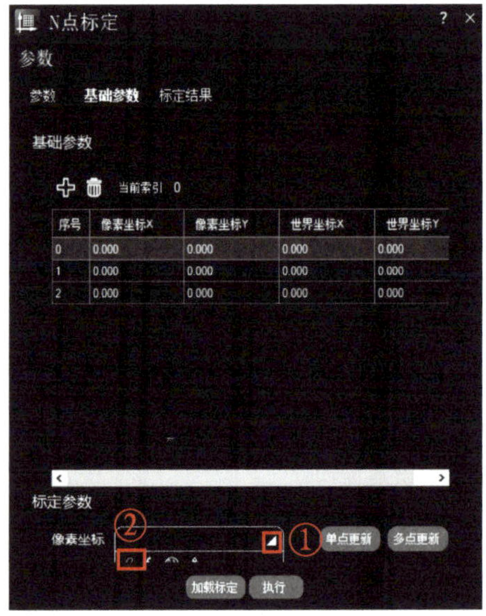

图 5-19 “N 点标定”工具“基础参数”窗口

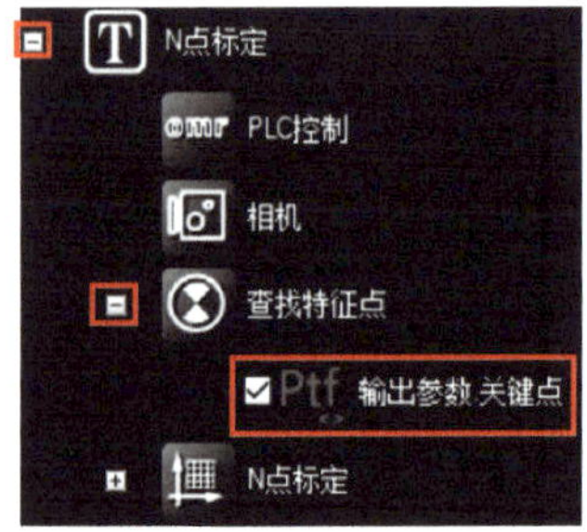

图 5-20 “添加引用”窗口

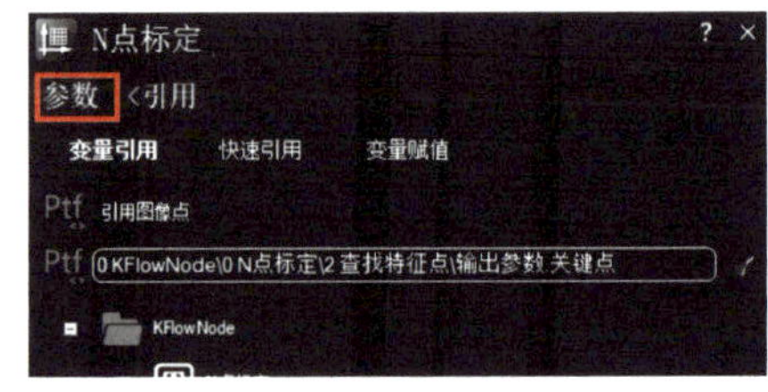

图 5-21 返回参数设置窗口

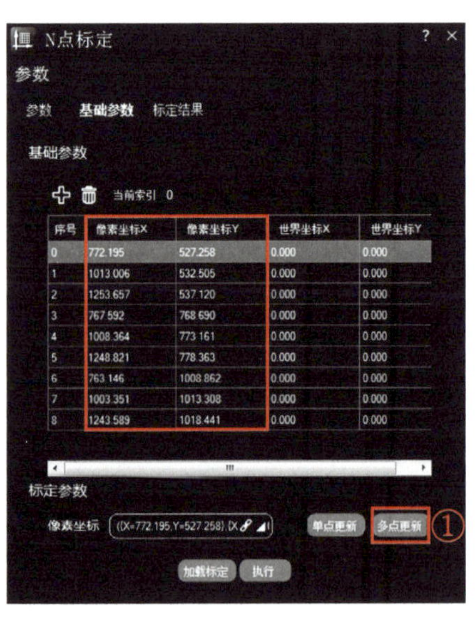

图 5-22 更新像素点位结果

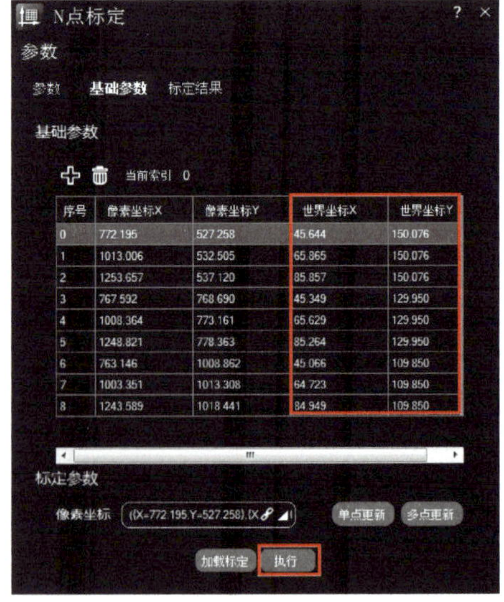

图 5-23 输入世界坐标

N 点标定程序如图 5-24 所示。

图 5-24　N 点标定程序

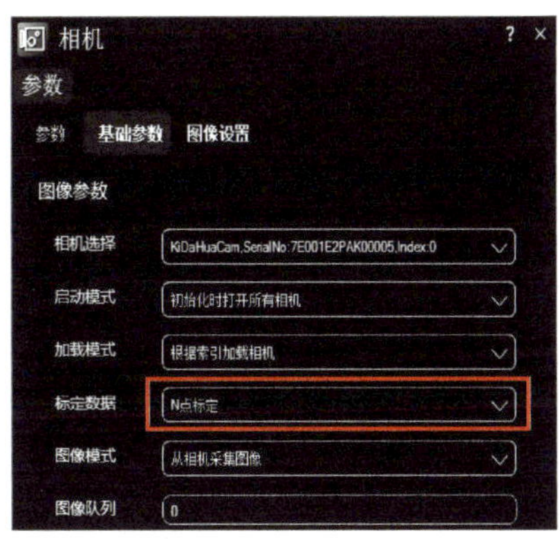

图 5-25　“相机”工具“基础参数”窗口

（9）验证过程

N 点标定最终会得出仿射矩阵，利用这个仿射矩阵可以做到像素坐标与世界坐标的转换，接下来验证该仿射矩阵是否正确。

① 新建验证工具组

添加新工具组，并将工具组重命名为“N 点标定验证”。

② 设置拍照位

进入工具组，设置拍照位，添加“PLC 控制”工具至工具组中，设置为 N 点标定时记录的拍照位。

③ 采图及标定数据使用

添加“相机”工具至工具组中，打开“相机”工具“基础参数”窗口，如图 5-25 所示，“标定数据”选择“N 点标定”。调节“曝光”“增益”等参数并进行采图。

④ 图像定位

添加“找圆”工具至工具组中，点击“注册图像”按钮，如图 5-26 所示，以视野内标定板中任意圆为目标设置 ROI，点击“执行”按钮。

⑤ 定位引导

添加“PLC 控制”工具至工具组中，打开“PLC 控制”工具参数设置窗口，如图 5-27 所示，在图中①处选择“运动设置”，点击图中②处小三角打开“X 轴”参数设置窗口，点击图中③处图标打开“添加引用”窗口。如图 5-28 所示，点击“变量赋值”，找到“N 点标定验证”工具组中的“找圆”工具。如图 5-29 所示，选择“找圆”工具的“输出参数 . 圆中心点”中的 *X* 轴位置，关闭“变量赋值”窗口。

打开“PLC 控制”工具参数设置窗口，选择“运动设置”，打开 *Y* 轴的“添加引用”窗口。如图 5-30 所示，点击“变量赋值”，找到“N 点标定验证”工具组中的“找圆”工具。如图 5-31 所示，选择“找圆”工具的“输出参数 . 圆中心点”中的 *Y* 轴位置，关闭“变量赋值”窗口。

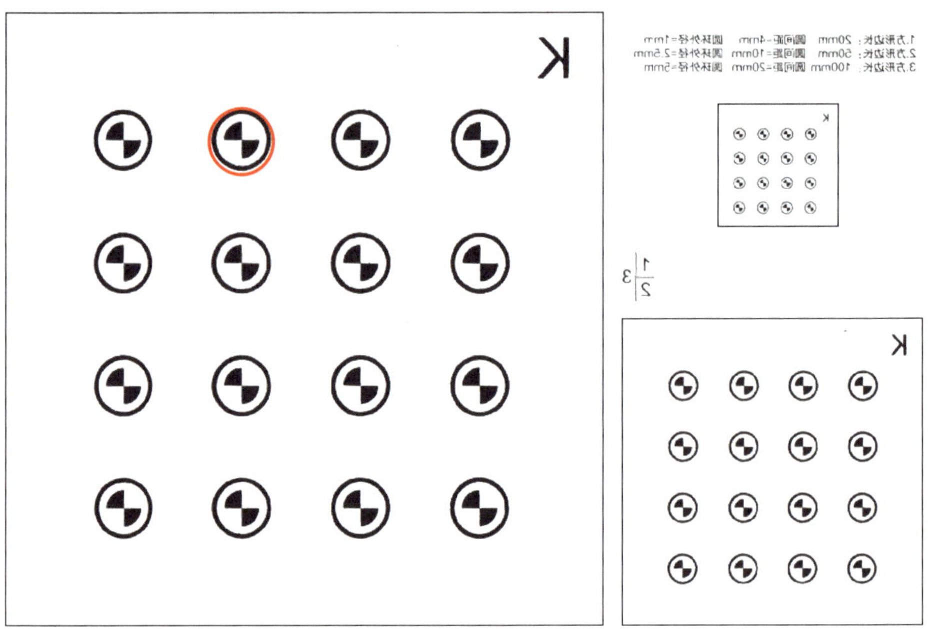

图 5-26 “找圆”工具 ROI 设置

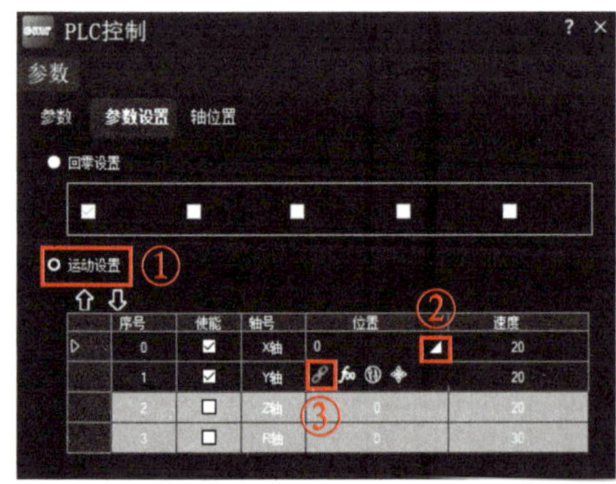

图 5-27 “PLC 控制”工具参数设置窗口

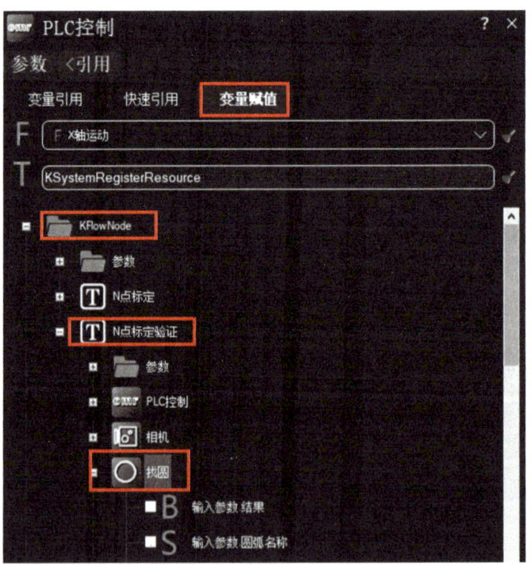

图 5-28 “PLC 控制”工具 *X* 轴“变量赋值”窗口

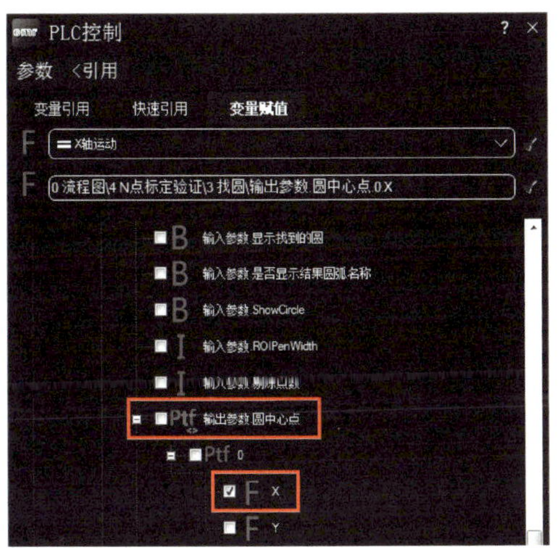

图 5-29　“PLC 控制”工具 *X* 轴变量选择

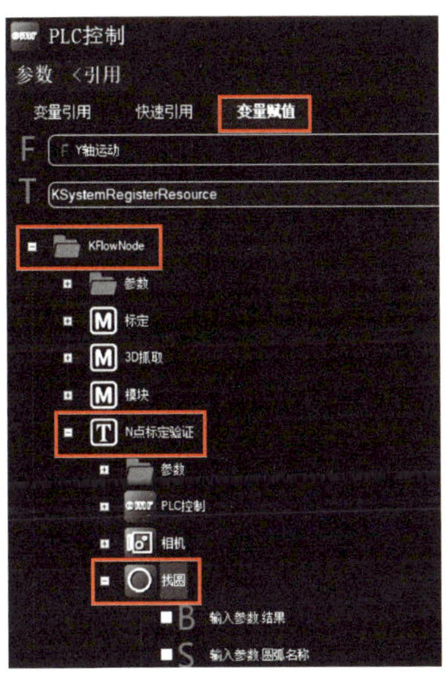

图 5-30　“PLC 控制”工具 *Y* 轴“变量赋值”窗口

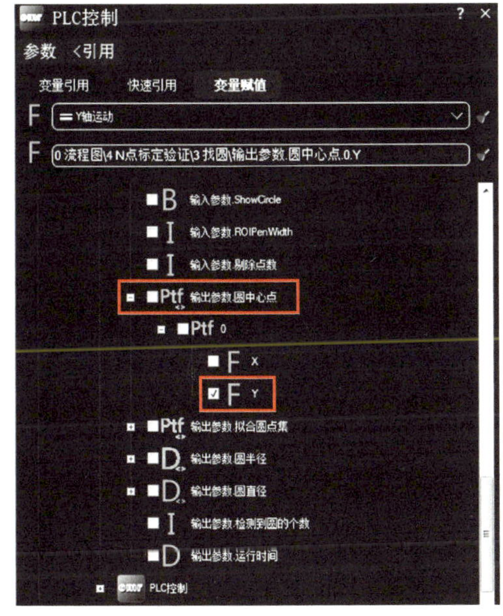

图 5-31　“PLC 控制”工具 *Y* 轴“变量赋值”窗口

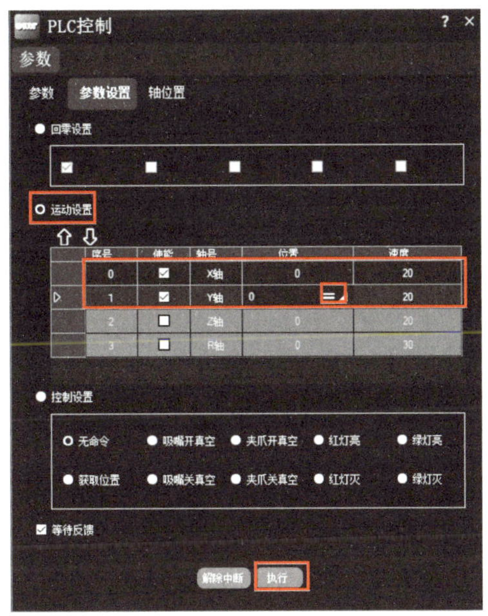

图 5-32　赋值结果

如图 5-32 所示，赋值完成后，点击 *X*，*Y* 轴的“位置”栏，会出现等号标识，点击“执行”按钮，PLC 运动机构会运动至赋值的点位，通过观察 PLC 运动后是否准确到达标定板上识别的圆位置，判断标定数据是否正确。

3. 小结

本项目主要实现 N 点标定。借助于“N 点标定”工具，将已获得的像素坐标点与世界坐标点互相关联，并计算出仿射矩阵，即实现像素坐标系与世界坐标系的转换。

通过“查找特征点”工具获取到 ROI 内所有的 Mark 点（标定板上黑白相间的圆心），手动控制 PLC 让吸盘到标定板上的点位上方，使其上下正对，然后使用“PLC 控制”工具获取当前点位，即可获得该 Mark 点的真实世界坐标点。这里要注意的是，通过 PLC 控制标定板运动所查找的点位及顺序必须与“查找特征点”工具中的点位及顺序一一对应。

完成 N 点标定后，在相机参数的标定数据一栏选择“N 点标定”，像素坐标系就与世界坐标系互相关联上了，之后使用定位工具、匹配工具等对图像进行定位时，程序会自动将像素坐标系转换为世界坐标系输出坐标。

5.2 XY 标定

学习目标

（1）了解像素精度原理。
（2）掌握 XY 标定方法以及用法。
（3）理解 XY 标定原理。

场景导入

在日常生活中，物体的尺寸是用工具来测量的，如用直尺测量书本的长度，直尺上的最小刻度为毫米，那么将直尺上的刻度值读出来后，即可以将测量书本的长度精度精确到毫米级别。在机器视觉系统中，每一个像素即是一个个的刻度。通过 XY 标定，可以得到每个像素所代表被标定平面中每一格的真实物理尺寸。因此，只须通过图像处理找到像素距离，经计算后即可得到其真实物理尺寸。

知识链接

像素精度是指一个像素所代表真实世界的尺寸，即$\frac{\text{视野范围}}{\text{分辨率}}$。

若使用 500 万像素黑白相机，其分辨率为 2 448 × 2 048，视野范围长边为 100 mm。每一格像素点所代表真实物理尺寸即$\frac{100}{2\ 448}$ mm ≈ 0.04 mm，即像素精度约为 0.04 mm。如图 5-33 所示，真实物理平面中的点与相机图像中的点一一对应，真实物理平面中 A，

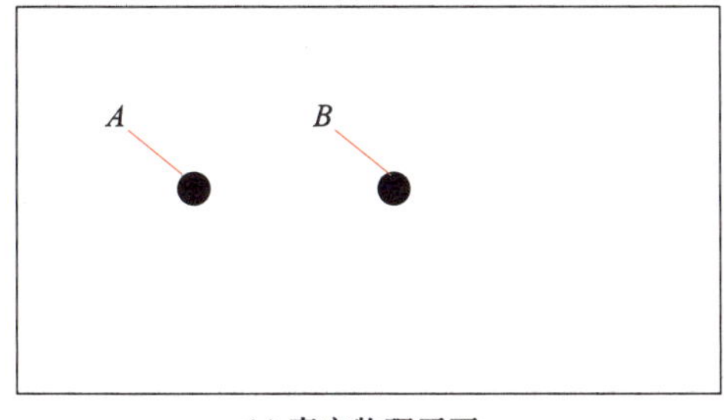

(a) 真实物理平面

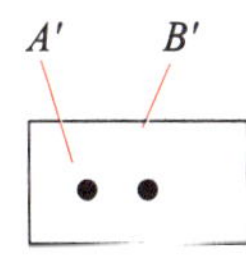

(b) 相机图像

图 5-33 像素精度计算

B 两点对应相机图像中 A'，B' 两点。若在图像中测得 A'，B' 两点之间像素距离为 300，那么相机图像中 A'，B' 两点所代表真实物理平面中 A，B 两点实际距离就是像素距离 × 像素精度，即 300 × 0.04 mm =12 mm。

项目实施

本项目要求进行 XY 标定，实现像素距离与实际距离的转化。

1. 内容导航

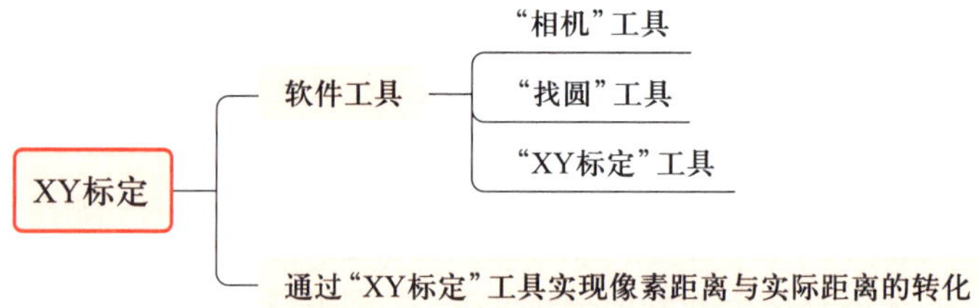

2. 实施步骤

（1）新建项目

点击新建项目图标，“产品名称”中输入“XY 标定”，点击“新建”按钮。

新建工具组，将工具组重命名为“XY 标定”。

（2）采集图像

添加“相机”工具至工具组中，如图 5-34 所示，在“相机选择”中选择要使用的相机。点击“图像设置”，如图 5-35 所示，调整“曝光”与“增益”参数，使得采集到的图像在合适的亮度范围内，点击“执行”按钮进行采图。

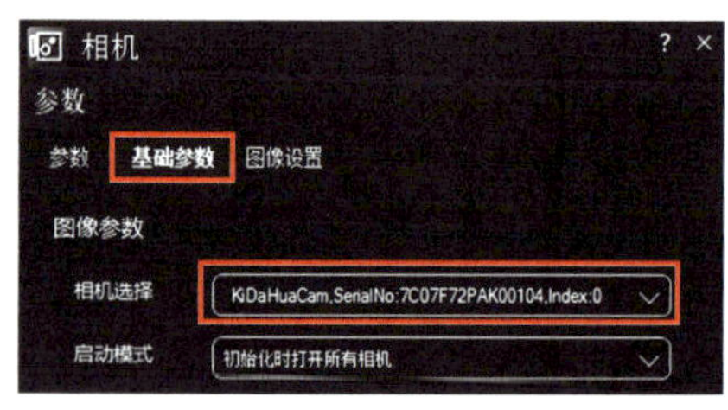

图 5-34　“相机”工具“基础参数”窗口

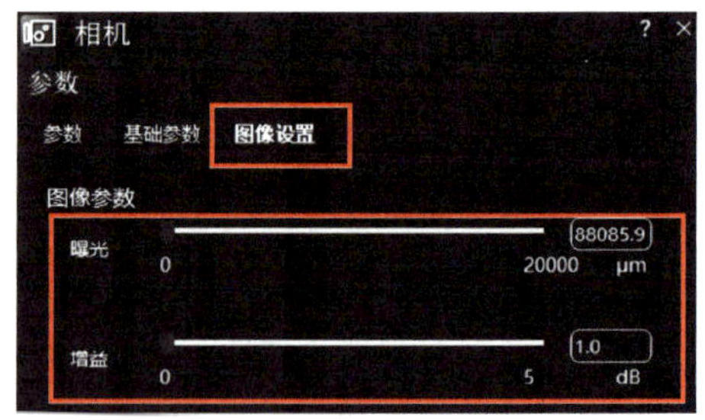

图 5-35　“相机”工具“图像设置”窗口

（3）获取图像尺寸

添加“找圆”工具至工具组中，双击添加好的“找圆”工具，打开其参数设置窗口，如

图 5-36 所示，设置“搜索方向”为“由外到圆心”，“搜索极性”为“从白到黑”，点击“注册图像”按钮，如图 5-37 所示，在输出窗口使用 ROI 框选目标圆，点击“执行”按钮。

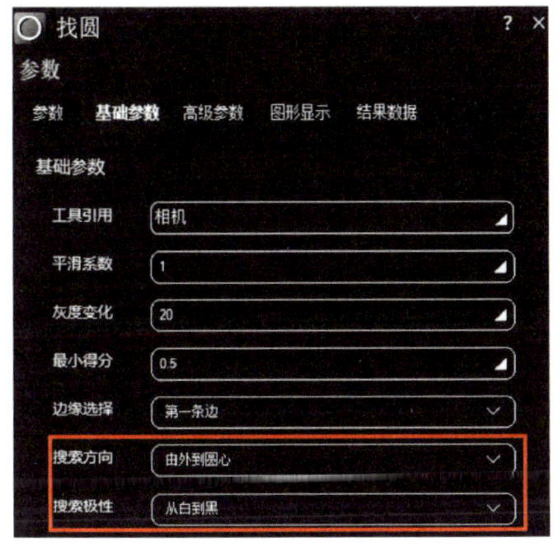

图 5-36　“找圆”工具“基础参数”窗口

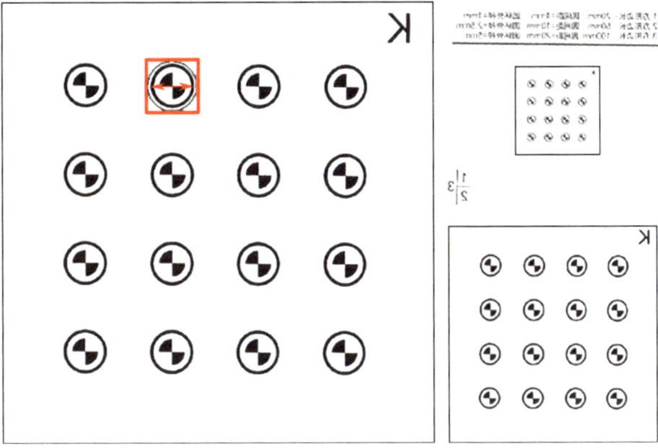

图 5-37　“找圆”工具 ROI 设置

（4）获取实际尺寸

标定板上的编号 1，2，3 分别指三个区域，每个区域都给定了三个实际尺寸，分别为方形边长、圆间距、圆环外径，如图 5-38 所示，如区域 3 的圆环外径实际尺寸为 5 mm。

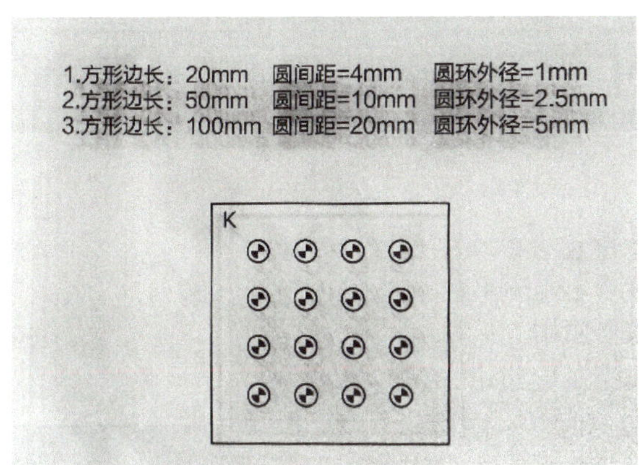

图 5-38　标定板实际尺寸

（5）获得像素精度

添加“XY 标定”工具至工具组中，双击添加好的“XY 标定”工具，打开其参数设置窗口，如图 5-39 所示，“像素距离（像素）”栏输入“找圆”工具中圆半径数据，“实际距离（毫米）”栏输入圆半径实际尺寸。

XY 标定程序如图 5-40 所示。

（6）验证过程

标定板中有三种已知尺寸的圆，XY 标定中用到半径为 5 mm 的圆作标定，可选用半径为 2.5 mm 或者 1 mm 的圆进行验证。以半径为 2.5 mm 的圆为例进行验证。

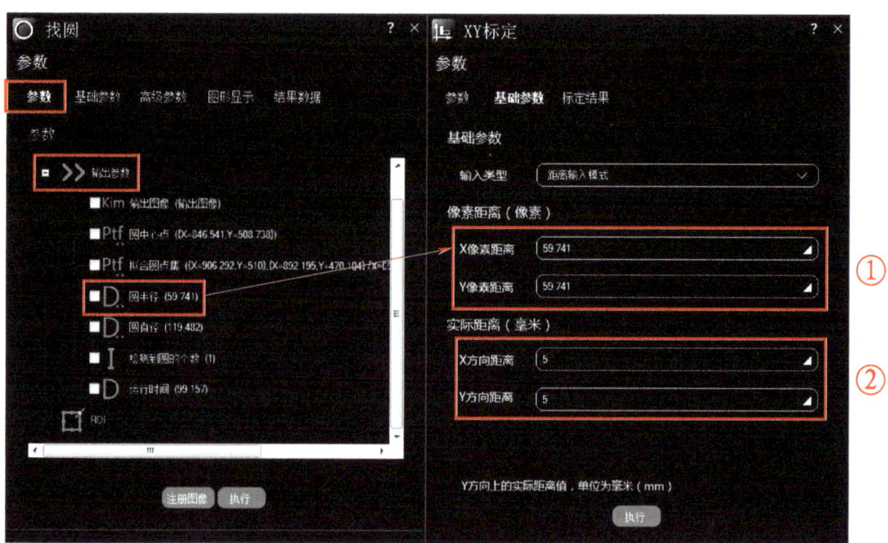

图 5-39 “XY 标定“工具参数设置

图 5-40 XY 标定程序

① 新建验证工具组

添加新工具组，并将工具组重命名为“XY 标定验证”。

② 采图及标定数据使用

添加“相机”工具至工具组中，打开“相机”工具“基础参数”窗口，如图 5-41 所示，“标定数据”选择“XY 标定”。调节“曝光”“增益”等参数，点击“执行”按钮进行采图。

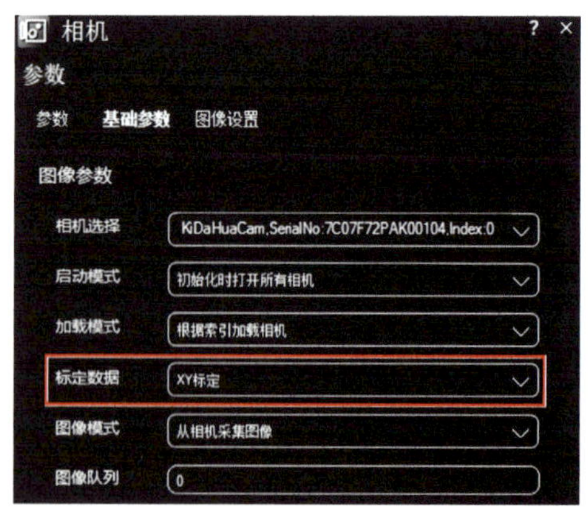

图 5-41 “相机”工具“基础参数”窗口

③ 获得圆实际尺寸

添加“找圆”工具至工具组中，如图 5-42 所示，使用 ROI 框选目标圆（以半径为 2.5 mm 的圆为例），点击“执行”按钮。

打开“找圆”工具“参数”窗口，如图 5-43 所示，在“输出参数”中，可查看到圆中心点、圆半径、圆直径等数据，可通过与标定板上标准数据进行对比来检测误差。

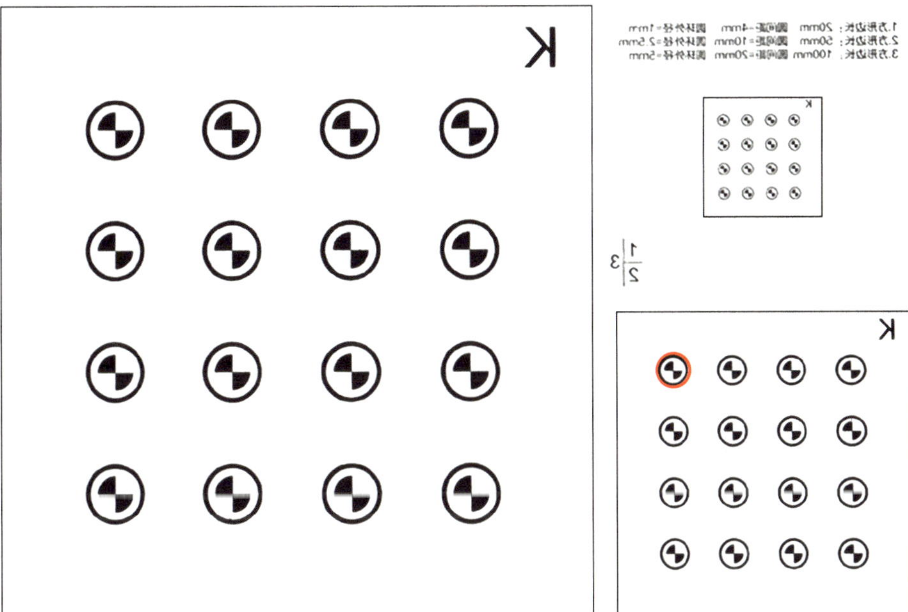

图 5-42　“找圆”工具 ROI 设置

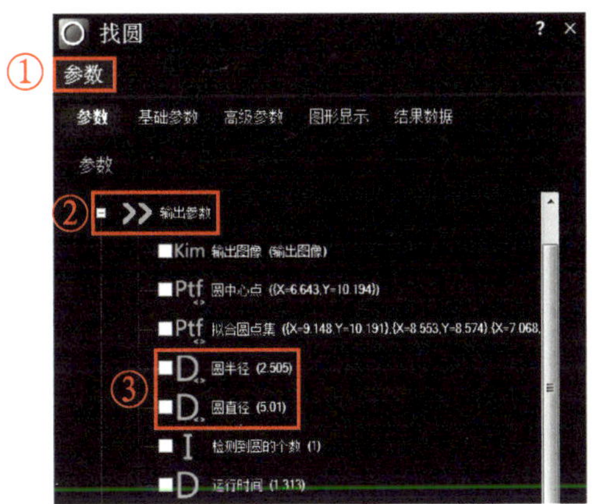

图 5-43　“找圆”工具“参数”窗口

3. 小结

本项目主要实现 XY 标定。图像中特征点尺寸是通过“找圆”工具获取的，“找圆”工具能够查找到 ROI 内圆的直径与半径，而实际尺寸可通过标定板上标准尺寸直接查看。在“XY 标定”工具中，将图像距离与实际距离以尺寸数据来关联，即可将像素距离所对应真实物理空间的尺寸计算出来。验证过程即是将特征点的真实尺寸与测量值作对比，从而判断出标定结果是否正确。

5.3 齿轮测量

学习目标

（1）了解找圆、找点、点间距原理。
（2）理解“找圆”“找点”“点间距”“用户变量”工具的参数含义。
（3）掌握“找圆”“找点”“点间距”“用户变量”工具的使用。
（4）掌握测量结果的判断方法。

场景导入

齿轮在机械传动及整个机械领域中具有极其广泛的应用，其加工精度对产品的机械性能有着重要影响。传统齿轮检测仪器的检测效率低下，且检测人员容易因为视觉疲劳而产生主观误差。通过使用机器视觉技术，提高齿轮检测精度和自动化程度，可以有效地提高产品出厂质量，并可协助改进生产工艺。

知识链接

1. 形状匹配仿射矩阵的原理

在图像处理领域，感兴趣区域（ROI）是从图像中选择的一个图像区域，设定 ROI 有多种好处，最直接的好处是可以减少处理时间，提高处理效率和精度。

在具体的视觉应用中，当工件来料位置固定不变时，固定位置 ROI 可以选定工件的指定特征。但是当工件来料位置存在较大波动时，若设置固定位置 ROI，则会出现特征无法被选定到的情况。为了实现对产品特征的定位，应根据定位位置、长宽、角度等数据生成 ROI，从而实现对特征的跟随；或者通过调用粗定位数据设定 ROI，通过仿射变换实现对产品位置的跟随。

ROI 生成的应用场合有以下两种：第一种，目标物体周边存在干扰点时，可以通过限定 ROI 来规避；第二种，图片数据量大，ROI 小，可以通过划定 ROI，缩短检测时间，提高运行效率。

在实际应用中，如果待检测工件在图像中的位置发生偏移，则设定的 ROI 也须要跟随移动，否则会导致检测工具找不到所需要的特征。此时就可以创建定位基准，使 ROI 跟随基准移动，能够很好地解决这个问题。

在 KImage 软件中，“形状匹配”工具会输出一条仿射矩阵参数，如图 5-44 所示，这个参数就是 ROI 跟随的基准。

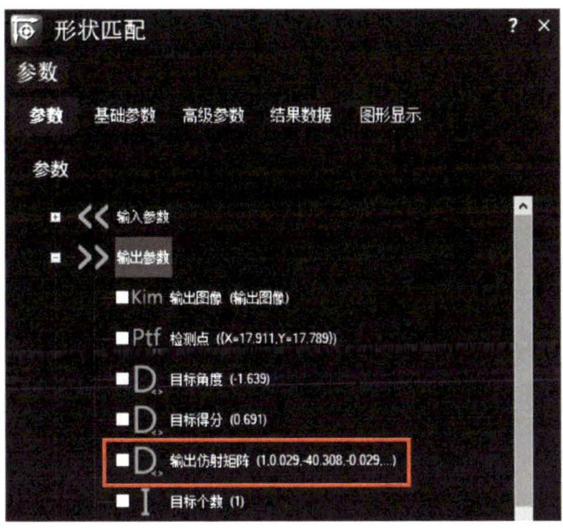

图 5-44　“形状匹配”工具仿射矩阵

2. 形状匹配仿射矩阵的使用

“形状匹配”工具正常运行后，可以输出仿射矩阵。在流程图中，在“形状匹配”工具下方添加“定位”工具（如“找点”工具）时，该“定位”工具会直接引用“形状匹配”工具输出的仿射矩阵。例如，图 5-45 所示程序，打开“找点”工具“参数”窗口，可在“输出参数”列表中查看到“仿射矩阵”参数已引用形状匹配仿射矩阵，如图 5-46 所示。

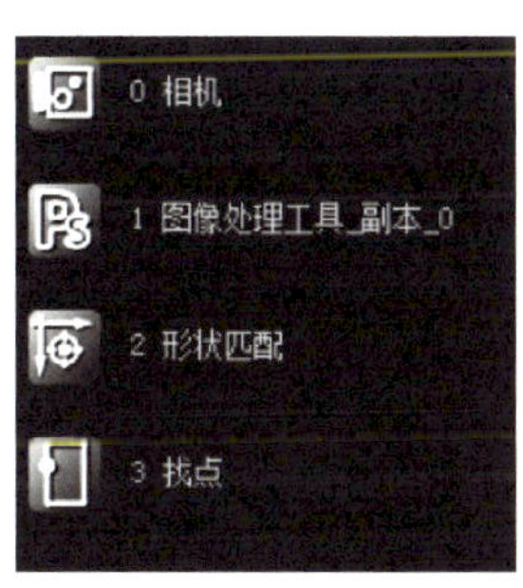

图 5-45　程序

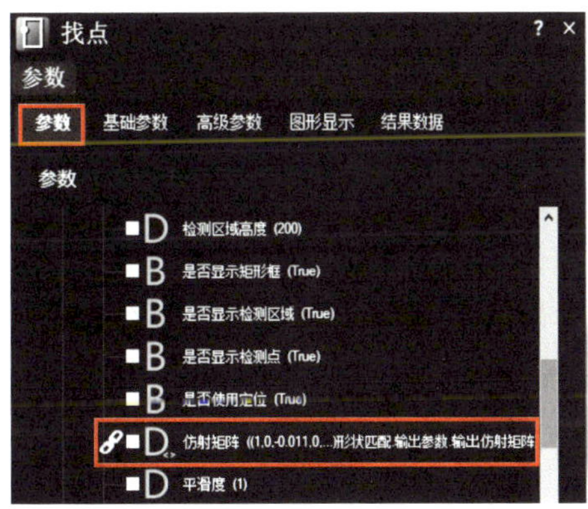

图 5-46　“找点”工具“输出参数”列表

（1）当“定位”工具没有引用到仿射矩阵时：

① 若“定位”工具在“形状匹配”工具的下一个（图 5-45），可右击“定位”工具，点击“自动引用”即可使用到上一条形状匹配仿射矩阵。

② 若“定位”工具没有在“形状匹配”工具的下一个，打开“定位”工具“参数”窗口，点击“参数”→“输出参数”→“仿射矩阵”后的括号，如图 5-47 所示，点击“添加引用”图标，打开“变量引用”窗口，如图 5-48 所示，按照图中①—⑤所示步骤，勾选“输出参数. 输出仿射矩阵”，关闭“变量引用”窗口，这时就已经引用了形状匹配仿射矩阵。

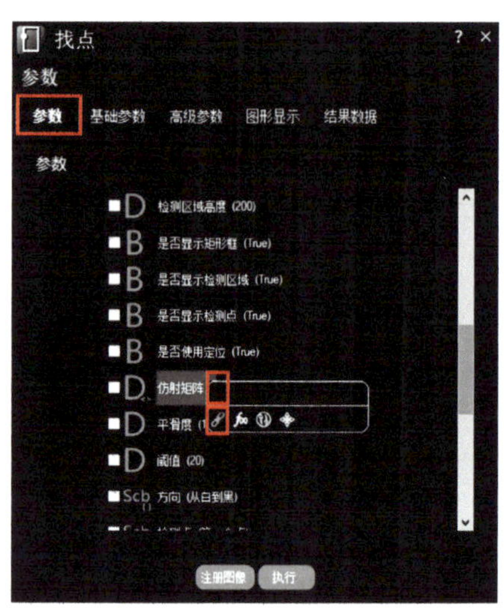

图 5-47 “找点”工具“参数”窗口

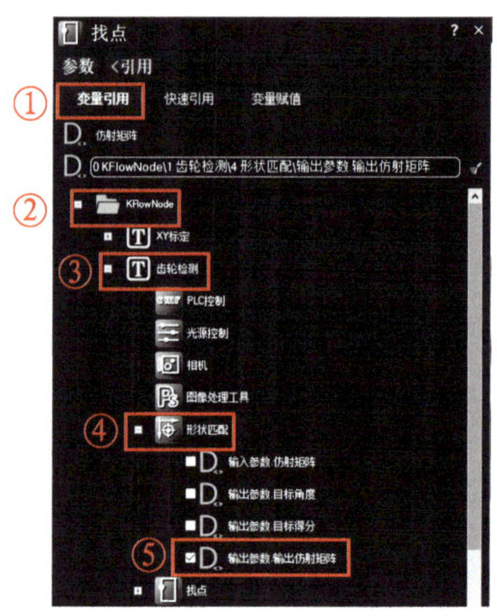

图 5-48 “找点”工具“变量引用”窗口

（2）使用仿射矩阵时：

① 当“形状匹配”工具匹配一个模板时，ROI 选定的区域会跟随仿射矩阵移动。

② 当“形状匹配”工具匹配多个模板时，“形状匹配”工具会输出与匹配数量相同的仿射矩阵，并有序排列。使用其仿射矩阵的工具会创建出与形状匹配个数相同的 ROI，同时分别去跟随各个仿射矩阵进行查找。例如，“形状匹配”工具匹配到了 5 个齿，如图 5-49 所示，“找点”工具设置 ROI 为找齿顶点，如图 5-50 所示，执行“找点”工具会同时找到这五个齿的齿顶点，如图 5-51 所示。

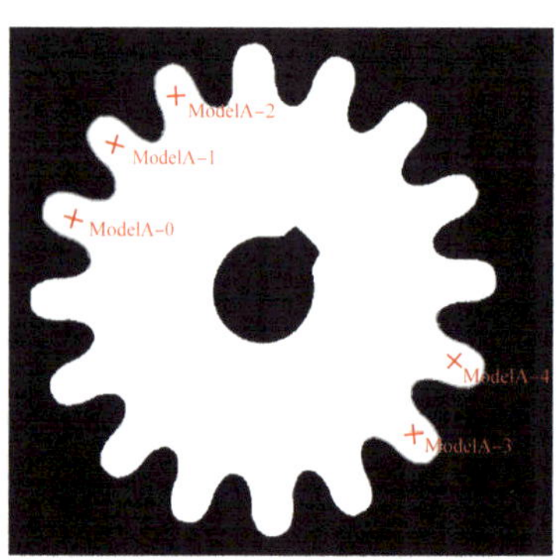

图 5-49 形状匹配执行效果

图 5-50 “找点”工具 ROI 设置

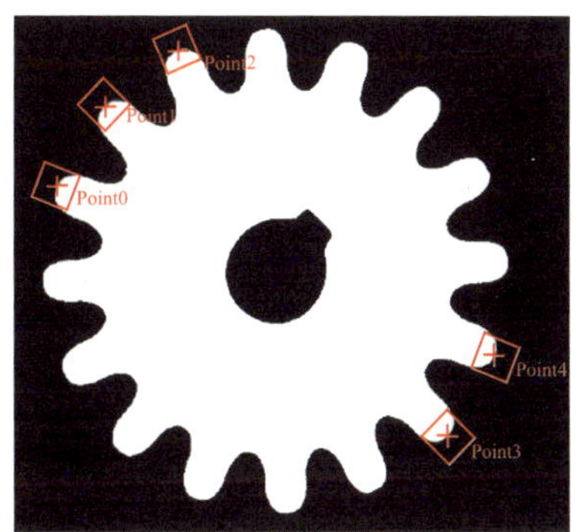

图 5-51　找点执行效果

项目实施

本项目要求完成对齿轮的定位及检测，视野范围为 66 mm × 55 mm，工作距离为 270 mm（允许正向偏差 10%），像素精度小于 0.03 mm。

1. 内容导航

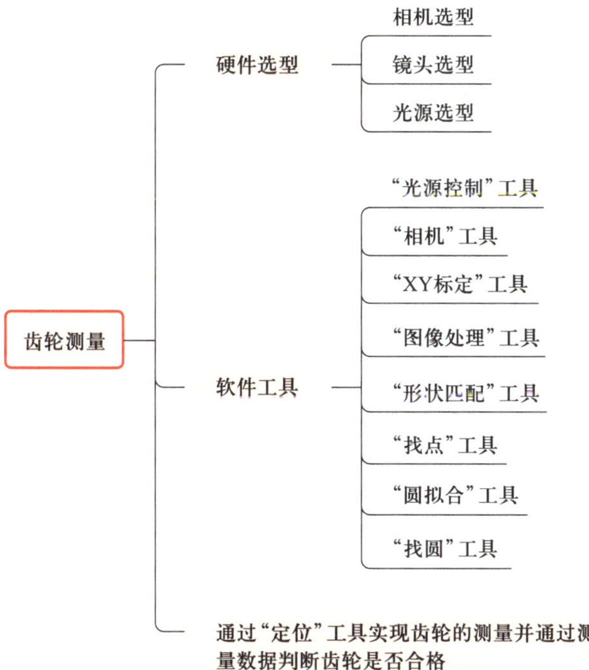

2. 实施步骤

（1）相机选型

本项目要求像素精度小于 0.03 mm，视野范围为 66 mm × 55 mm。如图 5-52 所示，当长边符合时，相机无法完整采集到齿轮。如图 5-53 所示，当短边符合时，相机可完整采集到齿轮。根据像素精度 $=\dfrac{视野范围}{分辨率}$，130 万像素相机像素精度为 $\dfrac{55}{960}$ mm ≈ 0.057 mm，500 万像素相机像素精度为 $\dfrac{55}{2\,048}$ mm ≈ 0.027 mm。所以要在 500 万像素的黑白和彩色相机中选择，因为同等像素的彩色相机采用的是拜耳彩色阵列结构，这种结构下输出的彩色图像的灰度值是不完全精确的，本项目不须要采集被测样品的色彩信息，优先选择同等像素的黑白相机，故而选择 500 万像素黑白相机 B。

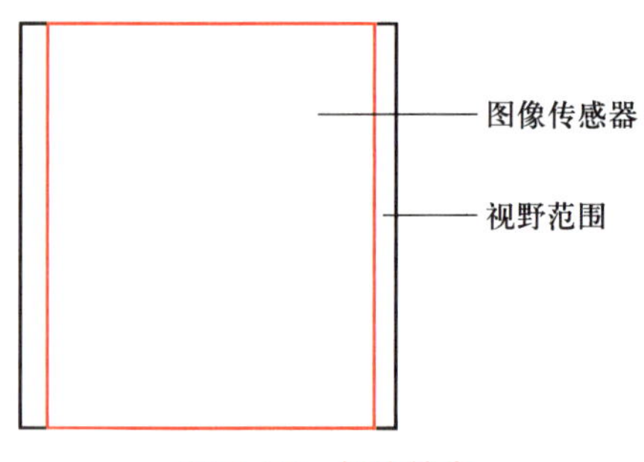

图 5-52 长边符合

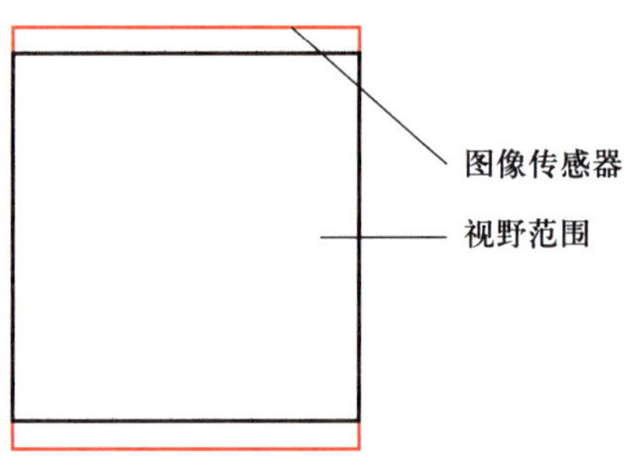

图 5-53 短边符合

（2）镜头选型

因为视野范围为 66 mm × 55 mm，以视野范围短边计算，工作距离为 270 mm，相机的图像传感器宽度 = 像素点个数 × 像素尺寸，即 2 048 × 3.45 μm ≈ 7.07 mm。根据 $\dfrac{视野宽度}{图像传感器宽度}=\dfrac{工作距离}{焦距}$，可得焦距 ≈ 34.7 mm，机器视觉器件箱中的镜头有 12 mm，25 mm，35 mm 可选，故选择 35 mm 镜头。

（3）光源选型

由于检测的数据均为齿轮轮廓，所以图像效果应该突出齿轮轮廓的对比度以保证检测需求，开启背光源后图像对比度高，特征更明显，因此选择背光源。

（4）新建项目

点击新建项目图标，“产品名称”中输入“齿轮测量”，点击“新建”按钮。

（5）XY 标定

完成 XY 标定，参考“5.2 XY 标定”。

（6）设置拍照位

新建工具组，将工具组重命名为“齿轮检测”，双击进入工具组。

（7）采图及标定数据使用

添加“光源控制”工具至工具组中，设置光源亮度，以实际接入的光源通道进行调节。

添加“相机”工具至工具组中，如图 5-54 所示，选择对应的相机，“标定数据”选择“XY 标定”，点击“图像设置”进入“图像设置”窗口，设置好“曝光”“增益”参数以获得较好的采图效果，点击“执行”按钮进行采图。

（8）图像预处理

添加“图像处理”工具至工具组中，如图 5-55 所示，在图中①处“识别模式”选择“全局阈值”，在图中②处按照灰度值设置阈值范围。点击“执行”按钮，执行结果如图 5-56 所示。

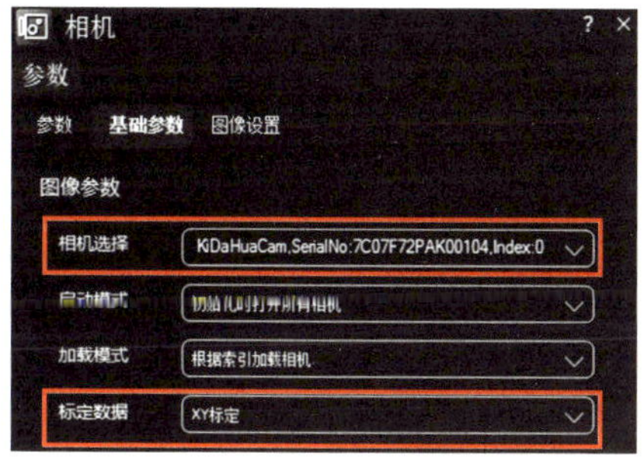

图 5-54　标定数据加载

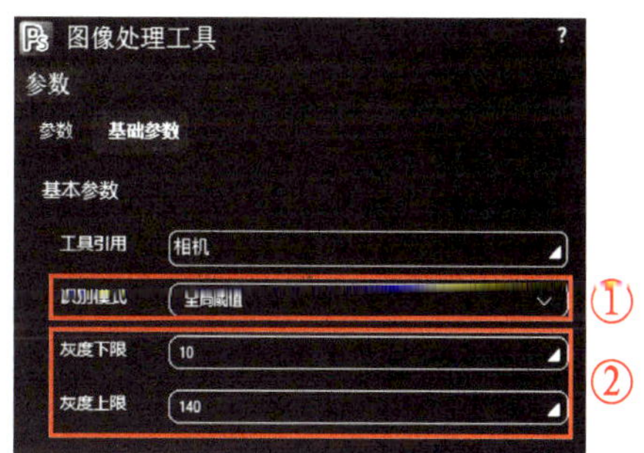

图 5-55　全局阈值参数设置

图 5-56　阈值分割前后对比

（9）形状匹配——齿个数

添加“形状匹配”工具至工具组中，打开“形状匹配”工具参数设置窗口，如图 5-57 所示，在图中①处点击“注册图像”按钮，将其中一个齿作为模板（图 5-58），点击“设置中心”按钮，点击“创建模板”按钮，因该齿轮有 16 个齿，所以在图中②处“模板个数”中输入大于或等于 16 的数据即可。点击“执行”按钮，可在输出窗口得到结果，如图 5-59 所示。

（10）找点——齿顶点

添加“找点”工具至工具组中，打开“找点”工具参数设置窗口，点击“注册图像”按钮，设置找点 ROI，如图 5-60 所示，以一个齿顶点为搜索范围即可，点击“执行”按钮。

（11）找点——齿根点

添加“找点”工具至工具组，打开“找点”工具参数设置窗口，点击“注册图像”按钮设置找点 ROI，如图 5-61 所示，以一个齿根点为搜索范围即可，点击“执行”按钮。

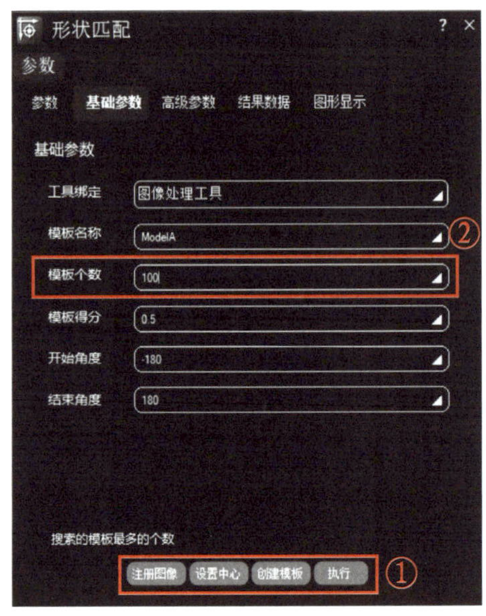

图 5-57 “形状匹配”工具参数设置窗口

图 5-58 形状匹配 ROI 设置

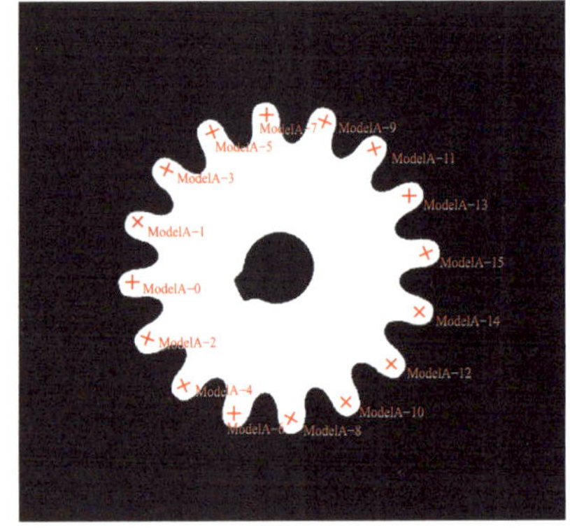

图 5-59 形状匹配结果

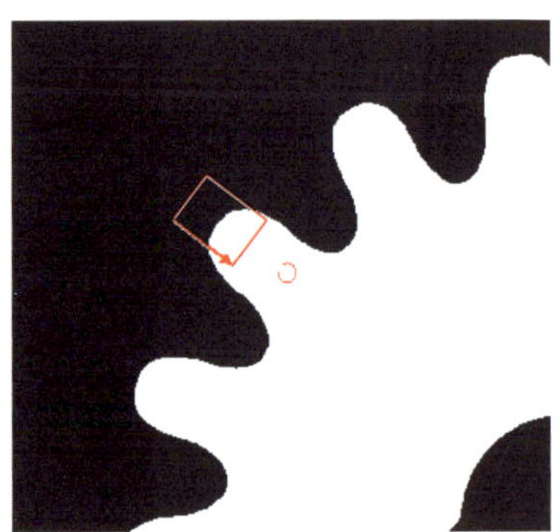

图 5-60 齿顶点 ROI 设置

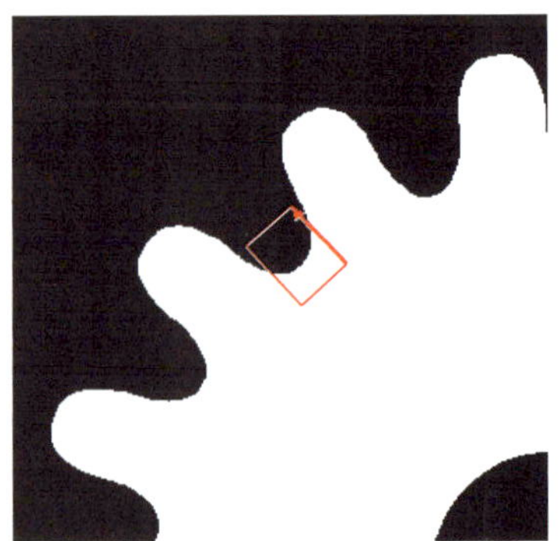

图 5-61 齿根点 ROI 设置

（12）圆拟合——齿顶圆

添加“圆拟合”工具至工具组中，打开“圆拟合”工具参数设置窗口，“输入模式”选择“点集”，将齿顶点集拖动引用到“输入点集”，如图 5-62 所示，点击“执行”按钮。

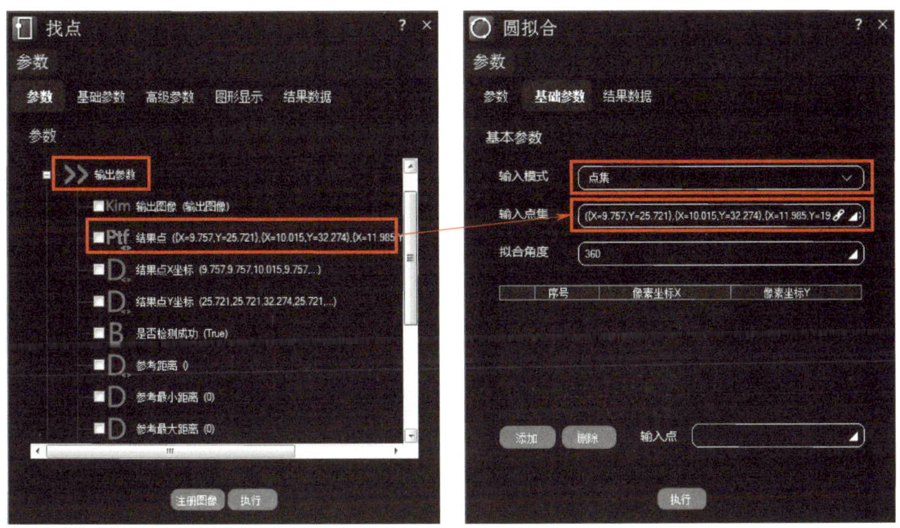

图 5-62　齿顶点集引用

（13）圆拟合——齿根圆

添加“圆拟合”工具至工具组中，打开“圆拟合”工具参数设置窗口，“输入模式”选择“点集”，将齿根点集拖动引用到“输入点集”，如图 5-63 所示，点击“执行”按钮。

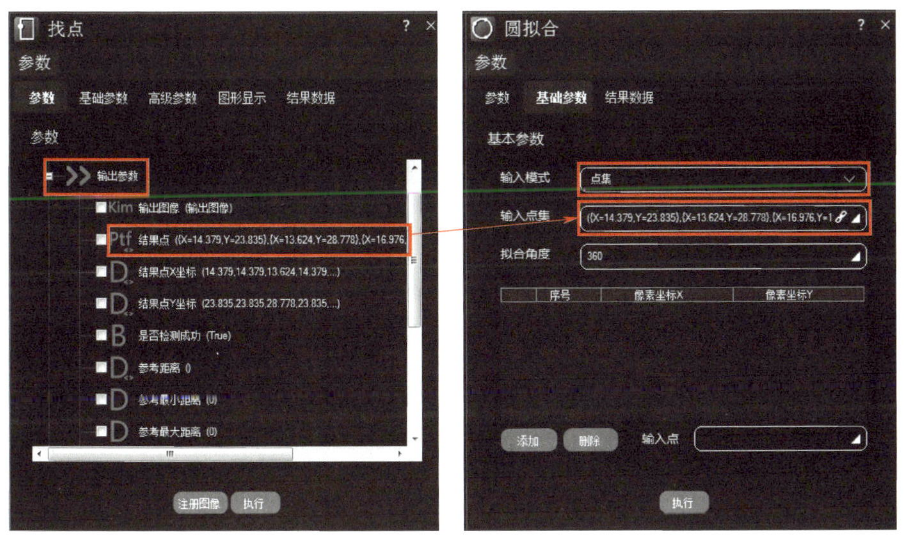

图 5-63　齿根点集引用

（14）形状匹配——ROI 定位跟随

添加“形状匹配”工具至工具组中，打开“形状匹配”工具参数设置窗口，如图 5-64

所示，点击“注册图像”按钮，使用 ROI 框选齿轮中心作为模板，点击“设置中心”按钮，点击“创建模板”按钮，该“形状匹配”工具是为下一步“找圆”工具提供定位功能的，“模板个数”设为“1”即可，点击“执行”按钮，对齿轮进行定位。

图 5-64 形状匹配结果

（15）找圆——中心圆

添加“找圆”工具至工具组中，打开“找圆”工具参数设置窗口，如图 5-65 所示，点击“注册图像”按钮，使用 ROI 框选齿轮中心，这里以“搜索方向”为“由圆心到外”为例，因圆外区域为白，圆内为黑，“搜索极性”选择“从黑到白”，点击“执行”按钮，执行结果如图 5-66 所示。

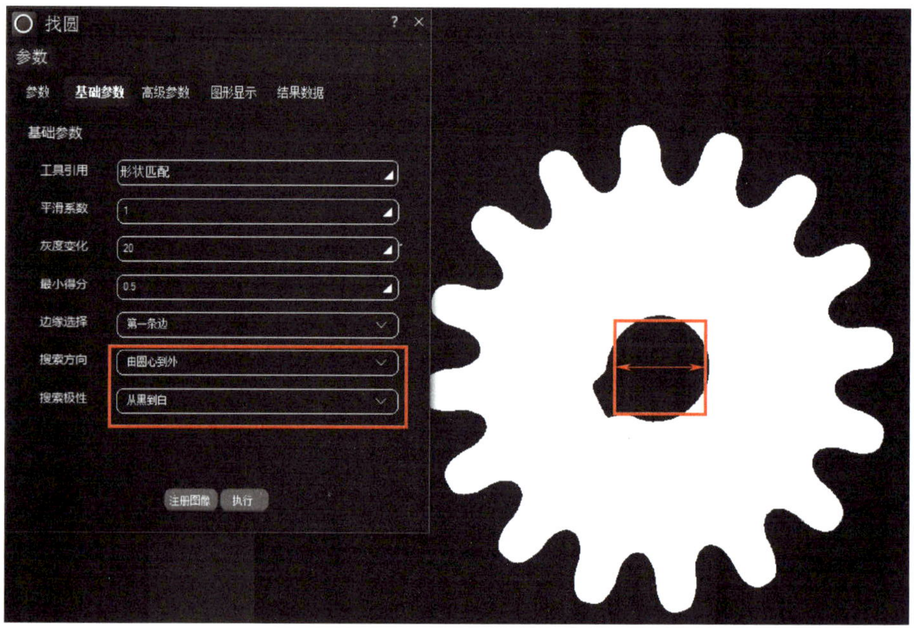

图 5-65 找圆设置

图 5-66　找圆执行结果

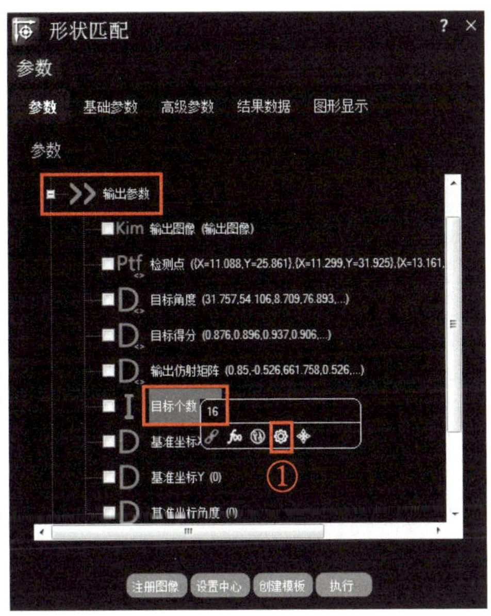

图 5-67　“形状匹配”工具参数设置窗口

（16）齿个数检测

因为是以单个齿为模板，所以形状匹配的模板个数即为齿个数。因为圆拟合分别以齿顶点与齿根点为标准，所以两个圆拟合输出的半径分别为齿顶圆半径和齿根圆半径。“找圆”工具找到的是中心圆，所以“找圆”工具输出的直径就是中心圆直径。接下来将对测量到的参数进行判断，检查该齿轮是否达到标准。

打开“形状匹配”工具参数设置窗口，如图 5-67 所示，找到“输出参数”中“目标个数”，点击图中①处图标，对其进行变量设置。

因须要判断匹配到的齿个数是否等于实际个数 16，故而“类型”选择“等于”，“等于”值输入“16”，如图 5-68 所示。

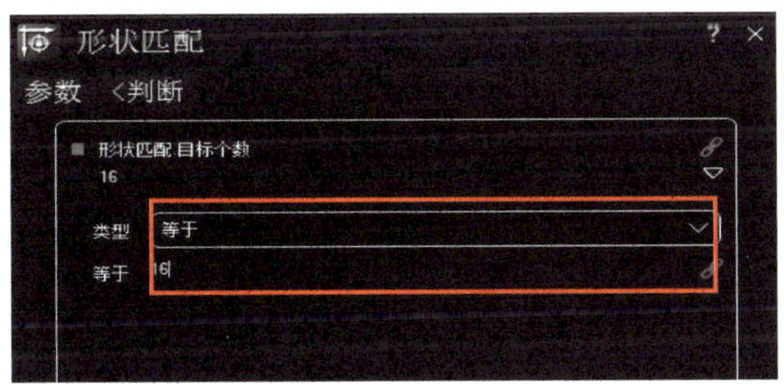

图 5-68　齿个数判断

（17）齿顶圆尺寸检测

打开“圆拟合”工具参数设置窗口（齿顶圆），如图 5-69 所示，选择“参数”→“输出参数”→“半径”，点击“半径”参数后面括号，点击图中①处图标，打开变量设置窗口。如图 5-70 所示，因半径存在公差，即测量出的尺寸在标准区间内即为合格，所以在图中①处

“类型”选择“区间”,图中②处“最小值”填入标准值下限,“最大值”填入标准值上限,该齿轮标准值为 16.8 mm,公差为 ±0.2 mm,故这里“最小值”填入“16.6”,最大值填入“17”。

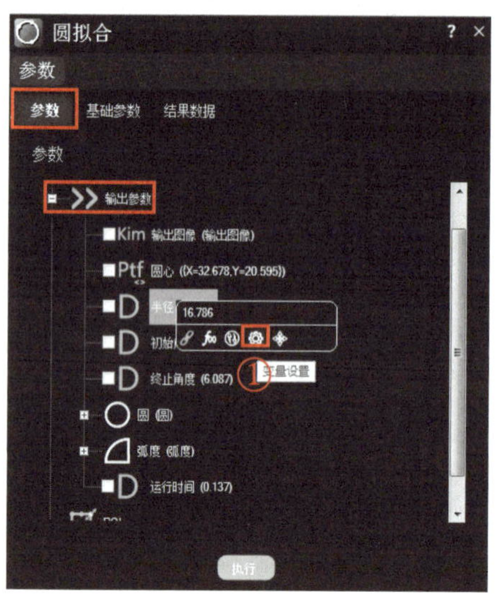

图 5-69 “圆拟合”工具参数设置窗口(齿顶圆)

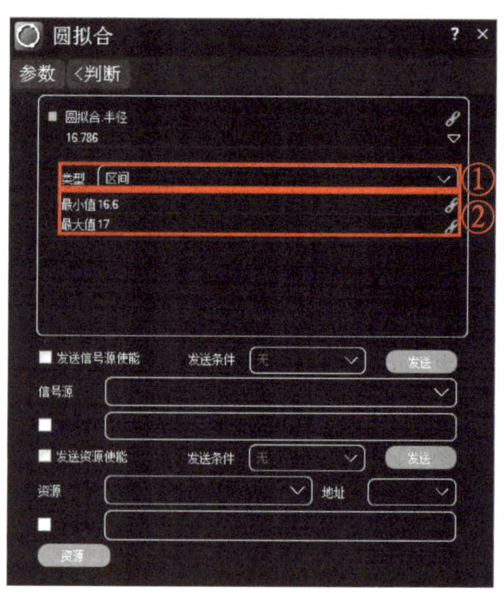

图 5-70 齿顶圆半径判断

(18)齿根圆尺寸检测

打开“圆拟合”工具参数设置窗口(齿根圆),如图 5-71 所示,选择“参数”→“输出参数”→“半径”,点击“半径”参数后面括号,点击图中①处图标,打开变量设置窗口。如图 5-72 所示,因半径存在公差,即测量出的尺寸在标准区间内即为合格,所以在图中①处“类型”选择“区间”,图中②处“最小值”填入标准值下限,“最大值”填入标准值上限,该齿轮标准值为 12.7 mm,公差为 ±0.2 mm,故这里“最小值”填入“12.5”,“最大值”填入“12.9”。

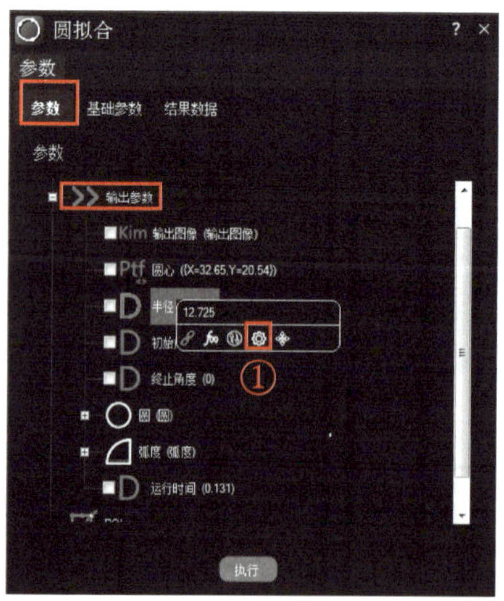

图 5-71 “圆拟合”工具参数设置窗口(齿根圆)

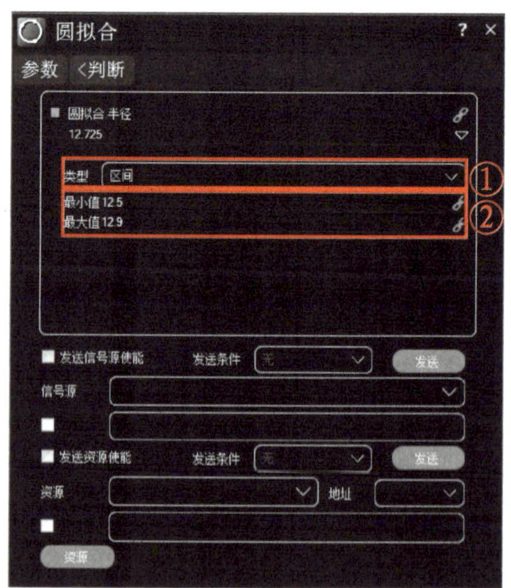

图 5-72 齿根圆半径判断

（19）中心圆尺寸检测

打开“找圆”工具参数设置窗口，如图 5–73 所示，选择“参数”→“输出参数”→“圆直径”，点击“圆直径”参数后面括号，点击图中①处图标，打开变量设置窗口。如图 5–74 所示，因直径存在公差，即测量出的尺寸在标准区间内即为合格，所以在图中①处“类型”选择“区间”，图中②处“最小值”填入标准值下限，“最大值”填入标准值上限，该齿轮标准值为 7.2 mm，公差为 ±0.2 mm，故这里“最小值”填入“7.0”，“最大值”填入“7.4”。

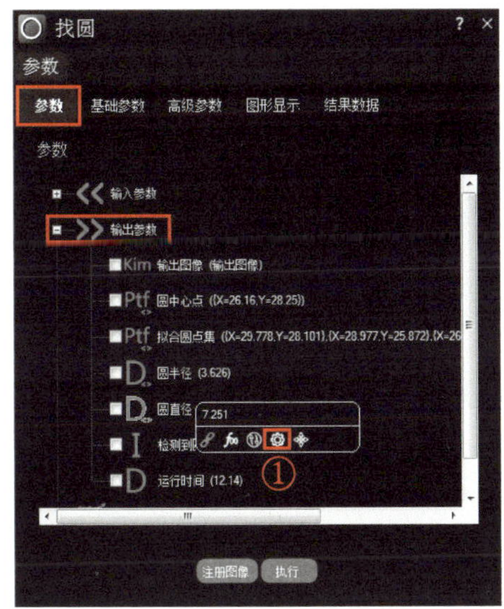

图 5–73　“找圆”工具参数设置窗口

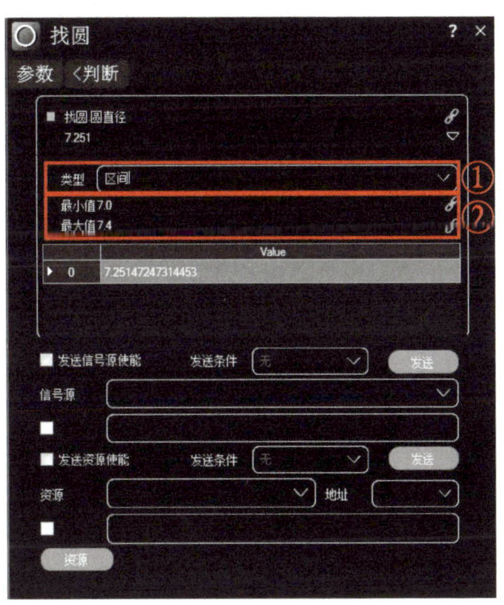

图 5–74　中心圆直径判断

（20）检测结果显示

如图 5–75 所示，点击图中①处“流程图”，返回流程图窗口，点击工具组，点击图中②处图标，打开工具组参数设置窗口。如图 5–76 所示，点击“结果”，点击图中①处小三角，拖动图中②处图标至输出窗口中，双击“结果”打开“结果”参数设置窗口，如图 5–77 所示，在“格式化”中的“0”后面添加“:OK”（英文输入法），关闭窗口即可。

运行工具组即可显示该齿轮是否合格，图 5–78 所示为检测不合格，图 5–79 所示为检测合格。

检测程序如图 5–80 所示。

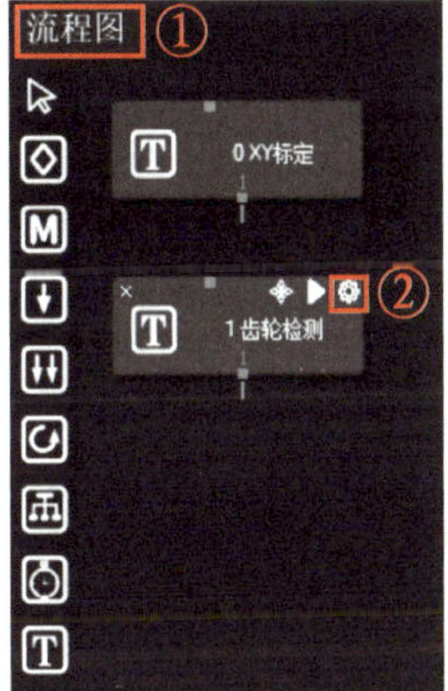

图 5–75　流程图

3. 小结

本项目要求检测齿个数、齿顶圆半径、齿根圆半径、中心圆直径，齿个数可通过“形状匹配”工具匹配多个模板检测出。当“形状匹配”工具一次匹配多个模板时，“定位”工具引用该形状匹配的仿射矩阵可实现一个“定位”工具查找到与匹配个数相同的点位，且“定位”工具的 ROI 与匹配模板位置关系不变。因此，这里“找点”工具可以一次找出所有的齿顶点或者齿根点。“圆拟合”工具根据所有的齿顶点或者齿根点拟合出齿顶圆或者齿根圆。在“圆拟合”工具的参数设置窗口可查看到该圆半径。中心圆可通过“找圆”工具检测出该圆的直径。

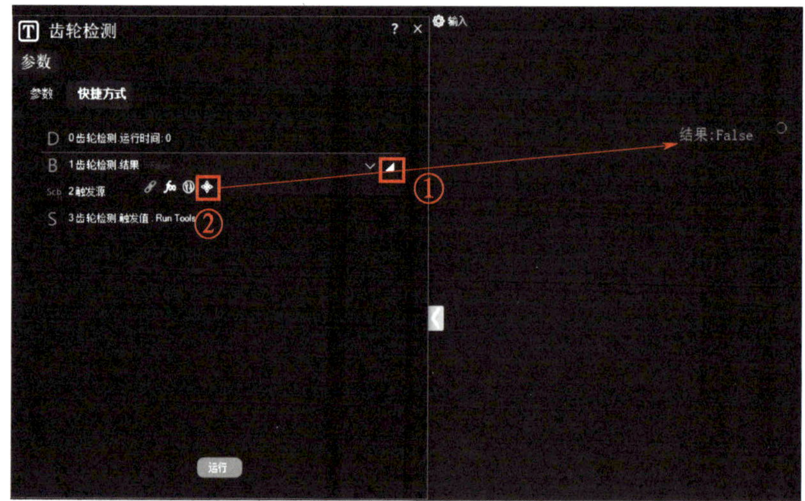

图 5-76 工具组参数设置窗口

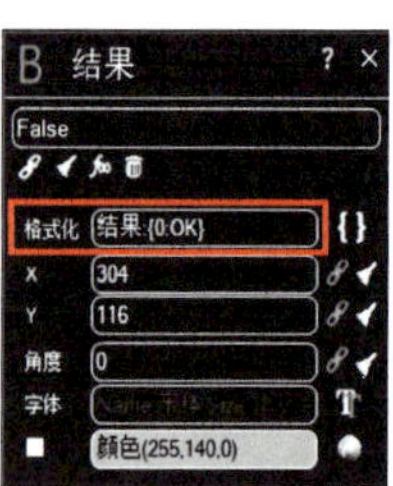

图 5-77 “结果”参数设置窗口

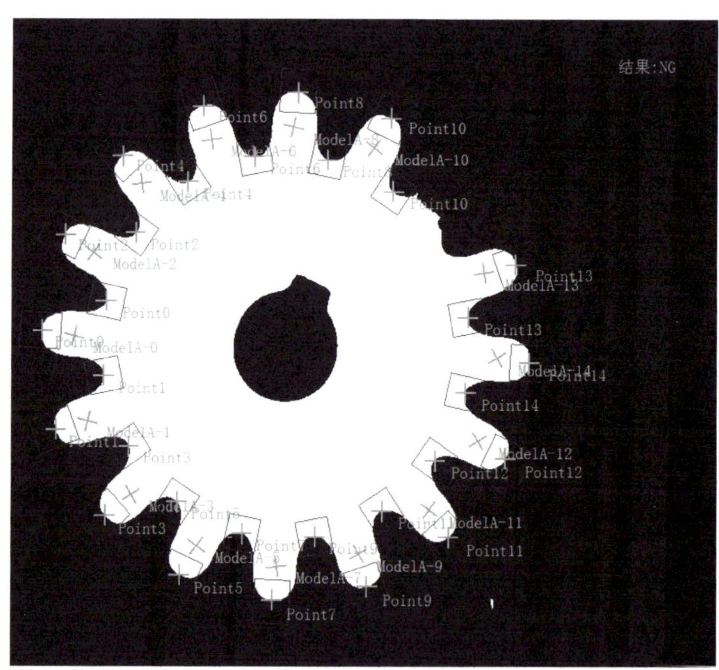

图 5-78 检测不合格

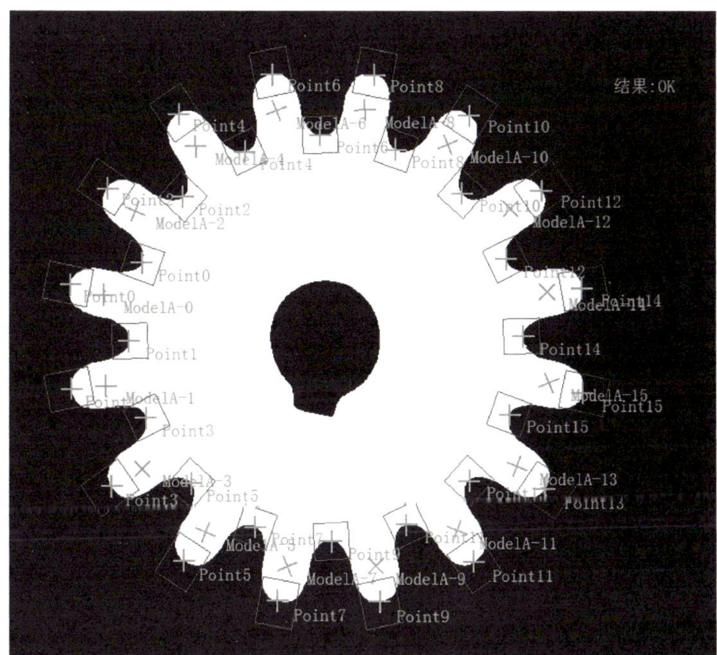

图 5-79　检测合格

图 5-80　检测程序

第 6 章

机器视觉图像检测

机器视觉检测就是用机器代替人眼来测量和判断。机器视觉系统通过图像传感器对被测物成像，然后将图像传递给图像处理软件，图像处理软件利用像素的灰度、颜色等信息进行运算，抽取目标的特征，进而根据特征作出判断，并将结果发送出去。在各种产品的生产、装配或包装产线中，检测技术是不可或缺的。视觉检测系统具有以下优势：

第一，非接触测量，对于产品不会产生任何损伤，系统寿命长，可靠性高。

第二，具有较宽的光谱响应范围，如可以使用肉眼不可见的紫外线或者红外线进行检测，极大地扩展了可检测范围。

第三，长时间稳定工作，人类难以长时间对同类对象进行观察，而视觉检测系统则可以长时间地进行识别检测任务。

第四，可以解放单一的、重复的检测工种，从而节省大量劳动力资源。

6.1 印刷品表面检测

学习目标

（1）了解模板匹配法及其工作原理。

（2）学会使用“缺陷检测”工具。

（3）知道如何在成像界面显示判断结果。

场景导入

在过去的十多年里，现代图文印刷工艺有了翻天覆地的变化，为了迎合市场的需求，包括：（1）更短的生产周期；（2）按需印刷（需要多少就印多少），不保留过多库存；（3）更大比例的短板活（数量小及零碎的印活）；（4）客户与图文印刷公司更密切的配合等，柔性的生产工艺对检测也提出了更高的要求。在本项目中，将对车牌的印刷质量进行检测。

知识链接

1. 模板匹配法

模板匹配法无论是在图像识别还是图像分割当中都是最常用的算法之一，主要利用的信息便是图像之间存在的相关性。所谓模板匹配，就是把不同时间、不同成像条件下对同一物体获取的两幅或多幅图像在空间上配准，或根据已知的模式去另一幅图像中寻找相应的模式，图像匹配可以是整幅图像间的匹配，也可以是一幅图像的局部与另一幅图像的局部进行匹配。

如图 6-1 所示，在待检测图像上，从左到右，从上向下计算模板图像与重叠子图像的匹配度，匹配程度越大，两者相同的可能性越大。

2. 匹配技术

匹配技术的一种最简单的形式便是差影法，差影法的原理是对两幅图像按照对应像素作差，根据作差结果取一阈值作为结果图像。差影法在时间效率上非常高。另一种形式是灰度相关法，它以图像间的灰度相关性来衡量图像间的相似性，关于灰度相关性的相似性测量有许多种相似性测量函数，其中最常用的是灰度相关函数。

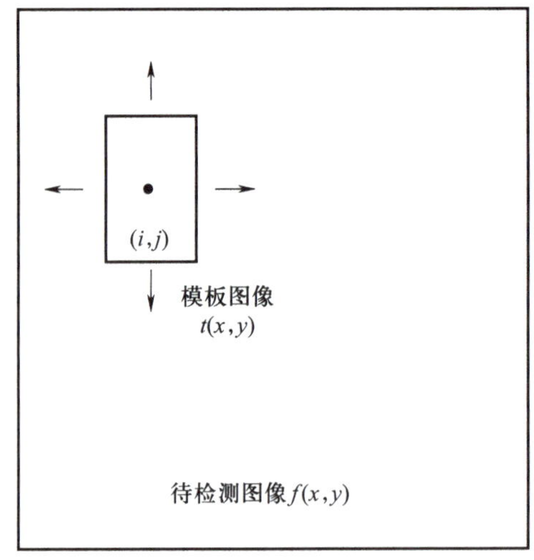

图 6-1 模板匹配

3. 缺陷检测

缺陷检测通常是指对物体表面缺陷的检测，表面缺陷检测是采用先进的机器视觉检测技术，对物体表面的斑点、凹坑、划痕、色差、缺损等缺陷进行检测。为了满足实际生产的需要，表面缺陷检测系统具有以下适用功能：

（1）自动完成工件与相机获取图像同步；

（2）自动检测物体表面斑点、凹坑、划痕等缺陷；

（3）可根据需要对缺陷类型学习并进行命名；

（4）可根据需要选择需要检测的缺陷类型；

（5）可根据需要自主设定缺陷大小；

（6）对不良位置进行定位，可控制贴标设备或打印设备进行标识；

（7）对不良品图像进行自动存储，可进行历史查询；

（8）自动统计（良品、不良品、总数等）。

在 KImage 软件中，“缺陷检测”工具的基本工作原理就是差影法，预先设定一个阈值，将待检测图像与标准图像上对应的像素点的像素值作差，将得到的差值与阈值进行对比，如果在阈值范围内就将该点的像素值置为 0，表示该点不计为缺陷点，否则将该点的像素值置为 1，表示该点为存在缺陷的像素点，后通过检测待检测图像上缺陷点的个数来判别待检测图像上是否存在缺陷特征。

项目实施

本项目要求完成对目标物的缺陷检测，视野范围为 72.5 mm × 23 mm，工作距离为 270 mm（允许正向偏差 10%），像素精度小于 0.04 mm。

1. 内容导航

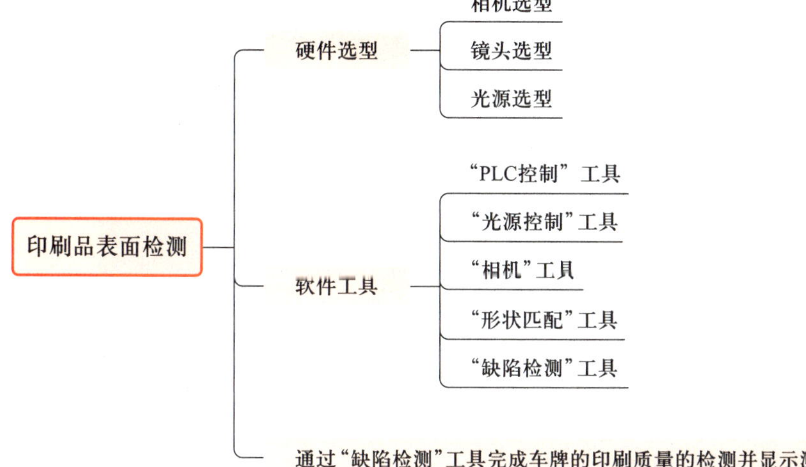

2. 实施步骤

（1）相机选型

本项目中，由于不须要采集色彩信息，故而使用黑白相机 A 或 B。视野范围长宽比为 $\frac{72.5}{23}\approx 3.152$，而相机 A 图像传感器长宽比为 $\frac{1\ 280}{960}\approx 1.333<3.152$，相机 B 图像传感器长宽比为 $\frac{2\ 448}{2\ 048}\approx 1.195<3.152$。若要使用相机 A，则应以长度方向计算像素精度，即像素精度为 $\frac{72.5}{1\ 280}$ mm $\approx$ 0.057 mm>0.04 mm，不符合选型要求；若要使用相机 B，则应以长度方向计算像素精度，即像素精度为 $\frac{72.5}{2\ 448}$ mm $\approx$ 0.029 6 mm<0.04 mm，符合选型要求。故选择黑白相机 B。

（2）镜头选型

相机 B 的图像传感器长度 = 像素点个数 × 像素尺寸，即 2 448 × 3.45 μm ≈ 8.4 mm。工作距离为 230 mm。根据 $\frac{视野长度}{图像传感器长度}=\frac{工作距离}{焦距}$，可得 $f=\frac{8.4\times 230}{72.5}$ mm $\approx$ 26.65 mm，接近于 25 mm，故选择 25 mm 镜头。

（3）光源选型

因为须要识别待测物体表面字符的轮廓信息，且待测物体不透光，所以选择从上方打光，可根据待测物体尺寸选择使用环形光源或同轴光源，本项目使用小号环形光源。

（4）新建项目

打开 KImage 软件，点击新建项目图标，在“产品名称”中输入“车牌检测”，然后点击“新建”按钮，如图 6-2 所示。

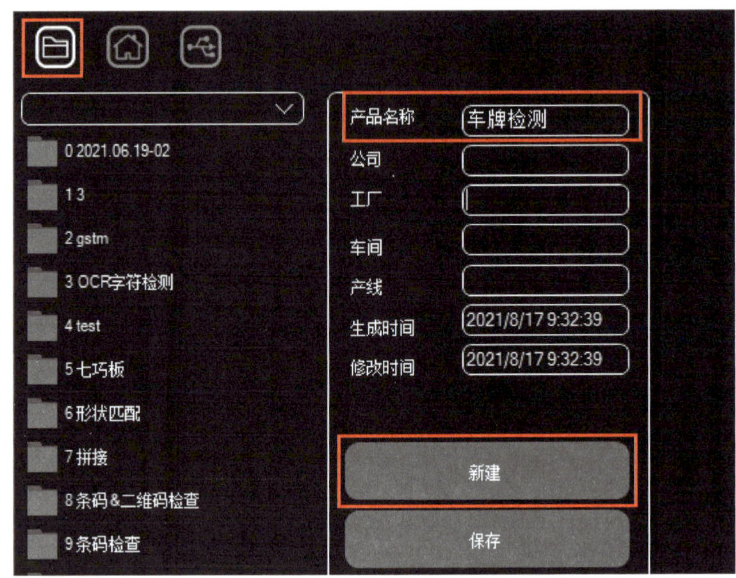

图 6-2　新建项目

（5）添加工具组

新建项目后，首先添加工具组，一个工具组里面可以放置各种工具，如图 6-3 所示。

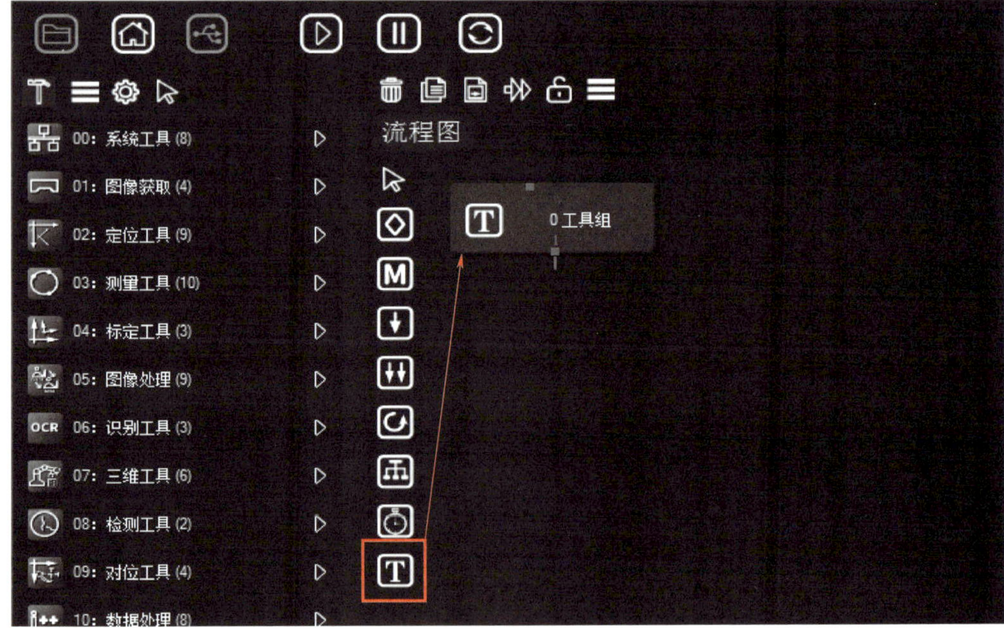

图 6-3　添加工具组

（6）设置光源

本项目使用的是小号环形光源，因此首先添加“光源控制”工具至工具组中，如图 6-4 所示。

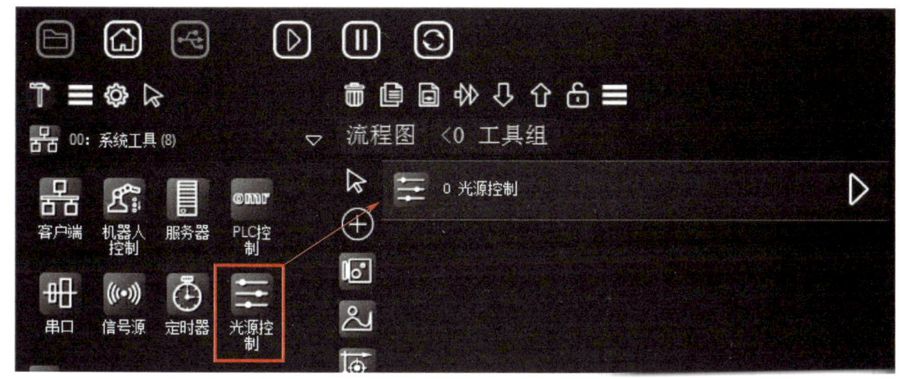

图 6-4　添加“光源控制”工具

双击添加好的“光源控制”工具，打开“光源控制”工具参数设置窗口，如图 6-5 所示，设置光源亮度，一般环形光源由红、蓝、绿三个通道来控制亮度和颜色，以实际接入的光源通道进行调节。

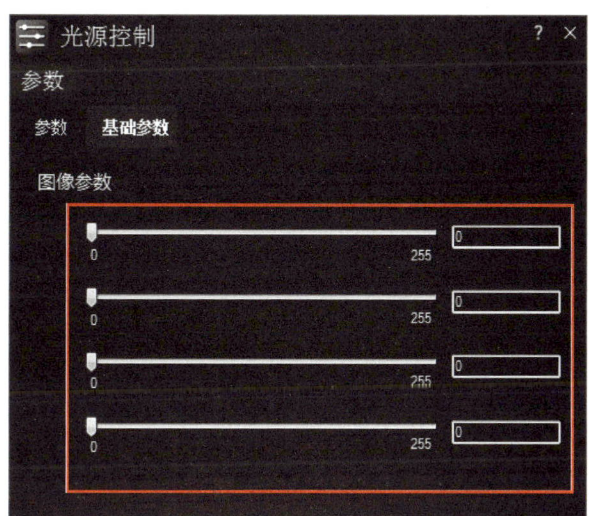

图 6-5　“光源控制”工具参数设置窗口

（7）修改工具组名称

返回工作界面，新建一个工具组，如图 6-6 所示，点击图中①处图标，在图中②处修改工具组名称，此处“用户名”修改为“OK”，表示该工具组是标准模板。这样做的好处是在流程很多的时候，方便查找问题和找到需要引用的数据。

（8）设置相机参数

双击进入“OK”工具组，添加“PLC 控制”工具至工具组中，如图 6-7 所示，这一步是为了确定标准模板和待测物体的拍照位置。接着添加“相机”工具至工具组中，如图 6-8

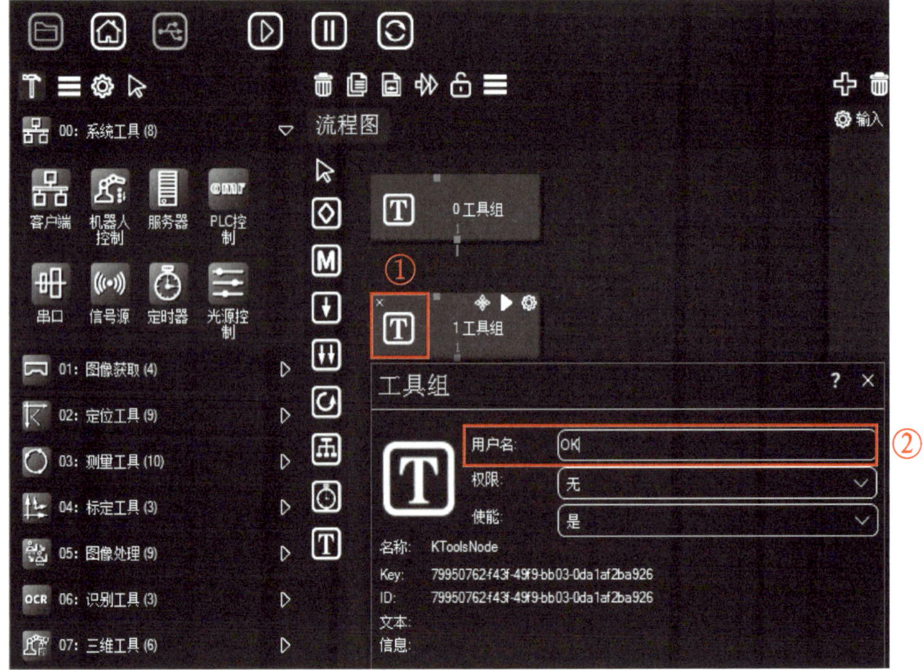

图 6-6　修改工具组名称

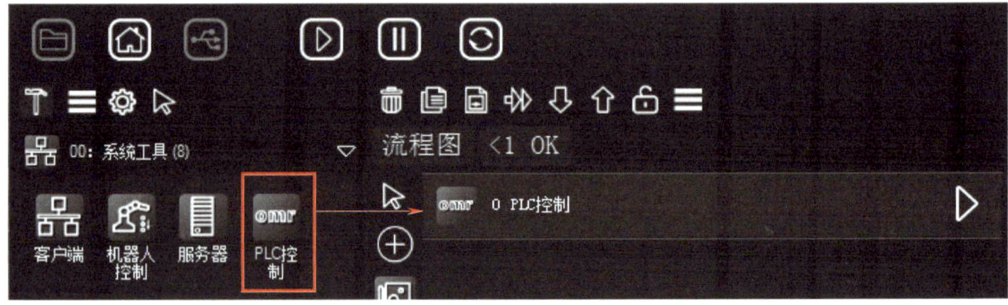

图 6-7　添加“PLC 控制”工具

图 6-8　添加“相机”工具

所示，并通过控制摇杆控制检测平台找到合适的成像位置，点击“执行”按钮，然后双击“相机”工具，通过调整“曝光”等参数保证成像质量，如图 6-9 所示。

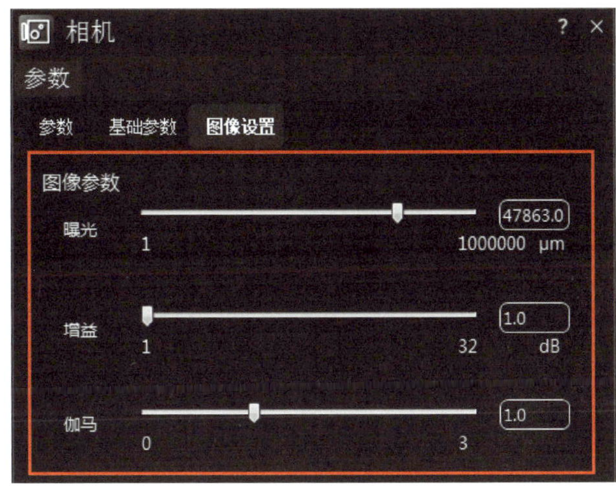

图 6-9　“相机”工具参数设置窗口

（9）确定拍照位坐标

成像结束后，须要确定此时的拍照位坐标。双击“PLC 控制”工具，点击“控制设置”→“获取位置”，点击“执行”按钮，然后点击“轴位置”，就可以看到此时的拍照位坐标，如图 6-10 所示。

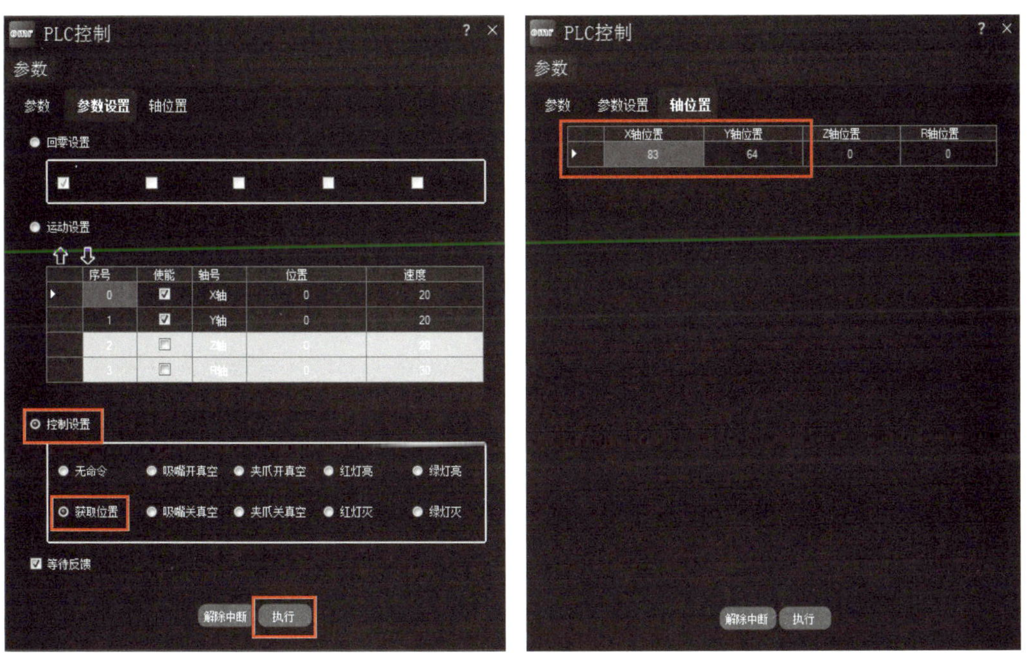

图 6-10　确认拍照位坐标

在确认现在的拍照位坐标后，点击“运动设置”，然后将“X 轴位置”和“Y 轴位置”分别添加到“位置”里，如图 6–11 所示。之后在执行“PLC 控制”工具时，就能回到此时的位置。

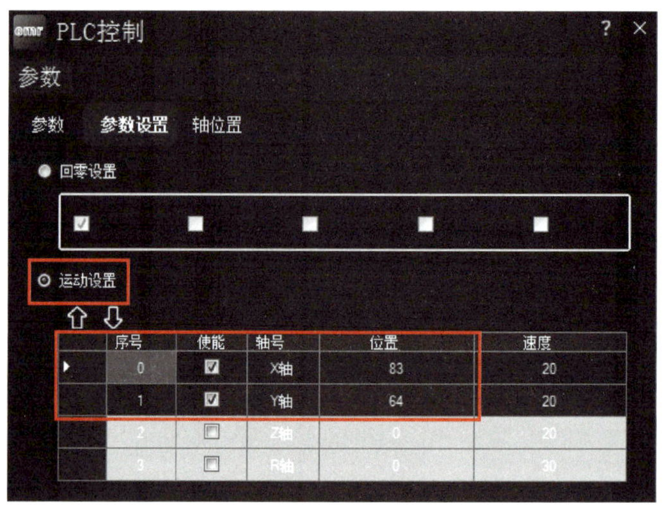

图 6–11　运动设置

（10）形状匹配

添加“形状匹配”工具至工具组中，如图 6–12 所示。进入“形状匹配”工具参数设置窗口，点击“注册图像”按钮，会出现一个 ROI，然后使用该 ROI 框选“京”字，如图 6–13 所示，目的是定位待测物体，然后点击“设置中心”按钮，点击“创建模板”按钮，最后点击“执行”按钮，最终显示效果如图 6–14 所示。

（11）缺陷检测（标准模板）

添加“缺陷检测”工具至工具组中，如图 6–15 所示。进入“缺陷检测”工具参数设置窗口，点击“注册图像”按钮，然后框选待测物体内的字符，点击“执行”按钮，因为这个是标准模板，所以检测外框是绿色的，如图 6–16 所示。

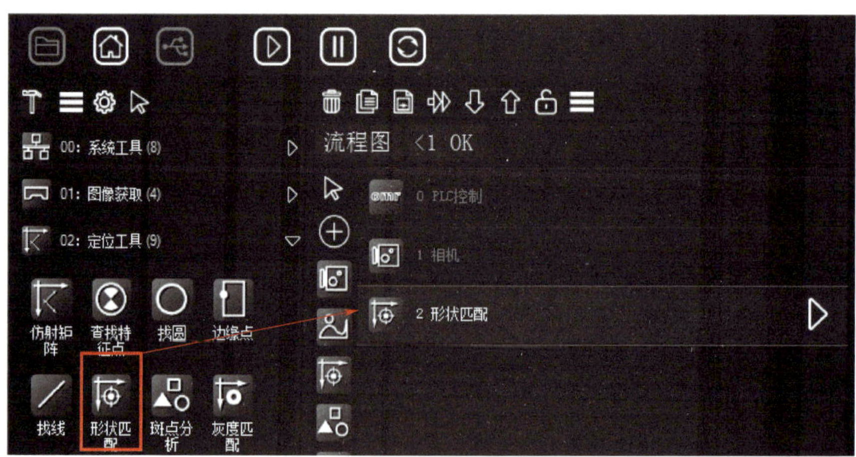

图 6–12　添加“形状匹配”工具

图 6-13　设置 ROI

图 6-14　最终显示效果

图 6-15　添加“缺陷检测”工具

图 6–16 标准模板的缺陷检测

（12）显示判断结果

“缺陷检测”工具能检测图像中物体是否存在缺陷，以及缺陷的个数、面积等参数，为了能直观显示检测结果，需要让其进行“OK/NG”判断。如图 6–17 所示，点击图中①处“参数”，找到“输出参数”（图中②处）中的“找到缺陷个数”，并点击图中③处图标。

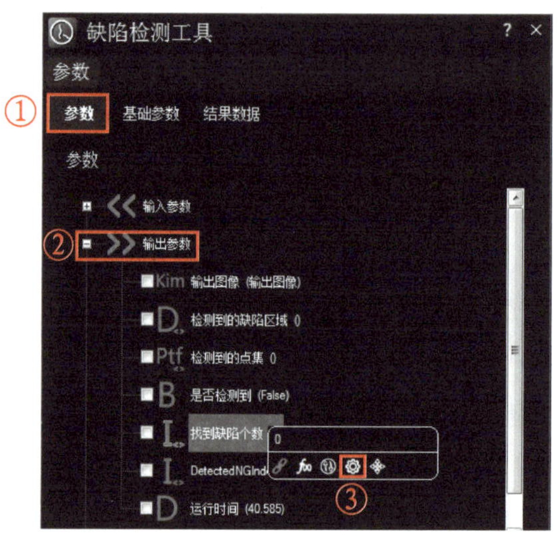

图 6–17 找到缺陷个数

如图 6–18 所示，“类型”选择“等于”，这么做的目的就是为了让“缺陷检测”工具能对待测物体的缺陷个数进行判断，因为“找到缺陷个数”为“0”时，可判定待测物体为合格品，所以把“等于”的数据（缺陷个数）设定为“0”。

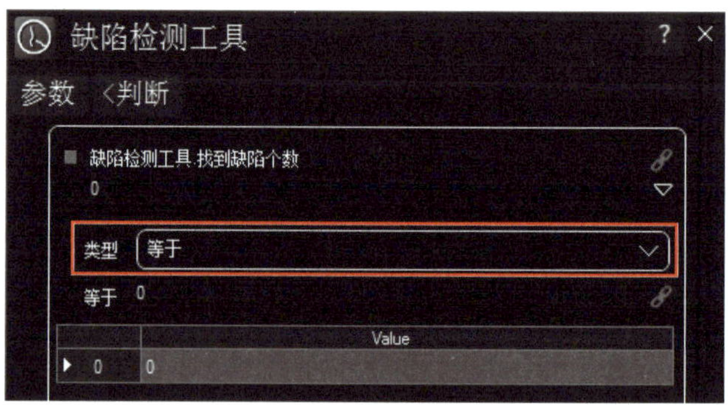

图 6–18 变量设置

返回流程图，如图 6–19 所示，点击 “OK” 工具组右上角图标（图中①处），找到 “OK 结果” 中图中②处图标，点击拖动至输出窗口，判断结果显示如图 6–20 所示，

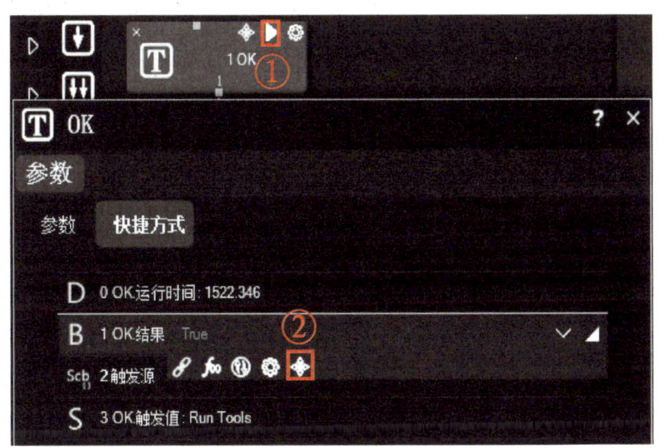

图 6–19　找到判断结果

图 6–20　判断结果显示

如图 6–21 所示，点击图中①处 “结果”，然后在 “格式化” 中的 “0” 后面添加 “:OK”（英文输入法），如图 6–22 所示。

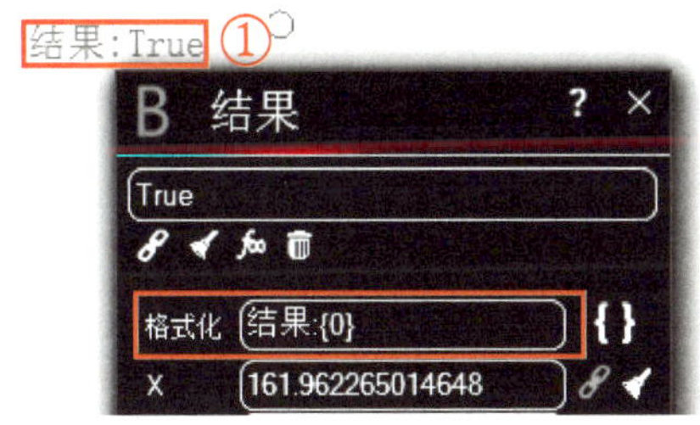

图 6–21　“结果” 参数设置窗口

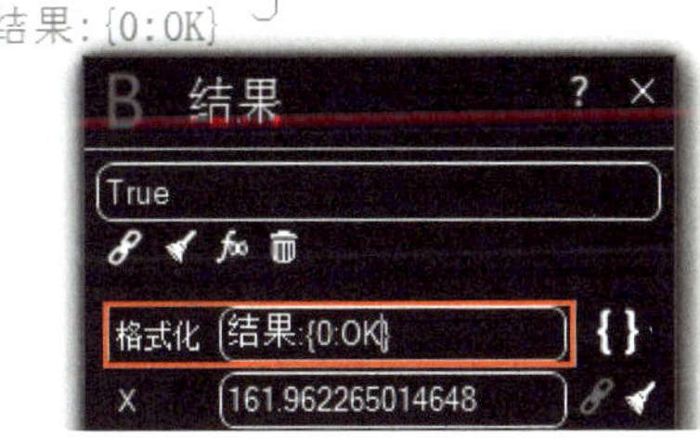

图 6–22　“结果” 参数设置

最后，返回流程图，如图 6–23 所示，点击 “OK” 工具组的运行图标（图中①处），就能将检测结果显示在输出窗口。

复制 “OK” 工具组，将复制的工具组重命名为 “NG”，如图 6–24 所示，这么做是为了保留标准模板，然后用待测物体与之进行对比。如图 6–25 所示，点击输出窗口左上角的 “+” 号（图中①处），增加一个输出窗口以方便进行对比，同时也能直观体现最终判断结果。

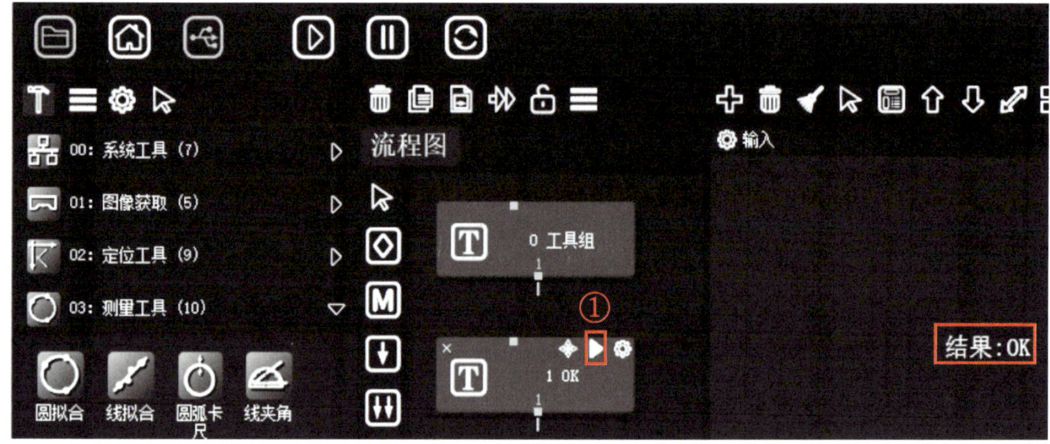

图 6–23　缺陷判断

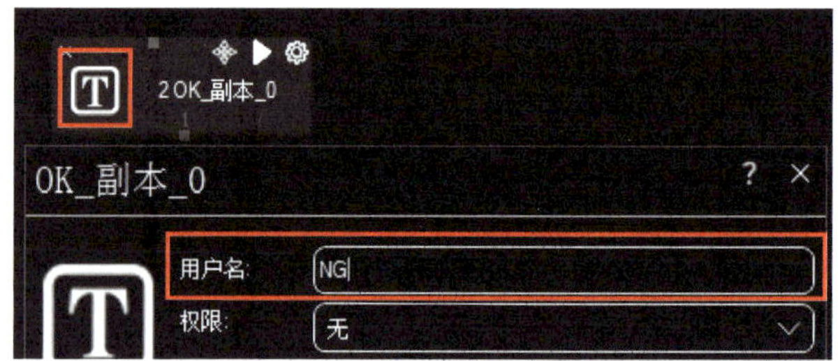

图 6–24　“NG”工具组

图 6–25　增加输出窗口

（13）缺陷检测（待测物体）

使用控制摇杆移动检测平面，在得到合适的成像效果后，记录下此时的拍照位坐标，如图 6–26 所示。

接着执行“形状匹配”工具，如图 6–27 所示，准确找到待测物体。

然后双击“缺陷检测”工具，如图 6–28 所示，通过改变阈值范围和缺陷面积大小来确定缺陷位置，最终显示效果如图 6–29 所示。

最后将检测结果显示在输出窗口，如图 6–30、图 6–31 所示。

（14）检测结果

缺陷检测对比如图 6–32 所示。

图 6-26　记录拍照位

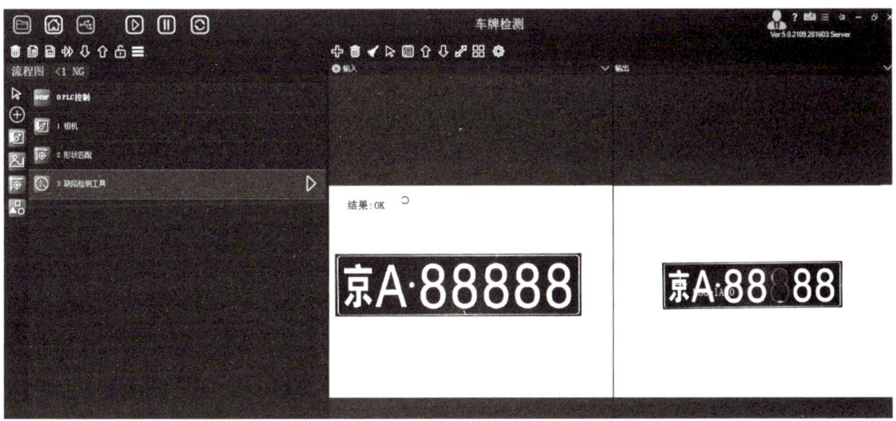

图 6-27　待测物体模板成像

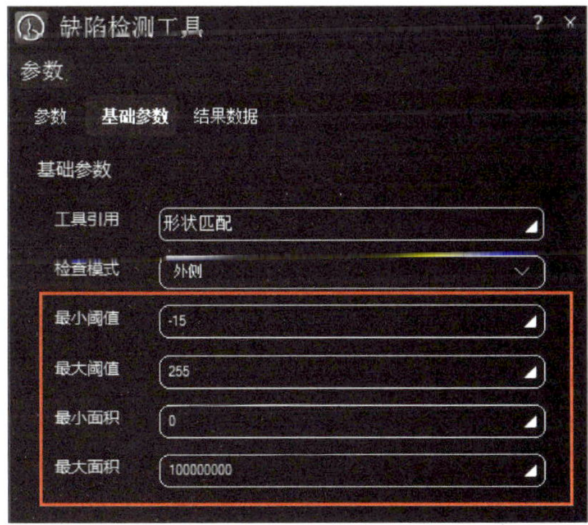

图 6-28　“缺陷检测”工具参数设置

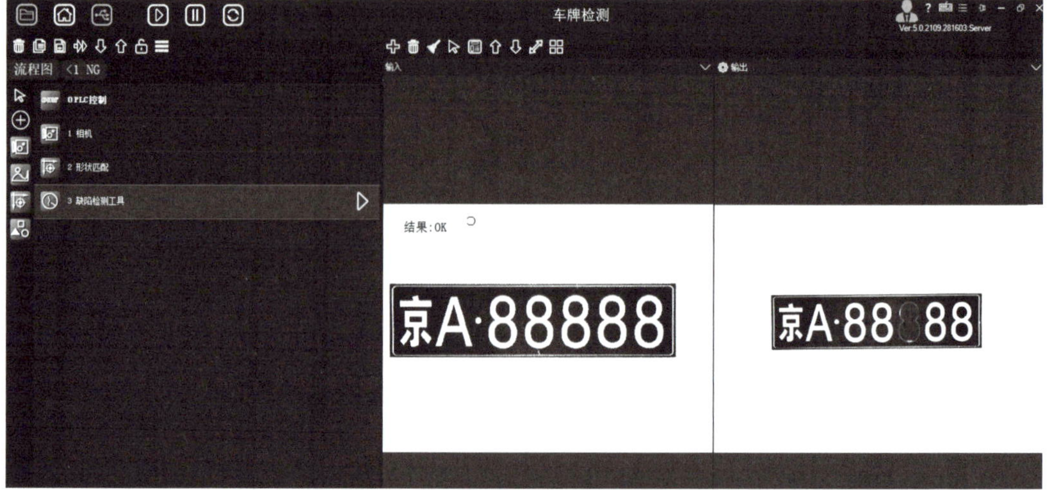

图 6-29　待测物体成像显示效果

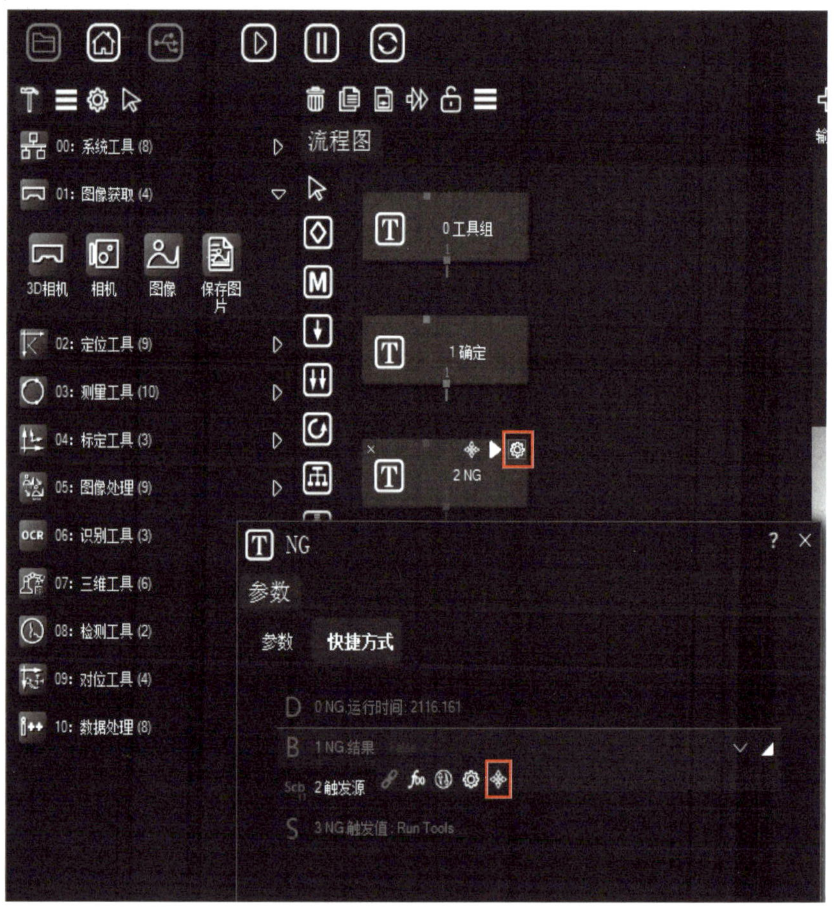

图 6-30　找到判断结果

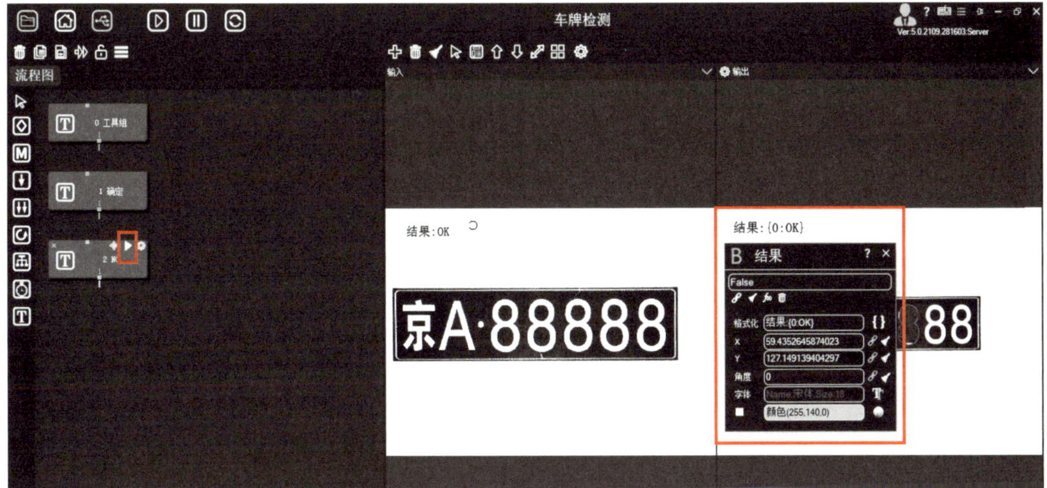

图 6–31 显示效果设置窗口

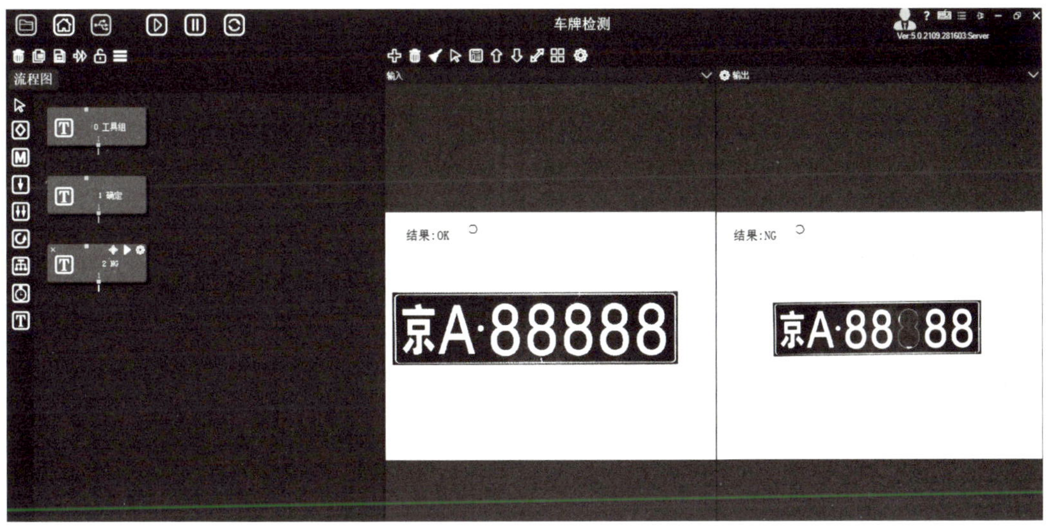

图 6–32 缺陷检测对比

3. 小结

本项目所涉及差影法是直接将两幅图像中的相应像素作差，当环境基本不变时，差影法可通过预先设置一个阈值，将其与差值作比较从而检测出缺陷。而在实际生产线上获得的标准模板不可避免地会与在线的产品存在差异，很多情况下由于周围光线环境的变化，仅凭阈值是不能解决错检或误检问题的。实际生产中，这种图像的配准问题很难解决，需要有很多的模板去适应这样的变化。

6.2 瓶盖外观检测

学习目标

（1）了解连通区域的基本概念。

（2）学习如何使用“斑点分析”工具。

场景导入

瓶盖是瓶装产品包装重要的一环，也是消费者最先与产品接触的地方。瓶盖具有保持产品密闭，还具有防盗开启及安全性方面的功能，因此广泛地应用在瓶装产品上，所以瓶盖产业是食品业、化工业、制药业等的上游产业，是瓶、容器包装的关键性产品。瓶盖的发展从早期的软木塞、马口铁皇冠盖、旋开盖，到后续开发的长颈铝盖、碳酸饮铝盖、热充填铝盖、注射液铝盖、药盖、掀开式环盖、安全钮爪盖及塑胶瓶盖等，产品样式多样。

由于瓶盖为饮料包装工业的重要一环，下游消费市场需求的变化，将直接影响到瓶盖的市场需求，饮料业的蓬勃发展，导致对产品包装的要求很高。那么在生产过程中，厂家是如何快速又精准地找出不合格的产品的呢？机器视觉中的 blob 分析给予了答案，而 KImage 软件中的“斑点分析”工具就用到了 blob 分析技术中的连通性分析。

知识链接

1. 连通区域

（1）4 邻域：位于坐标（x,y）处的像素 P 有 4 个水平和垂直的相邻像素，其坐标分别为：($x+1,y$)，($x-1,y$)，($x,y+1$)，($x,y-1$)。这组像素称为 P 的 4 邻域，如图 6-33a 所示，用 $N_4(P)$ 表示。

（2）8 邻域：P 的 4 个对角相邻像素的坐标分别为：($x+1,y+1$)，($x+1,y-1$)，($x-1,y+1$)，($x-1,y-1$)，用 $N_D(P)$ 表示。这些像素与 4 邻域一起称为 P 的 8 邻域，如图 6-33b 所示，用 $N_8(P)$ 表示。

（3）4 邻接：像素 Q 位于像素 P 的 4 邻域内，且两者像素值相等。

（4）8 邻接：像素 Q 位于像素 P 的 8 邻域内，且两者像素值相等。

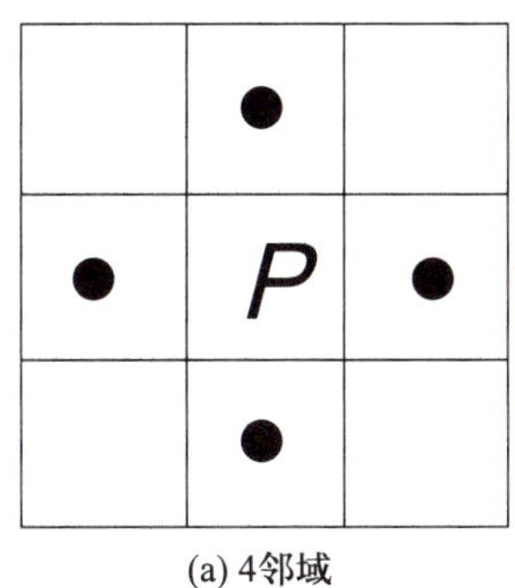

(a) 4邻域

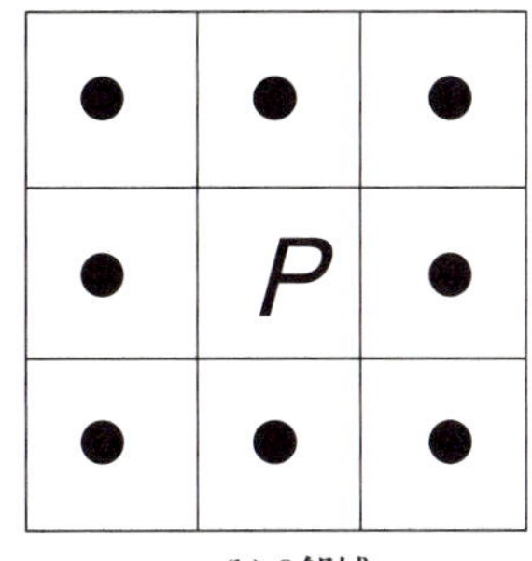

(b) 8邻域

图 6-33　邻域

（5）m 邻接：在两者像素值相等的情况下，满足以下两个条件之一：①像素 Q 在像素 P 的 4 邻域中；②像素 Q 在像素 P 的对角邻域中且 P 的 4 邻域相交 Q 的 4 邻域为空。

（6）连通：如果像素 A 与 B 邻接，称 A 与 B 连通。那么，如果 A 与 B 连通，B 与 C 连通，则 A 与 C 连通。在视觉上看，彼此连通的像素形成了一个区域，而不连通的像素形成了不同的区域。一个所有的像素彼此连通所构成的集合，称为一个连通区域。

2. Blob 分析

Blob 在机器视觉中是指图像中的具有相似颜色、纹理等特征所组成的一块连通区域。Blob 分析就是对这一块连通区域进行几何分析得到一些重要的几何特征。例如，现在有一块刚生产出来的玻璃，表面非常光滑、平整，如果这块玻璃上面没有瑕疵，那么是检测不到“灰度突变”的；相反，如果在玻璃生产线上，由于种种原因，造成了玻璃上面有一个凸起的小泡、有一块黑斑、有一点裂缝，那么就能在这块玻璃上面检测到纹理，经二值化处理后的图像中的色斑可认为是 blob，而这些部分，就是生产过程中造成的瑕疵，这个过程就是 blob 分析。Blob 分析可以从背景中分离出目标，并可以计算出目标的数量、位置、形状、方向和大小，还可以提供相关斑点间的拓扑结构，在处理过程中，不是对单个像素逐一分析，而是对图像的行进行操作，图像的每一行都用游程编码（RLE）来表示相邻的目标范围。这种算法与基于像素的算法相比，大大提高了处理的速度。

Blob 分析的主要内容包括：

（1）图像分割：Blob 分析实际上是对闭合形状进行特征分析。在 blob 分析之前，必须将图像分割为目标和背景。图像分割是图像处理的一类技术，在 blob 分析中常用分割技术包括：直接输入、固定硬阈值、相对硬阈值、动态硬阈值、固定软阈值、相对软阈值、像素映射、阈值图像。其中，固定软阈值和相对软阈值方法可在一定程度上消除空间量化误差，从而提高目标特征量的计算精度。

（2）形态学操作：形态学操作的目的是去除噪声点的影响。

（3）连通性分析：将目标从像素级转换到连通分量级。

（4）特征值计算：对每个目标进行特征量计算，包括面积、周长、质心坐标等。

（5）场景描述：对场景中目标之间的拓扑关系进行描述。

其中，连通性分析的三种类型如下：

（1）全图像连通性分析：在全图像连通性分析中，被分割图像的所有目标像素均被视为构成单一斑点的像素，即使斑点像素彼此并不相连，为了进行 blob 分析，仍将它们视为单一的斑点。所有的 blob 统计和测量均通过图像中的目标像素进行计算。

（2）连接 blob 分析：连接 blob 分析通过连通性标准，将图像中目标像素聚合为离散的斑点连接体。一般情况下，连接 blob 分析通过连接所有邻近的目标像素构成斑点，不邻近的目标像素则不被视为是斑点的一部分。

（3）标注连通性分析：在机器视觉应用中，由于所进行的图像处理过程不同，可能须对某些已被分割的图像进行 blob 分析，而这些图像并未被分割为目标像素和背景像素。例如，图像可能被分为四个不同的像素集合，每个集合代表不同的像素值范围。这类分割称为标注分割。当对标注分割的图像进行连通性分析时，将连接所有具有同一标注的图像。标注连通性分析不再有目标和背景的概念。

项目实施

本项目完成瓶盖的外观检测，若瓶盖上存在斑点，则要求检测到该斑点的位置、形状、面积、个数等参数，视野范围为 70 mm × 70 mm，工作距离为 210 mm（允许正向偏差 10%），像素精度小于 0.05 mm。

1. 内容导航

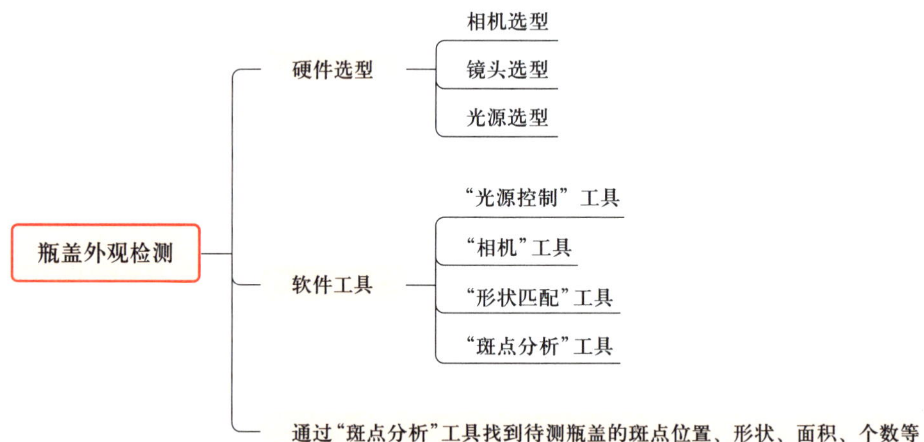

2. 实施步骤

（1）相机选型

本项目须采集瓶盖表面的色彩信息，故使用彩色相机 C（2 592 × 1 944）。本项目要求视野范围为 70 mm × 70 mm（允许正向偏差 10%），由于图像传感器与视野范围均为矩形，且图像传感器的长宽比大于视野范围的长宽比，所以当图像传感器短边符合时，成像可满足视野要求。本项目要求像素精度小于 0.05 mm，像素精度为 $\frac{70}{1\,944}\approx 0.036$，满足要求，可以使用。

（2）镜头选型

图像传感器宽度 = 像素点个数 × 像素尺寸，即 $1\,944\times 2.2\ \mu m\approx 4.3\ mm$。本项目中，镜头到瓶盖表面距离，即工作距离，为 210 mm。根据 $\frac{视野宽度}{图像传感器宽度}=\frac{工作距离}{焦距}$，可得 $f=\frac{4.3\times 210}{70}\ mm=12.9\ mm$，故选择 12 mm 镜头。

（3）光源选型

本项目所用瓶盖可以透光，所以选择背光源即可。如果选择不透光的瓶盖，则须要从上方打光，减小环境光的影响，保证成像效果。

（4）新建项目并添加工具组

打开 KImage 软件，创建新项目，添加一个工具组，如图 6–34 所示。

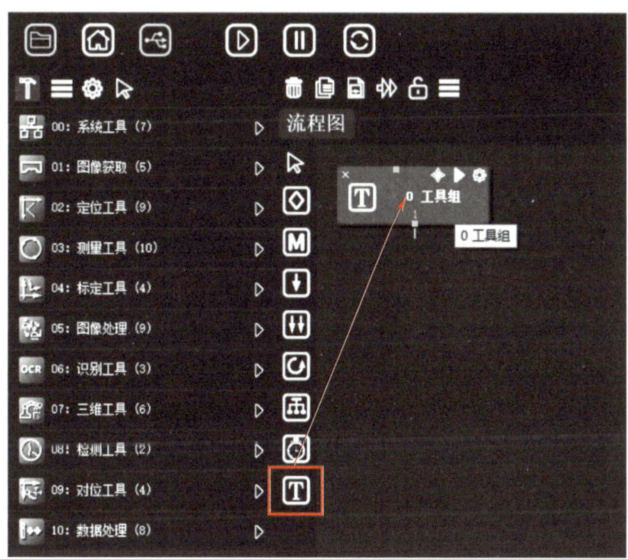

图 6–34　添加工具组

（5）成像处理

双击进入工具组，添加“光源控制”工具至工具组中，本项目使用了背光源，只须要通过一个通道来控制亮度大小，具体通道位置根据接线位置来确定，如图 6–35 所示。添加“相机”工具至工具组中，然后通过改变“曝光”“增益”等来调整成像效果，如图 6–36 所示。

（6）形状匹配

添加“形状匹配”工具至工具组中，如图 6–37 所示。双击该工具，点击“注册图像”按钮，如图 6–38 所示。找到 ROI，双击边框，点击“删除 ROI”按钮，如图 6–39 所示。

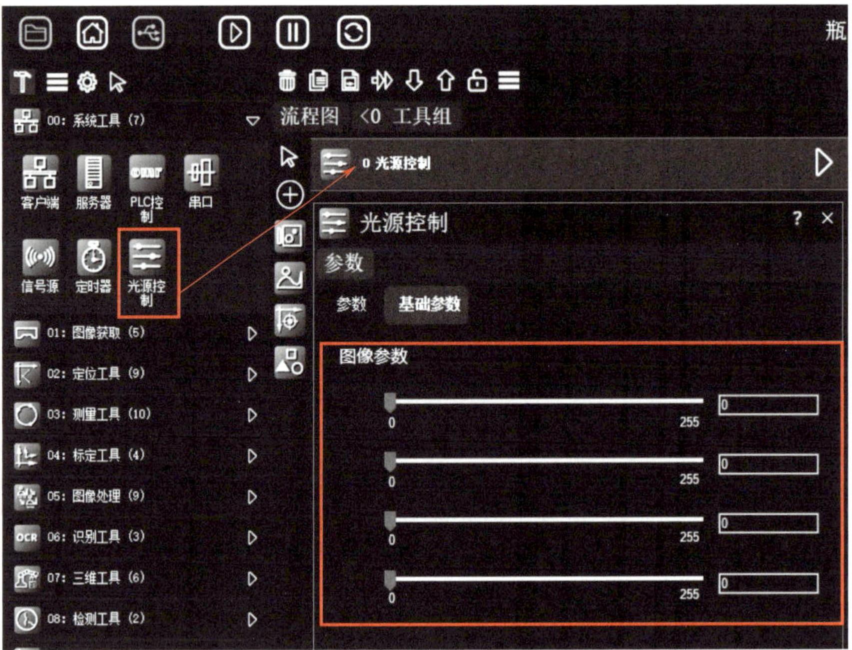

图 6-35　添加“光源控制”工具

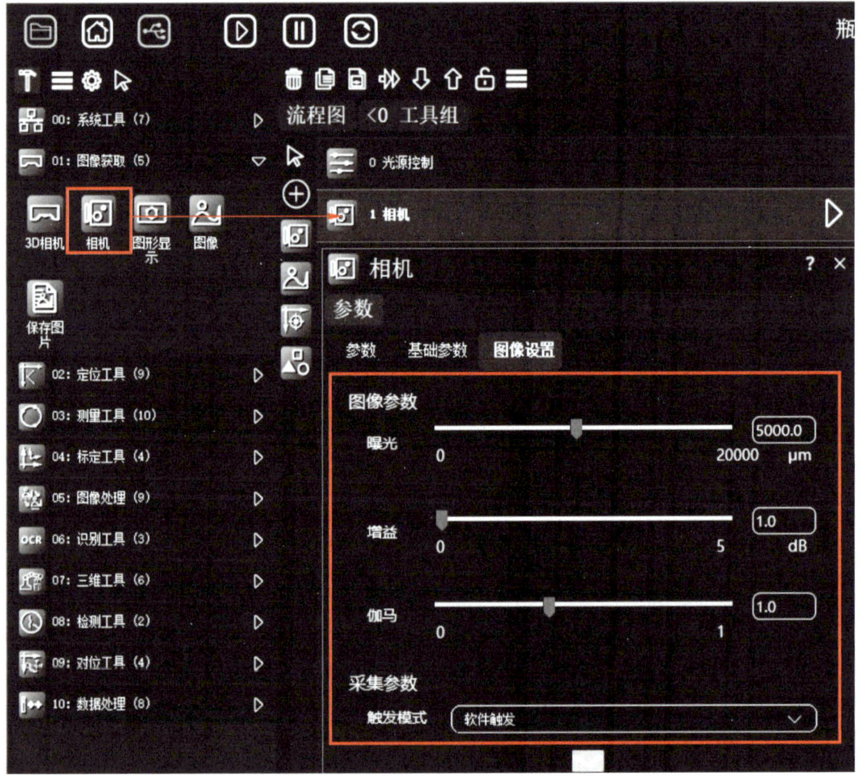

图 6-36　添加“相机”工具

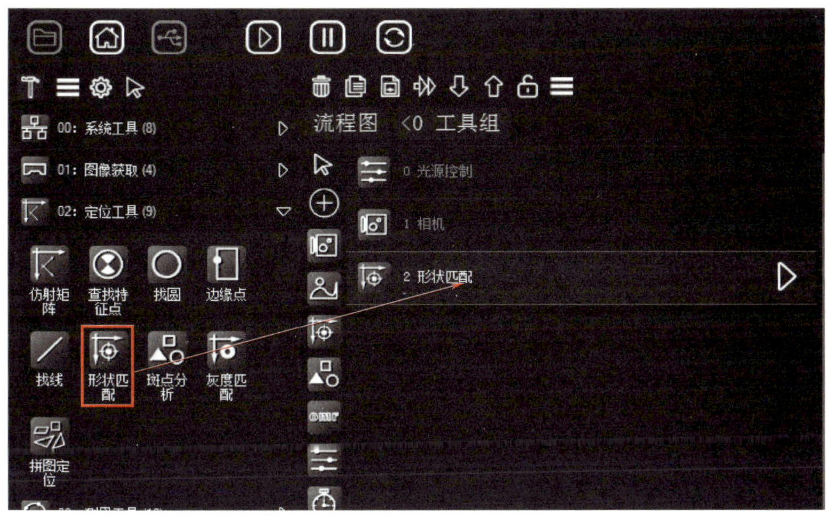

图 6-37　添加“形状匹配”工具

图 6-38　注册图像

然后点击输出窗口，找到输出窗口上方的圆形图标，点击该图标就能创建新的模板区域，如图 6–40 所示。这样做的原因是用圆形的模板区域能更准确地找到圆形物品，用该模板区域框选其中一个瓶盖，因为有两个瓶盖，所以“模板个数”填入“2”，“模板得分”即代表图像精度，“模板得分”越高，精度就越高，如果有找不到模板的情况，可以适当调低“模板得分”以方便查找，如图 6–41 所示，然后依次点击“设置中心”按钮、“创建模板”按钮，显示效果如图 6–42 所示。

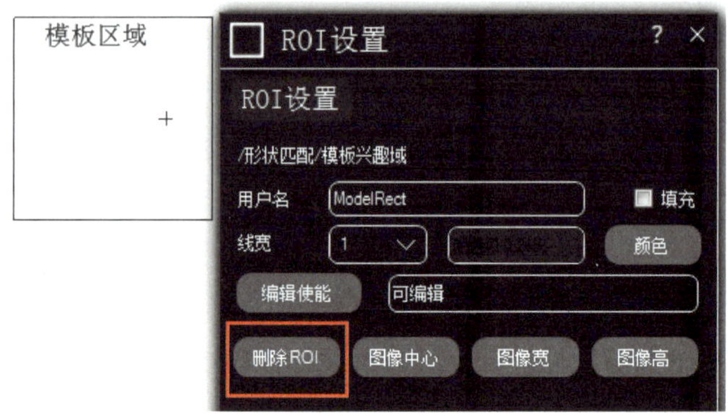

图 6–39　删除 ROI

图 6–40　新建模板区域

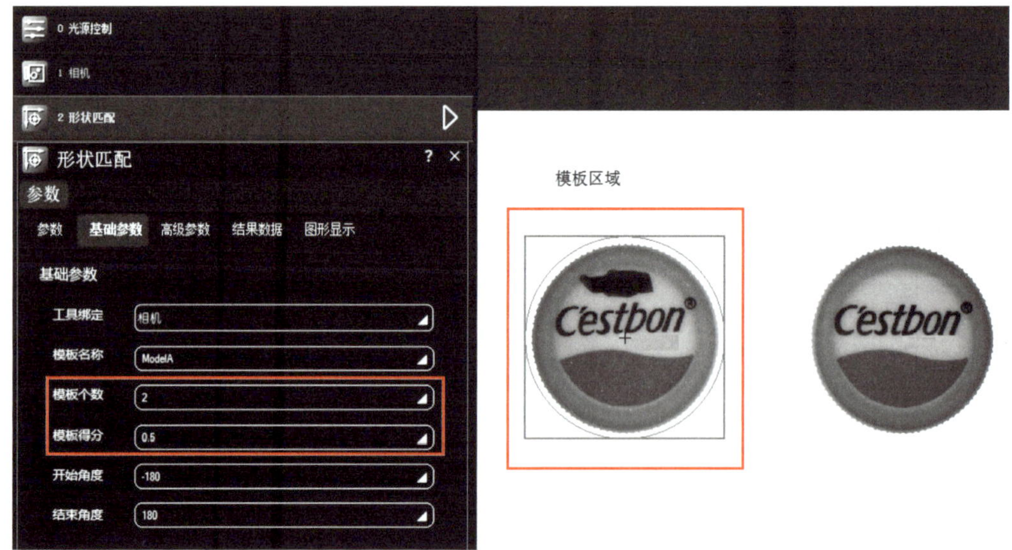

图 6–41　“形状匹配”工具参数设置

图 6–42　瓶盖模板成像显示效果

（7）斑点分析（Blob 分析）

添加“斑点分析”工具至工具组中，如图 6–43 所示。点击“注册图像”按钮，框选有污渍的区域，然后通过改变“搜索阈值”和“面积”参数来准确找到污渍，如图 6–44 所示，点击“执行”按钮，显示效果如图 6–45 所示。

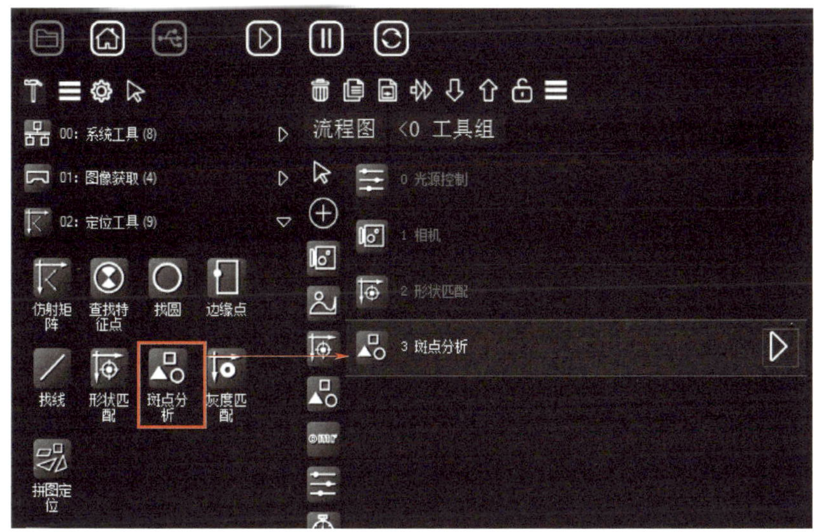

图 6–43　添加“斑点分析”工具

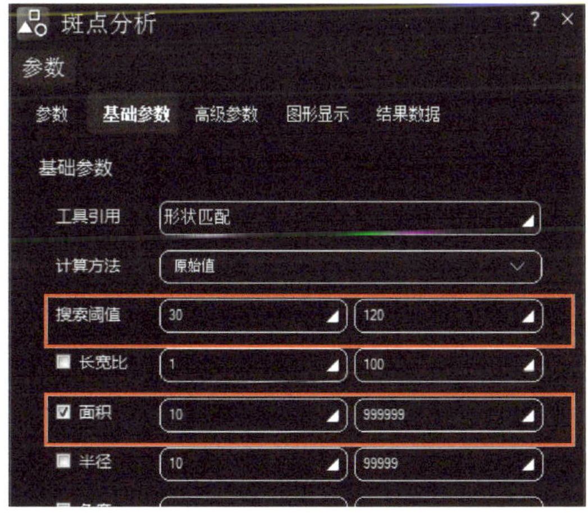

图 6–44　“斑点分析”工具参数设置

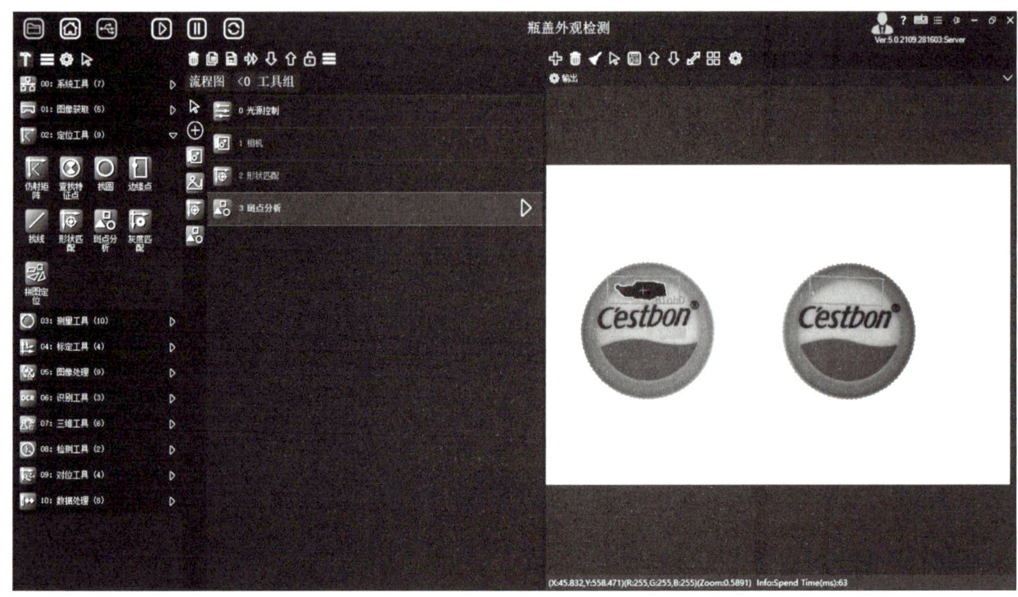

图 6-45　斑点分析成像显示效果

（8）斑点分析输出参数

斑点分析的核心思想就是在一块区域内，将出现灰度突变的范围找出来。如图 6-46 所示，在最终输出参数里，可以发现污渍区域的面积、形状、位置及个数等都被计算了出来。

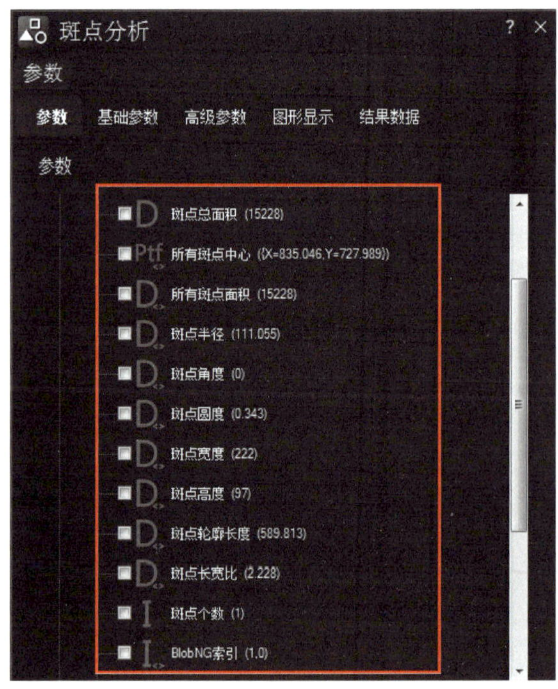

图 6-46　斑点分析输出参数

3. 小结

本项目通过使用“斑点分析”工具，找出了污损瓶盖，并分析了污渍的面积、中心等信息。在工业场景中，“斑点分析”工具可以广泛应用于各种连续均匀表面物体检测，包括但不限于铜箔、铝箔、铜带、钢卷、玻璃、薄膜、纸张等，并且也可以用于食品、汽车等行业的外观检测。随着消费者对产品质量及外观越来越多的关注，外观检测算法及系统将会越来越多地被应用工业场景之中。

第 7 章
3D 视觉技术

二维（2D）视觉技术主要是采集和处理物体在空间中的二维信息，其深度信息并没有被采集到，而人类的感知是三维（3D）的，人的肉眼能够判断物体与自身的距离。随着机器视觉技术的发展，2D 视觉技术借助强大的图像处理工具和深度学习算法已经取得了超越人类认知的成就，而 3D 视觉技术则因为算法建模和环境依赖等问题，一直处于研究阶段。近年来，3D 视觉技术快速发展，并开始结合深度学习算法，在智能制造、自动驾驶、AR/VR、物流运输、航空航天、安全识别等领域取得了优异的效果。为了解决工业应用中的痛点，世界领先的视觉公司一直将 3D 视觉技术纳入重点发展的技术方向。随着 3D 视觉传感器及处理算法不断地推陈出新，更新迭代，3D 视觉技术将来必定成为受到广泛应用的核心技术。

7.1　3D 物块分拣

学习目标

（1）了解 3D 相机的构成及成像原理。
（2）了解手眼标定的基本原理。
（3）了解点云和表面拟合的概念。
（4）掌握 KImage 软件中“3D 工具”的应用。

场景导入

近年来，“双十一”活动已成为中国电子商务行业年度盛事。国家邮政局监测数据显示，2021 年 11 月 1 日至 11 日，全国邮政、快递企业共处理快件 47.76 亿件，其中，11 月 11 日当天共处理快件 6.96 亿件，各大快件中转站的货物堆积成山，如图 7–1 所示。

图 7–1　“双十一”快件中转站

面对如此多的快件，传统的人工分拣就显得效率低、速度慢，已无法满足消费者对物流时效性、准确性的要求。为了解决这个痛点，工业界已经开始使用机器人配合 3D 视觉技术，实现对货物分拣、拾放、码垛等自动化作业。相比于人工分拣，自动化分拣具有成本低、速度快、适应能力强、精度高等优点。3D 视觉技术的发展正好迎合了物流分拣的需求，极大地促进了物流行业智能化、自动化的发展进程。

知识链接

1. 3D 视觉技术行业应用

3D（three dimension）是指三维、三个维度、三个坐标，即长、宽、高。在当下，3D 视觉技术已普遍应用在各行各业中。

在汽车行业，通过使用 3D 视觉传感器对产线上的车身快速扫描，可以精确测出车身外形尺寸误差，极大提高产品质量和生产效率，如图 7-2 所示。

图 7-2　汽车行业的 3D 视觉技术应用

在轨道交通行业，通过使用 3D 视觉传感器扫描铁轨表面轮廓，采集到的 3D 表面信息被传递给处理软件，比对铁轨表面轮廓的标准数据，可以判断出铁轨是否已经磨损过大，是否须要修复打磨，如图 7-3 所示。

图 7-3　轨道交通行业的 3D 视觉技术应用

在物流行业，通过对包裹的 3D 测量及自动化分拣，可避免人工分拣造成的物品损坏。使用机器视觉配合机器人不仅可以极大地减少损坏率，还可以提高效率，减少人工成本，如图 7-4 所示。

图 7-4　物流行业的 3D 视觉技术应用

2. 3D 相机

3D 相机（又称 3D 传感器）能采集到拍摄空间中的距离信息，这也是其与 2D 相机最大的区别。2D 相机输出的图像中仅包含物体表面的色彩信息，并不能记录这些物体与相机的距离，在后期的图像处理中，仅仅能通过对图像的语义分析来判断物体的位置关系，而无法得到精确数据。

而 3D 相机能够解决上述问题，通过分析 3D 相机获取到的信息，能准确计算出图像中每个点与相机的距离，再加上该点在图像中的 X，Y 轴坐标信息，即可获取图像中每个点的三维坐标。3D 相机根据成像方法主要分为主动式和被动式两大类，如图 7-5 所示。

① 结构光：通常采用特定波长的不可见激光作为光源，其发射出来的光带有编码信息，投射在物体上，通过一定算法计算返回的编码图案的畸变来得到物体的位置和深度信息，如图 7-6a 所示。结构光 3D 相机如图 7-7 所示。

② 飞行时间（time of flight，ToF）：利用测量光飞行时间来取得距离信息，即发出一道经过处理的光，光在碰到物体后会反射回来，捕捉光来回的时间，因为已知光速和调制光的波长，所以能快速准确地计算出相机到物体的距离，如图 7-6b 所示。

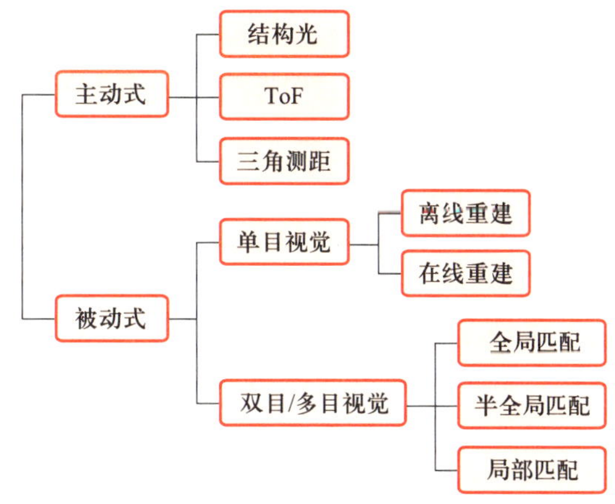

图 7-5　3D 相机成像方法

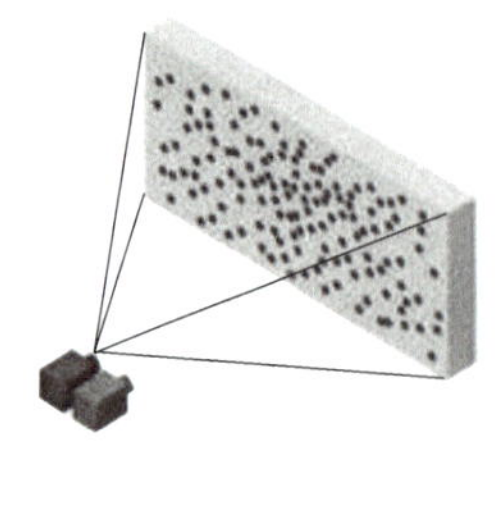

(a) 结构光

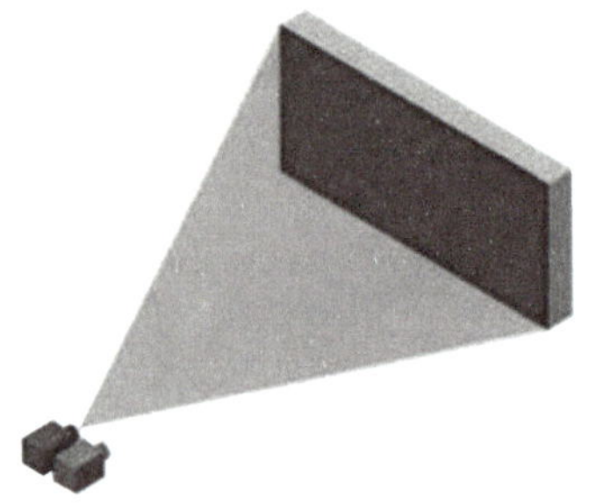

(b) ToF

图 7-6 3D 相机成像原理

③ 双目视觉：基于视差原理并利用成像设备从不同的位置获取被测物体的两幅图像，然后从两幅图像中分别提取出对应的匹配点，并计算匹配点之间的视差，最后利用三角几何原理从视差信息中解算出定量的 3D 几何信息，来获取物体 3D 信息。

三类 3D 相机的对比见表 7-1。

图 7-7 结构光 3D 相机

表 7-1 三类 3D 相机的对比

3D 相机	原理	响应时间	低光环境表现	强光环境表现	深度精确度	工作距离	缺点
结构光	投影光栅的编解码	慢	良	差	优	优	易受环境光影响
ToF	红外光反射时间差	快	良	中	差	短	分辨率、精度低
双目视觉	图像特征点匹配	中	差	良	良	良	不合适低光照、少纹理

3. 双目视觉相机测距原理

双目视觉仅仅依靠图像进行特征匹配，对附加设备要求低，在使用双目视觉相机前必须对双目中两个相机的位置进行精确标定。如图 7-8 所示，同一直线上的三个点 P_1，P_2，P_3 都投影到相机 B 的同一个点，因此单独的相机 B 无法分辨三个点的距离，但是这三个点在相机 A 上的投影位置不同，通过三角测量法和两个相机基线距离 L，就可以计算出这三个点与相机平面的距离。

视差就是从有一定距离的两个点上观察同一个目标所产生的方向差异。从目标看两个点之间的夹角，叫作这两个点的视差

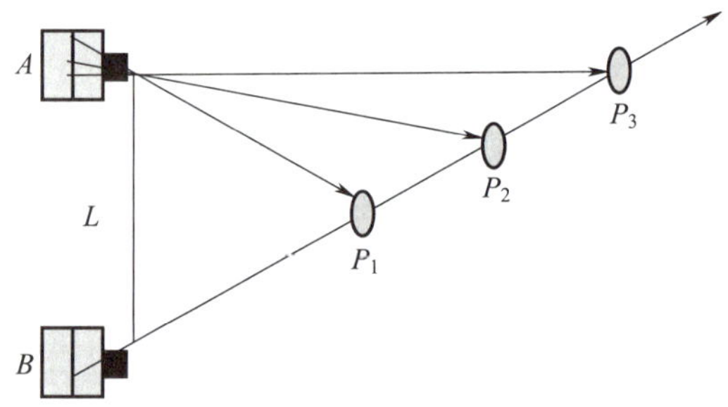

图 7-8 双目视觉测距原理示意图

角，这两点之间的连线称作基线。只要知道视差角度和基线长度，就可以计算出目标和观测者之间的距离。例如，当你伸出一根手指放在眼前，先闭上右眼看它，再闭左眼看它，会发现手指的位置发生了变化，这就是从不同角度去看同一点的视差，如图 7-9 所示。

图 7-9　视差图

4. 3D 手眼标定

（1）标定板

通过相机拍摄带有固定间距图案阵列的平板，经过标定算法的计算，可以实现高精度的测量和三维重建。这块带有固定间距图案阵列的平板称为标定板，如图 7-10、图 7-11 所示。

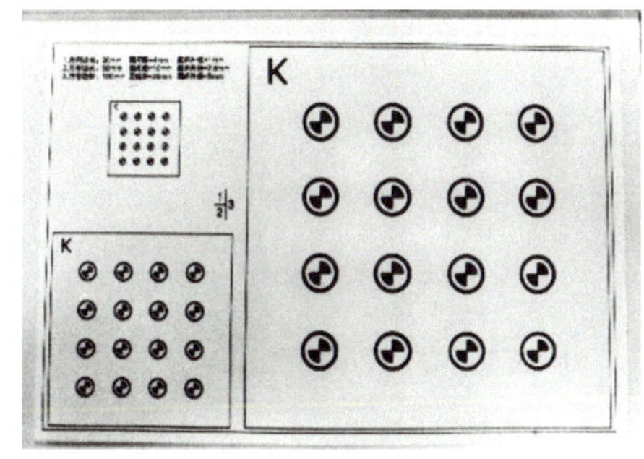

图 7-10　标定板 1

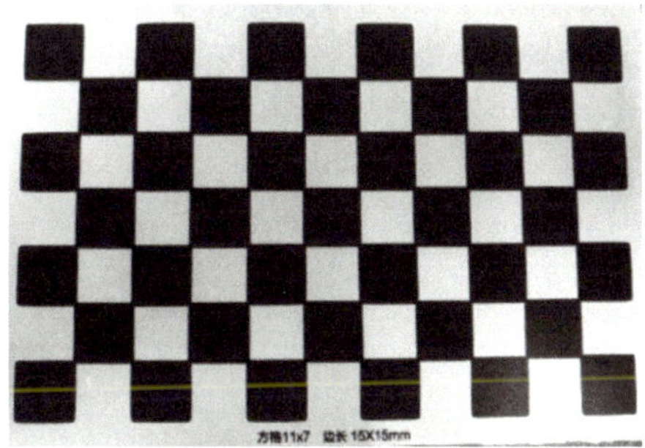

图 7-11　标定板 2

（2）手眼标定

在 3D 视觉技术的应用领域中，有一个重要的方向是协助机器人实现定位抓取。3D 相机可以采集到物体当前的位姿，但为了完成对物体的抓取，还须要将物体在相机坐标系中的位姿转换到机器人坐标系下。为此，须要求取相机坐标系与机器人坐标系的转换关系。而这个转换关系的求取过程，一般称为手眼标定。

5. 点云数据与表面拟合

点云数据是指在一个 3D 坐标系统中的一组向量的集合。这些向量通常以（X, Y, Z）3D 坐标的形式表示，而且一般主要用来代表一个物体的外表面形状。除（X, Y, Z）代表的几何位置信息外，点云数据还可以表示一个点的深度、灰度值、颜色等。例如，$P_i=\{X_i, Y_i, Z_i, \cdots\}$表示空间中的一个点，则P C=$\{P_1, P_2, P_3, \cdots, P_n\}$表示一组点云数据。

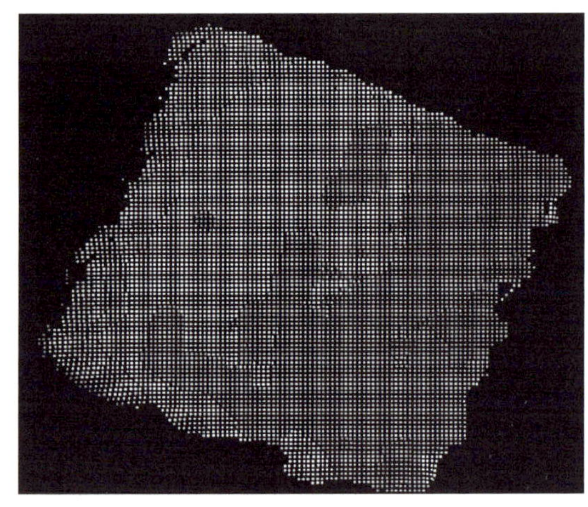
图 7–12 点云数据

点云数据（图 7–12）大多数是由 3D 扫描设备产生的，如激光雷达、立体摄像头、飞行时间相机等。这些设备用自动化的方式测量在物体表面的大量的点的信息，然后用某种数据文件输出点云数据。这些点云数据就是扫描设备所采集到的。

作为 3D 扫描的结果，点云数据有多方面的用途，包括制造部件、质量检查、多元化视觉、卡通制作、3D 制图和大众传播工具应用等。

表面拟合就是将一个个拟合的“线”集合起来制作出的一个面。在 3D 机器人搬运中，表面拟合的作用是给 3D 相机一个基准面，使之后计算深度时更加准确。

项目实施

视频：
3D 物块分拣操作演示

本项目要求定位两个高度不同的矩形物块，并测量其长、宽、高、面积和体积等参数。

1. 内容导航

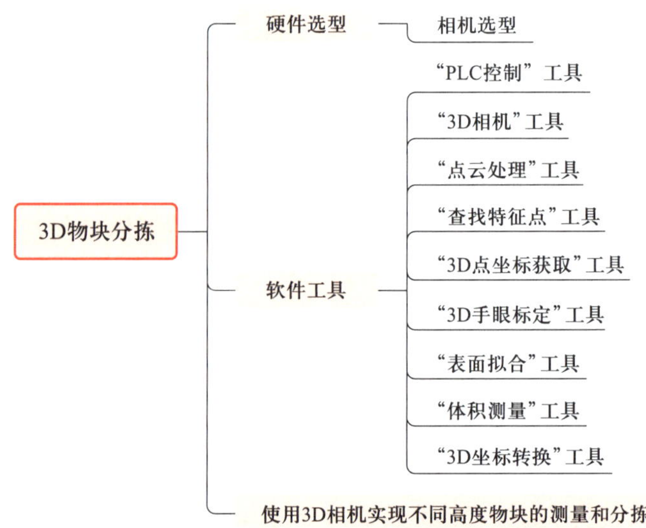

 2. 实施步骤

（1）相机选型

本项目须要定位并测量两个矩形物块的长、宽、高、面积和体积。因此要对物块进行 3D 检测。选择机器视觉器件箱中唯一一款 3D 相机，型号为 ZM3D—RS1920，其他相机均无法满足项目要求，ZM3D—RS1920 型 3D 相机参数见表 7-2。

表 7-2　ZM3D—RS1920 型 3D 相机参数

参数	说明
像素	1 920 × 1 080（2 个）
最大帧率	90 f/s
接口	USB 3.0
图像传感器类型	CMOS
颜色	彩色
靶面尺寸	3.3 mm
快门	滚动
位深	10 bit
像素尺寸	1.4 μm
主动照明波长	820 nm（波峰）
视场角	86°× 57°
成像范围	500 ~ 2 000 mm（横向视野）
最近成像距离	450 mm
深度测量重复精度	2 mm（800 mm 测量距离以内）
深度测量精度	优于 1%（800 mm 测量距离以内）

（2）上位机与 PLC 建立通信

在设备资源列表中，双击“欧姆龙 PLC”，打开串口设置窗口，如图 7-13 所示，依次设置“端口号”为“COM8”，“数据格式”为“Hex”，“波特率”为“9 600”，“极性”为“Even”，“数据位”为“8”，“停止位”为“One”。

（3）相机与镜头设置调整

打开 3D 相机驱动软件（Depth Quality Tool），查看成像效果并调试相机，如图 7-14 所示。

（4）新建项目

打开 KImage 软件，点击新建项目图标，在“产品名称”中输入“3D 物块分拣”，点击“新建”按钮，如图 7-15 所示。

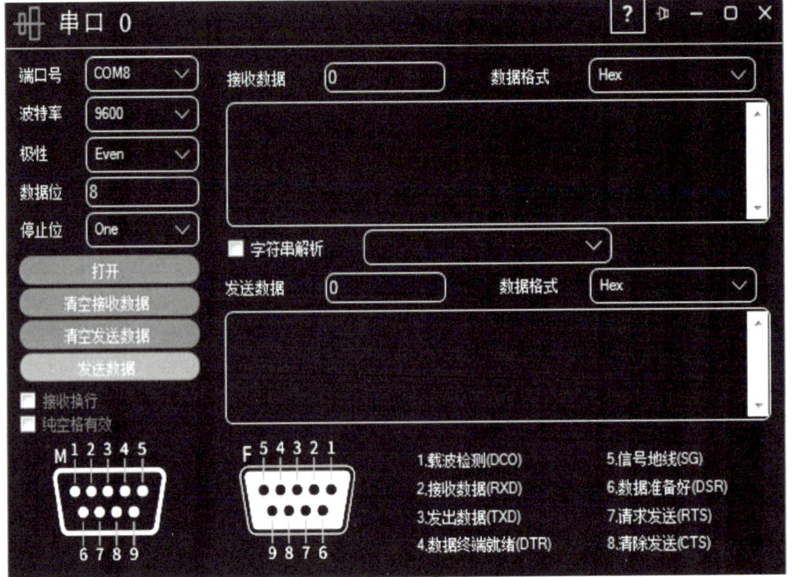

图 7-13　串口设置窗口

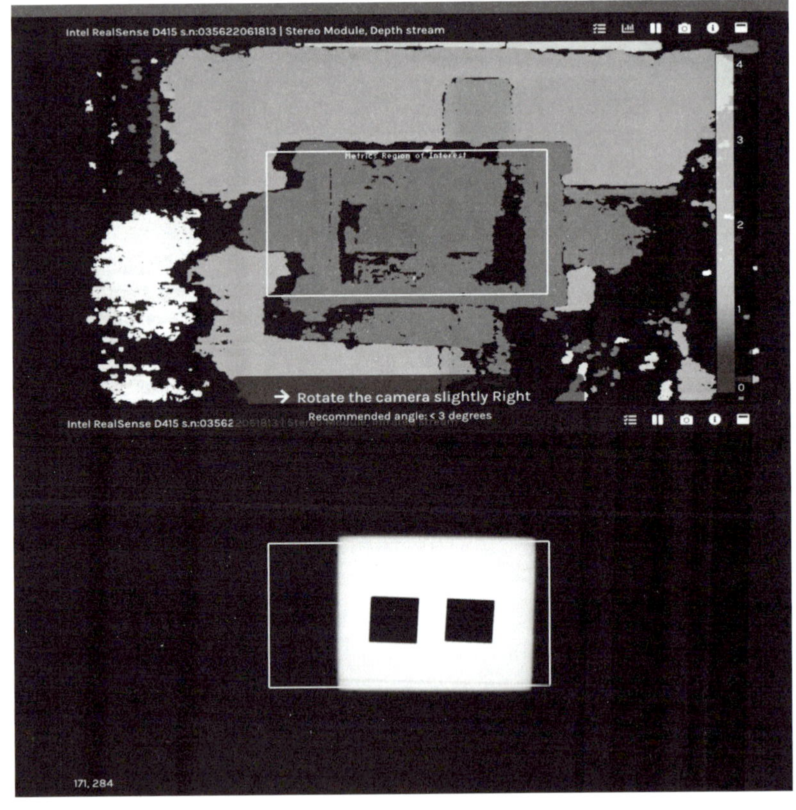

图 7-14　3D 相机成像效果

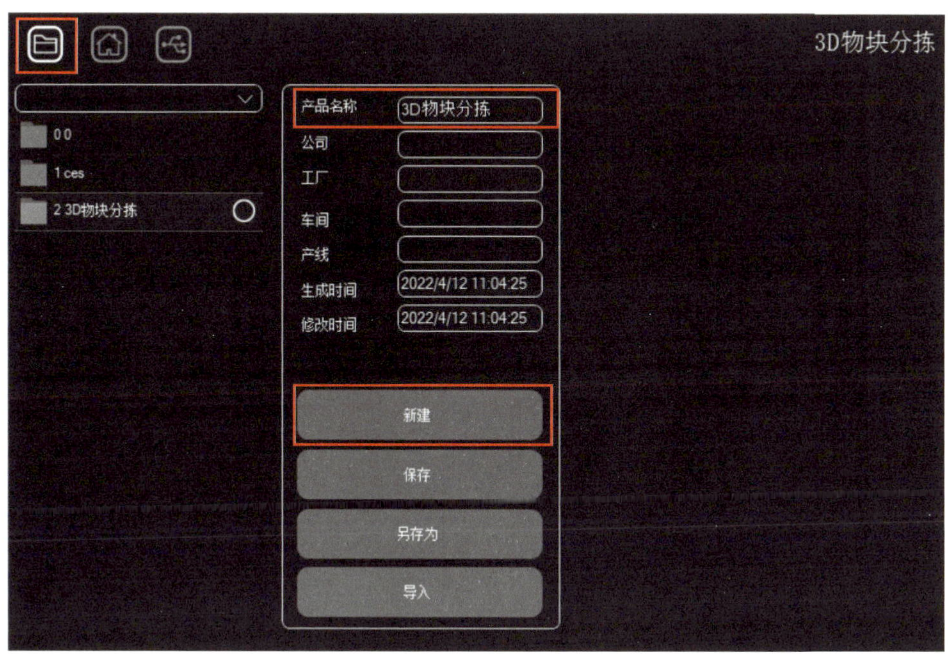

图 7-15　新建项目

（5）添加工具组和模块

完整的 3D 物块分拣视觉程序应包括 3D 标定、3D 相机采图、表面拟合、物块一搬运、物块二搬运等一系列软件操作，为方便程序的阅读和编写，在视觉程序中添加了一个“3D 标定”工具组和一个“3D 测量与搬运”模块，如图 7-16 所示。

图 7-16　添加“3D 标定”工具组和“3D 测量与搬运”模块

（6）“3D 标定”工具组

“3D 标定”工具组用于实现标定图像的拍摄、仿射矩阵的变换及像素坐标与世界坐标的转换功能，按照操作的顺序须要依次用到“拍照位”“3D 相机”“点云处理”“查找特征点”“3D 点坐标获取”“3D 手眼标定”“获取特征点的位置”等工具，“3D 标定”工具组流程如图 7-17 所示。

① 添加“拍照位”工具

添加“PLC 控制”工具至“3D 标定”工具组中，并将该工具重命名为“拍照位”，在运动平台上安装标定板，使用控制摇杆移动运动平台至 3D 相机正下方，并将 X, Y 轴的位置记录在“拍照位”工具中。

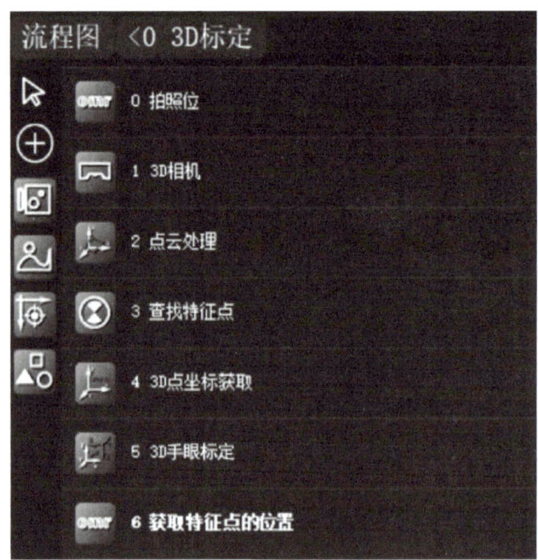

图 7-17 “3D 标定”工具组流程

② 添加“3D 相机”工具

添加“3D 相机”工具至“3D 标定”工具组中，在“相机”工具参数设置窗口中，“设备”选择“KRealSense3D.SerialNo：840412060733.Index：0 3D”，并设置合理的“曝光”“增益”参数，使 3D 相机拍摄出的图像质量较高，本项目中，设置“曝光”“增益”参数分别为“3000”和“20”，如图 7-18 所示。

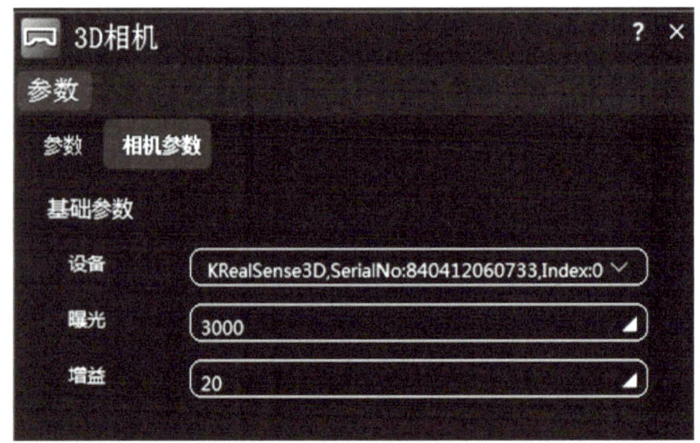

图 7-18 “相机”工具参数设置窗口

③ 添加“点云处理”工具

添加“点云处理”工具至“3D 标定”工具组中，在“点云处理”工具参数设置窗口中，将“点云模型”引用为“3D 相机 . 输出参数 . 点云模型”，如图 7-19 所示。“点云处理”工具主要是用于处理并筛选 3D 相机采集的图像。

④ 添加“查找特征点”工具

添加“查找特征点”工具至“3D 标定”工具组中，在“查找特征点”工具参数设置窗口中，将“输入图像”引用为“3D 相机 . 输出参数 . 灰度图像”，并框选搜索 ROI 区域，搜索 ROI 区域中至少包括标定板上的 4 个特征点，根据图像灵活修改“平滑影子”和“阈值”，使工具能准确查找到特征点。本项目中，框选 4 个特征点，对应设置“平滑影子”为“2.5”，“阈值”为“1.5”，“找点个数”为“4”，如图 7–20 所示。

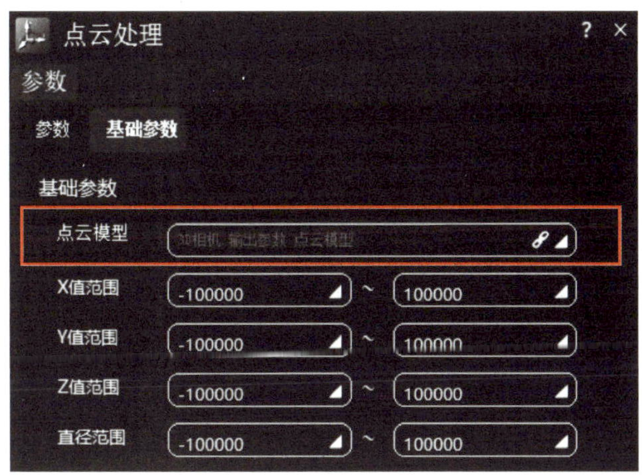

图 7–19　“点云处理”工具参数设置窗口

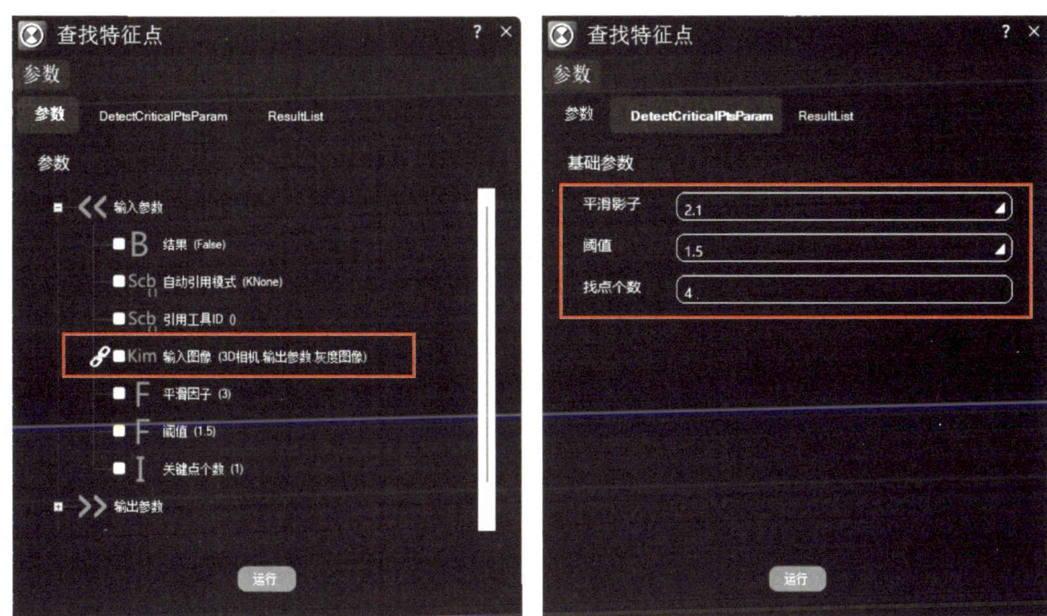

图 7–20　“查找特征点”工具参数设置窗口

⑤ 添加“3D 点坐标获取”工具

查找到特征点后，须要利用“3D 点坐标获取”工具获取 4 个特征点的图像坐标。添加“3D 点坐标获取”工具至“3D 标定”工具组中，在“3D 点坐标获取”工具参数设置窗口中，设置“引用工具”为“3D 标定 . 点云处理”，“特征点”引用为“查找特征点”中的“输出参数 . 关键点”，如图 7–21、图 7–22 所示。

注意：获取的坐标是以“米”为单位的数据，须要将其乘以 1 000，换算为以“毫米”为单位的数据。

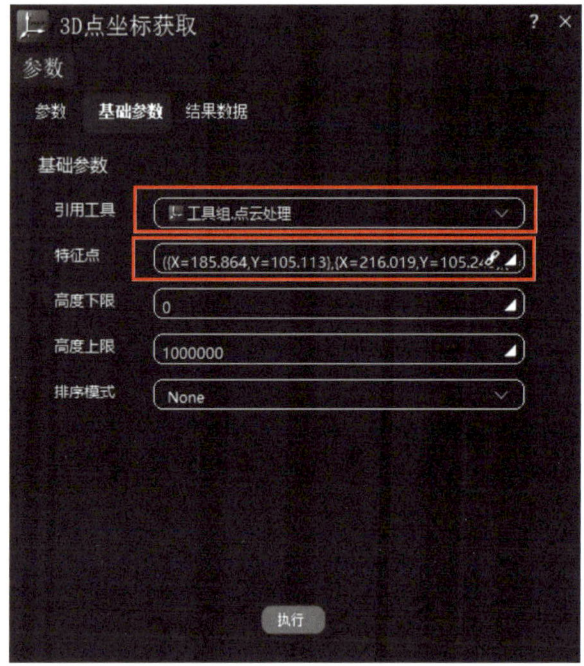

图 7-21 “3D 点坐标获取”工具参数设置窗口

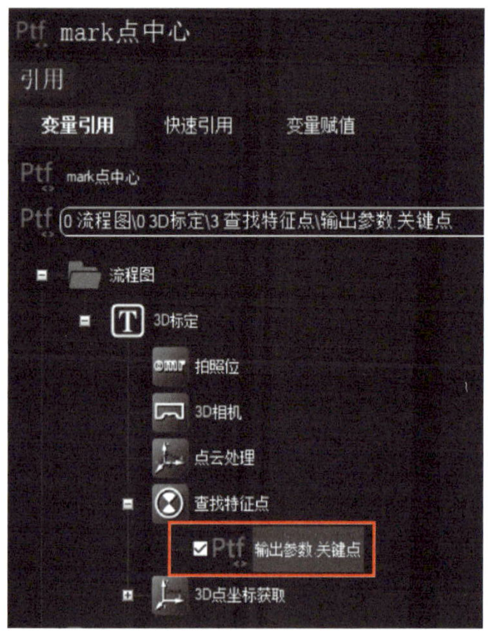

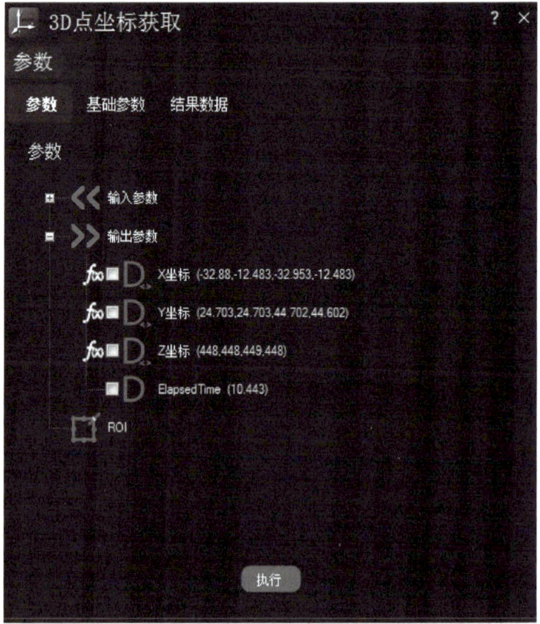

图 7-22 变量引用

⑥ 添加“3D 手眼标定”工具

添加“3D 手眼标定”工具至“3D 标定”工具组中,该工具的主要作用是实现 3D 图像坐标与世界坐标的坐标系转换。在“3D 手眼标定”工具的“输入参数”中,双击“X 图像坐标”“Y 图像坐标”和“Z 图像坐标”,将每个图像坐标添加为 4 个变量,用于保存 4 个特征点的图像坐标,变量属性如图 7–23 所示。

变量添加完成后,依次将“X 图像坐标”“Y 图像坐标”和“Z 图像坐标”分别引用为“3D 点坐标获取”工具中的“输出参数 .X 坐标”“输出参数 .Y 坐标”和“输出参数 .Z 坐标”,“X 图像坐标”的引用如图 7–24 所示。

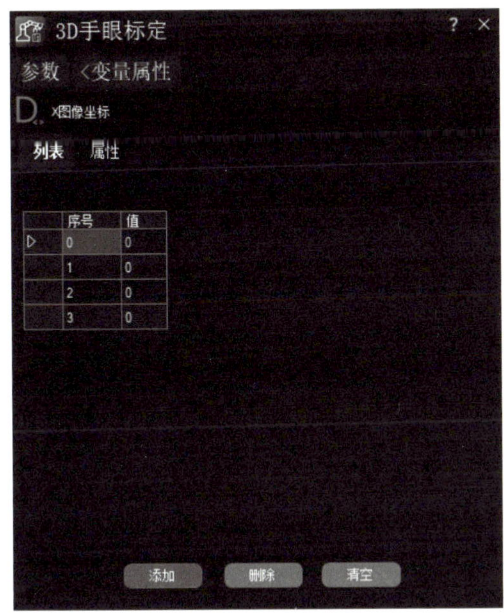

图 7–23　变量属性

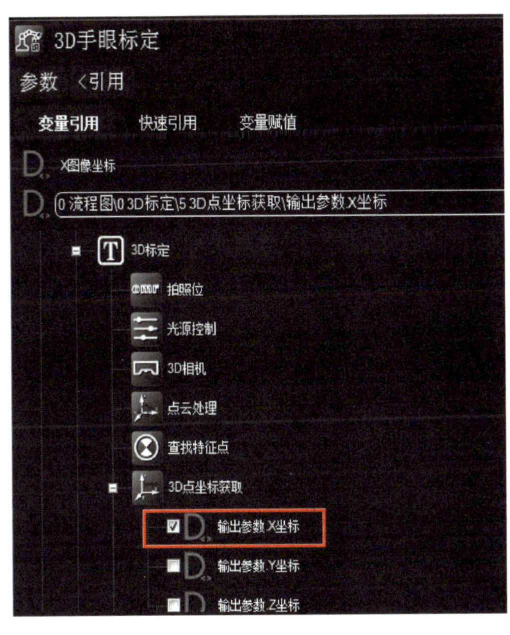

图 7–24　“X 图像坐标”的引用

点击“X 世界坐标”“Y 世界坐标”“Z 世界坐标”,将世界坐标数量与图像坐标数量相对应,添加为 4 个变量,这些变量用于保存 4 个特征点当前的 X, Y, Z 轴世界坐标,“3D 手眼标定”工具的变量添加如图 7–25 所示。

X, Y, Z 图像坐标连接完成后,添加“PLC 控制”工具至工具组中,并将该工具重命名为“获取特征点的位置”,用来获取 PLC 的实时轴位置。使用控制摇杆移动吸嘴至特征点中心,并使用“获取特征点的位置”工具获取到 X, Y, Z 轴的当前坐标,此坐标即为该特征点的世界坐标,将 4 个特征点的世界坐标与图像坐标一一对应,点击“执行”按钮以完成 3D 手眼标定工作,如图 7–26 所示。

（7）“3D 测量与搬运”模块——“3D 图像采集处理”工具组

“3D 测量与搬运”模块为单独的模块,独立于“3D 标定”工具组外,可反复执行,而“3D 标定”工具组仅须执行一次即可。“3D 测量与搬运”模块包括“回零”“3D 图像采集处理”“表面拟合”“物块一测量与搬运”“物块二测量与搬运”等工具组,“3D 测量与搬运”模块如图 7–27 所示。

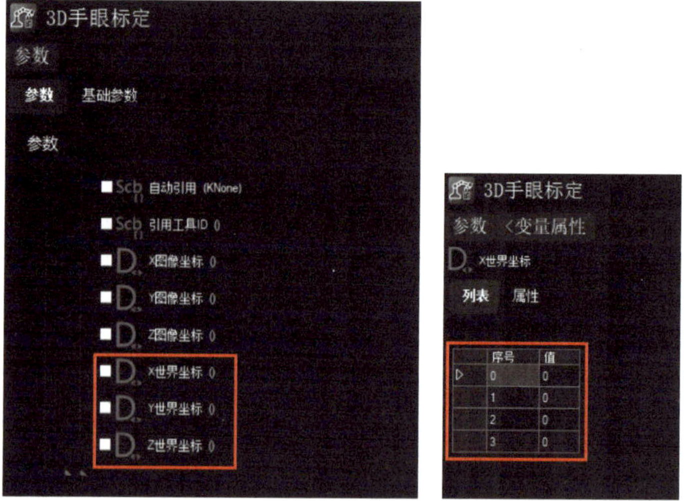

图 7-25 “3D 手眼标定”工具的变量添加

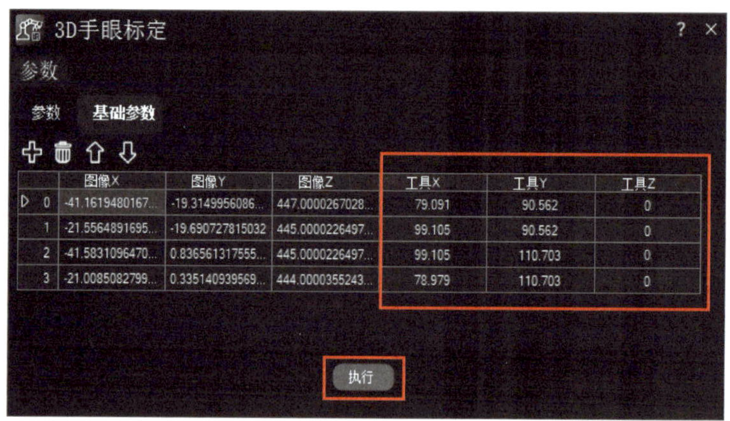

图 7-26 3D 手眼标定

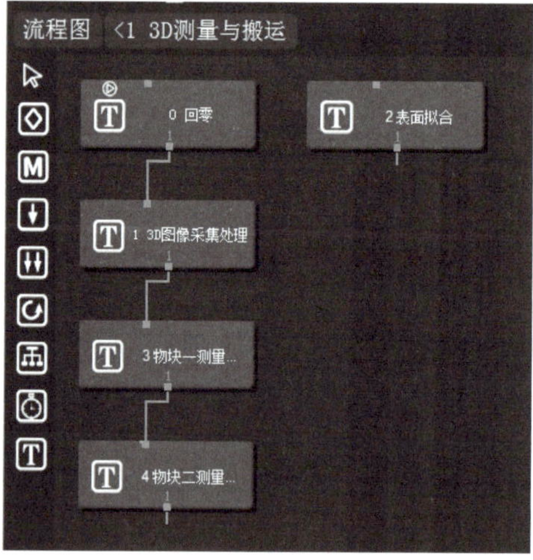

图 7-27 “3D 测量与搬运”模块

“3D 图像采集处理” 工具组包括“拍照位 PLC 控制”“3D 相机”“物块一点云处理”“物块二点云处理” 等工具，主要作用是控制运动平台移动至标定时的拍照位、使用 3D 相机采图、对采集到的图像进行处理，“3D 图像采集处理” 工具组如图 7–28 所示。

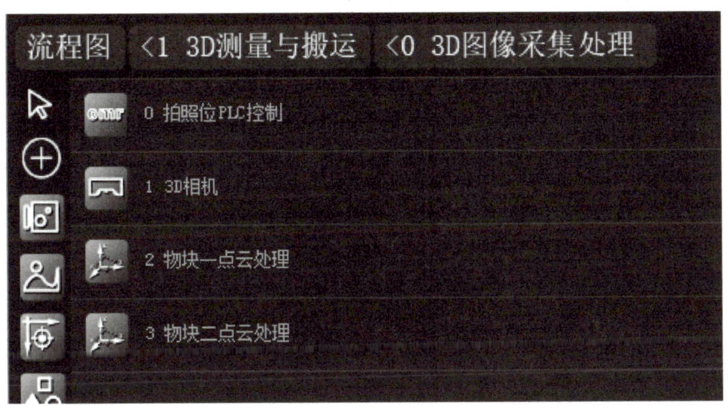

图 7–28　“3D 图像采集处理” 工具组

① 添加 “拍照位 PLC 控制” 工具

添加 “PLC 控制” 工具至 “3D 图像采集处理” 工具组中，并将该工具重命名为 “拍照位 PLC 控制”，修改 “PLC 控制” 工具中 *X*, *Y* 轴的位置，控制运动平台移动至标定时的拍照位。

② 添加 “3D 相机” 工具

添加 “3D 相机” 工具至 “3D 图像采集处理” 工具组中，在 “相机” 工具参数设置窗口中，“设备” 选择 “KRealSense3D.SerialNo: 840412060733.Index: 0 3D”，并设置合理的 “曝光”“增益” 参数，使 3D 相机拍摄出的图像质量较高，本项目中，设置 “曝光”“增益” 参数分别为 “3000” 和 “20”。

③ 添加 “物块一点云处理” 工具

添加 “点云处理” 工具至 “3D 图像采集处理” 工具组中，并将该工具重命名为 “物块一点云处理”。将 “点云处理” 工具 “基础参数” 中的 “点云模型” 引用为 “3D 图像采集处理” 工具组中的 “3D 相机 . 输出参数 . 点云模型”，使用 ROI 框选点云模型中物块一所在的区域，点击 “运行” 按钮即可。“物块一点云处理” 工具参数设置及输出结果如图 7–29、图 7–30 所示。

④ 添加 “物块二点云处理” 工具

添加 “点云处理” 工具至 “3D 图像采集处理” 工具组中，并将该工具重命名为 “物块二点云处理”。与 “物块一点云处理” 工具类似，将 “基础参数” 中的 “点云模型” 引用为 “3D 图像采集处理” 工具组中的 “3D 相机 . 输出参数 . 点云模型”，使用 ROI 框选点云模型中物块二所在的区域，点击 “运行” 按钮即可。“物块二点云处理” 工具参数设置如图 7–31 所示。

（8）“3D 测量与搬运” 模块—— “表面拟合” 工具组

表面拟合的作用是将一片 3D 点云拟合成一个平面，在 “3D 测量与搬运” 模块中用于拟合基准平面，表面拟合完成后只须提供数据即可，不须要和其他工具一起反复执行。因此在“3D 测量与搬运”模块中单独添加一个“表面拟合”工具组，工具组中仅添加“表面拟合”工具，如图 7-32 所示。

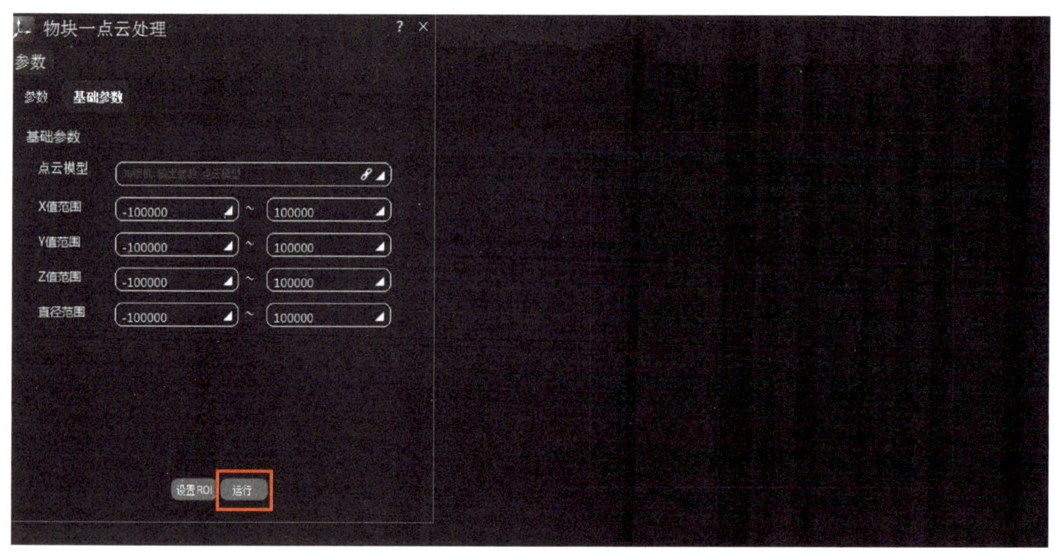

图 7-29 “物块一点云处理”工具参数设置

图 7-30 “物块一点云处理”工具输出结果

如图 7-33 所示，将“表面拟合”工具“基础参数”中的“Z 图像”引用为“3D 图像采集处理”工具组中的“3D 相机 . 输出参数 .Z 图像”。如图 7-34 所示，图中①和②处为物块所在区域，在设置搜索 ROI 时，须使用 ROI 框选“Z 图像”中没有物块和凸起，且没有数据丢失的平面区域，平面区域越大拟合出的基准平面越准确。

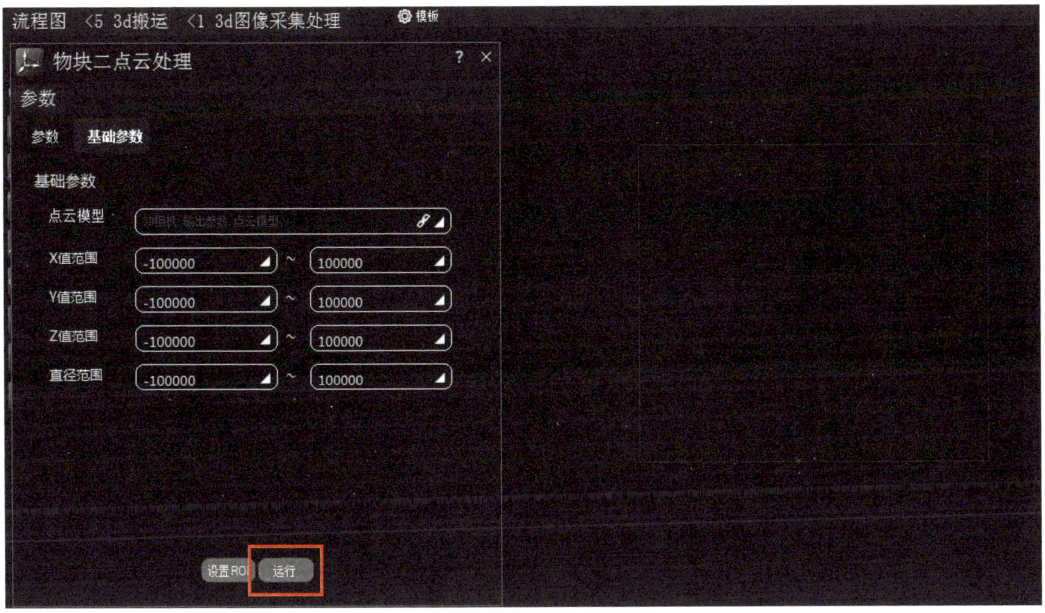

图 7-31　“物块二点云处理”工具参数设置

图 7-32　“表面拟合”工具

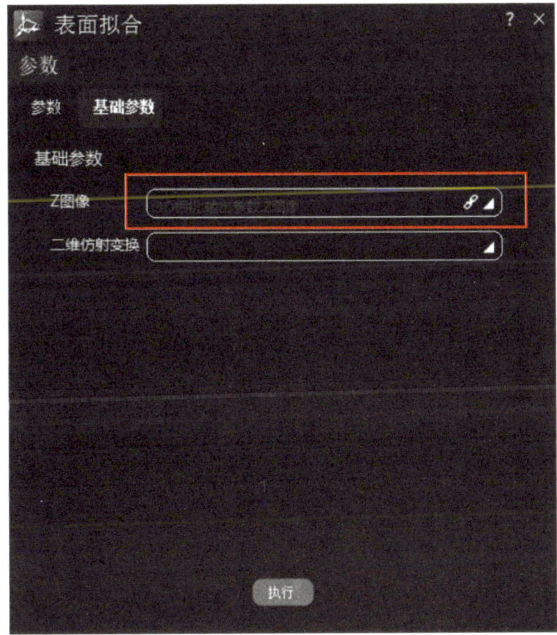

图 7-33　“表面拟合”工具参数设置

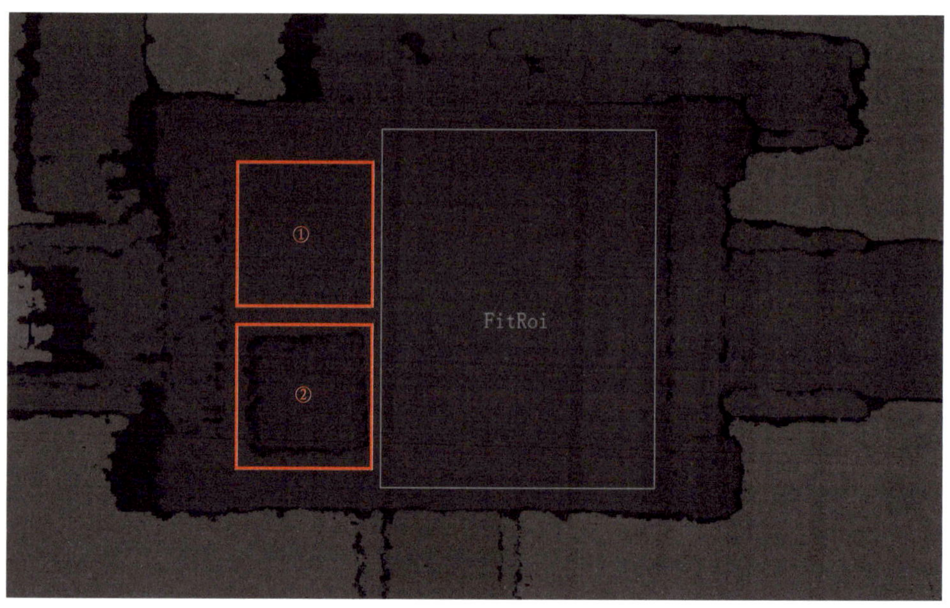

图 7-34　表面拟合设置

（9）“3D 测量与搬运”模块——“物块一测量与搬运”工具组

“物块一测量与搬运”工具组包括“物块一体积测量”“物块一用户变量”“物块一 3D 坐标转换”“移动至物块一并开真空”“抬升”“移动至目标位放置并关真空”“抬升”等工具。该工具组的主要作用是定位和测量物块一的体积、高度等数据，然后基于定位数据和测量的高度控制 X，Y，Z 轴运动，将物块一搬运至指定位置，“物块一测量与搬运”工具组如图 7-35 所示。

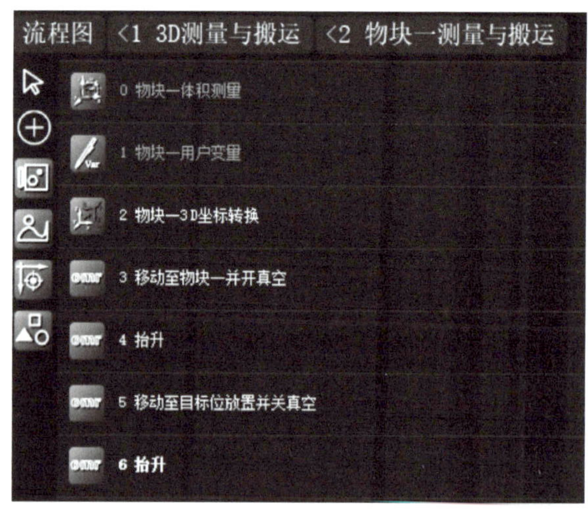

图 7-35　“物块一测量与搬运”工具组

① 添加“物块一体积测量”工具

添加“体积测量”工具至“物块一测量与搬运”工具组，并将该工具重命名为“物块一体积测量”。将“物块—体积测量”工具的“引用工具”引用为“3D 图像采集处理”工具组中的“物块—点云处理”，“基准平面”使用“表面拟合”工具的“输出参数 . 基准平面”，并设置合理的阈值上下限和面积上下限。本项目中，设置的阈值上下限和面积上下限分别为“10”“120”和“1000”“10000000”。

参数设置完成后，点击“执行”按钮，“体积测量”工具会自动找出阈值范围内物块。在“物块—体积测量”工具的“输出参数”中可以输出物块中心 X, Y, Z 轴的坐标及长、宽、高、体积等数据。“物块—体积测量”工具参数设置如图 7–36 所示。

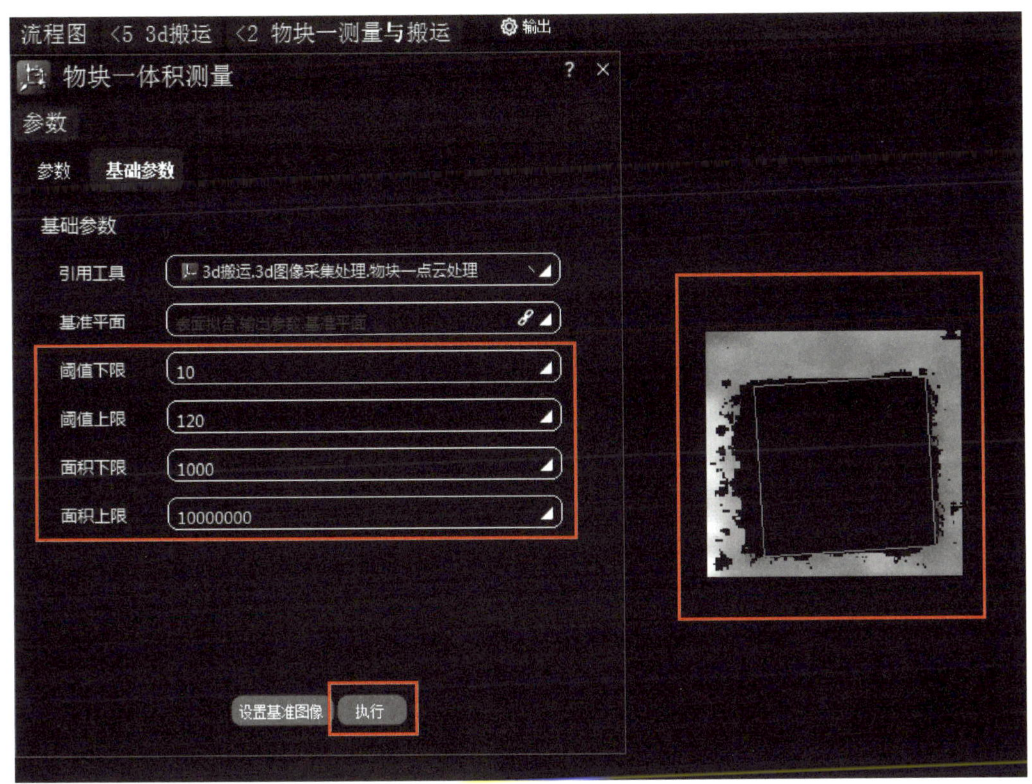

图 7–36　“物块—体积测量”工具参数设置

② 添加“物块—用户变量”工具

添加“用户变量”工具至“物块—测量与搬运”工具组，并将该工具重命名为“物块—用户变量”，在“基础参数”中选择“输出参数”，点击“+”进入变量添加窗口，选择变量类型为“DoubleList”，在“个数”中可输入该列表型变量的数量，此数量也可在后续进行更改，这里输入的“个数”为“1”，创建一个长浮点列表型变量，并将值乘以 1000，如图 7–37、图 7–38 所示。

双击“物块—用户变量”工具输出参数中“长浮点列表”，将该长浮点列表设置为 7 个变量，并将该长浮点列表中的“长浮点列表 .0”“长浮点列表 .1”“长浮点列表 .2”分别使用变量赋值引用为“物块—体积测量”工具中的“输出参数 . 中心 X 坐标”“输出参数 . 中心 Y 坐标”“输出参数 . 中心 Z 坐标”，物块—用户变量的引用如图 7–39 所示。

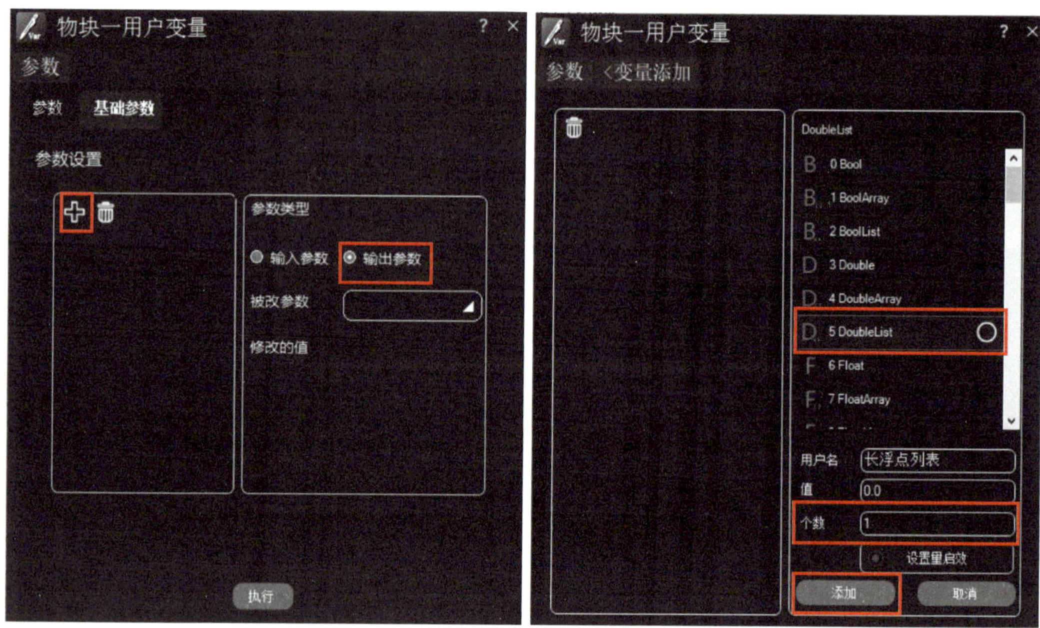

图 7-37　物块—用户变量添加 1

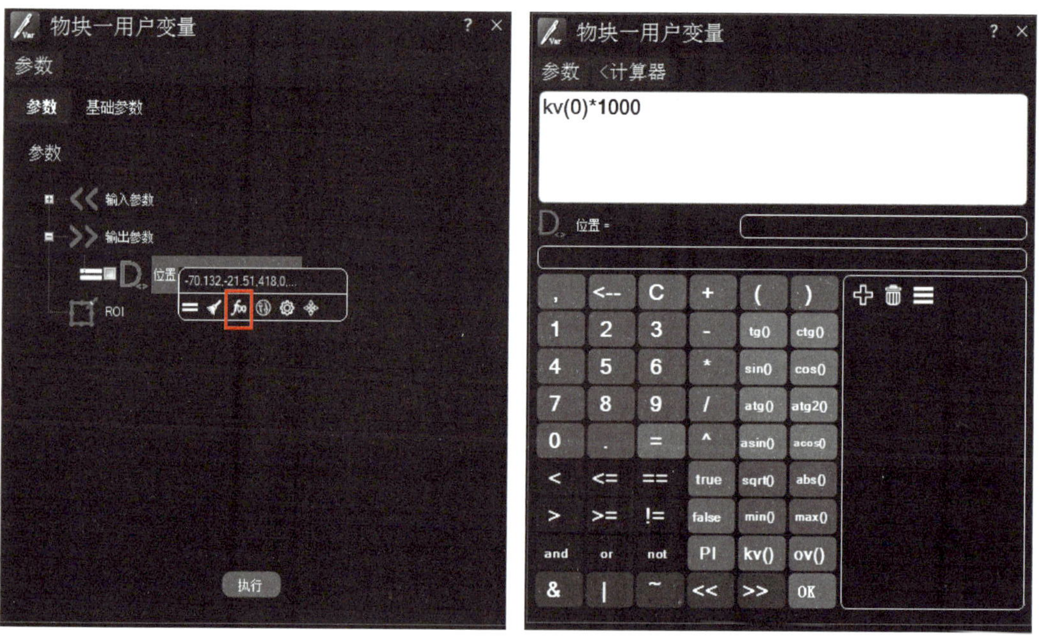

图 7-38　物块—用户变量添加 2

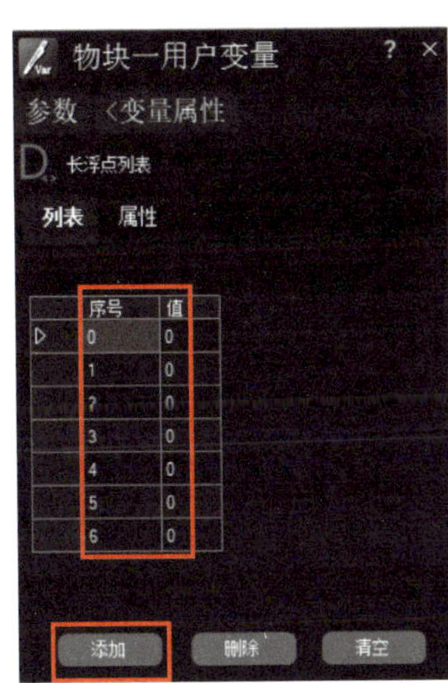

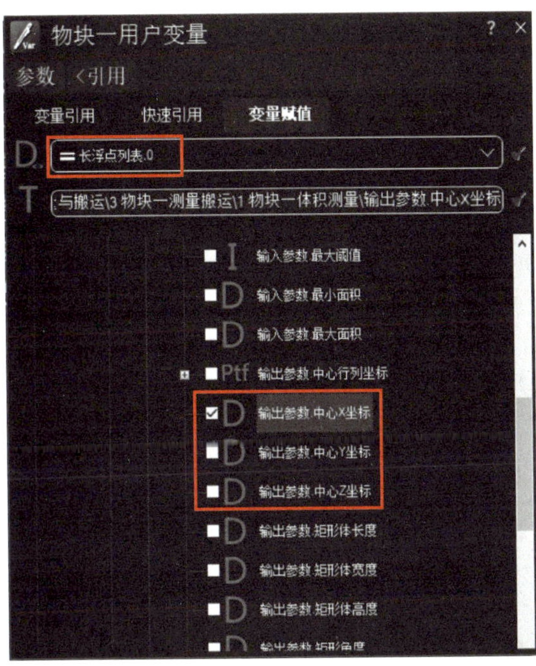

图 7–39　物块一用户变量的引用

③ 添加“物块一 3D 坐标转换”工具

添加“3D 坐标转换”工具至“物块一测量与搬运”工具组，并将该工具重命名为“物块一 3D 坐标转换”，“物块一 3D 坐标转换”工具主要是为了实现物块一中心点 X,Y,Z 轴的图像坐标到工具坐标的位姿转换。

将“输入位姿”引用为“物块一用户变量”工具中的“输出参数 . 长浮点列表”，“转换位姿”引用为“3D 标定”工具组中的“3D 手眼标定”工具的“输出参数 . 标定位姿”，然后点击“执行”按钮，即实现了图像坐标到世界坐标的转换，“物块一 3D 坐标转换”工具参数设置如图 7–40 所示。

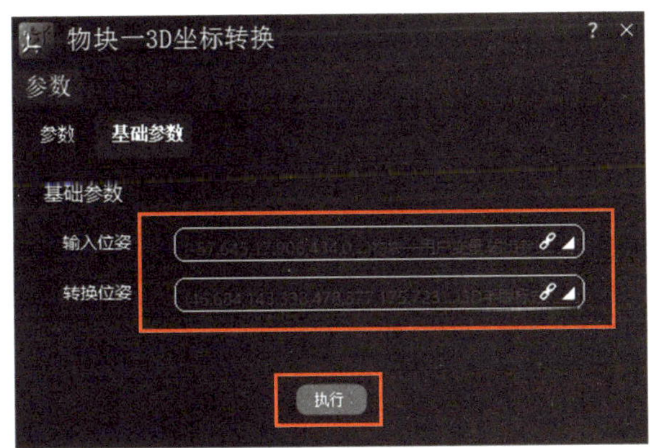

图 7–40　“物块一 3D 坐标转换”工具参数设置

④ 添加“移动至物块一并开真空”工具

添加“PLC 控制”工具至“物块一测量与搬运”工具组，将该工具重命名为“移动至物块一并开真空”，将“X 轴”“Y 轴”“Z 轴”使能开启，并选择“吸嘴开真空”，如图 7-41 所示，该工具用于控制 X, Y, Z 轴将真空吸嘴移动至物块一的中心点并吸取。

将 X 轴的位置使用“变量赋值”引用为“物块一 3D 坐标转换”工具的“输出参数中的“输出位姿 .0”，该“输出位姿 .0”为物块一中心点 X 轴的世界坐标；在“运动设置”中将 Y 轴的位置使用“变量赋值”引用为“物块一 3D 坐标转换”工具的“输出参数”中的“输出位姿 .1”，“输出位姿 .1”为物块一中心点 Y 轴的世界坐标。X 轴的位置引用如图 7-42 所示。

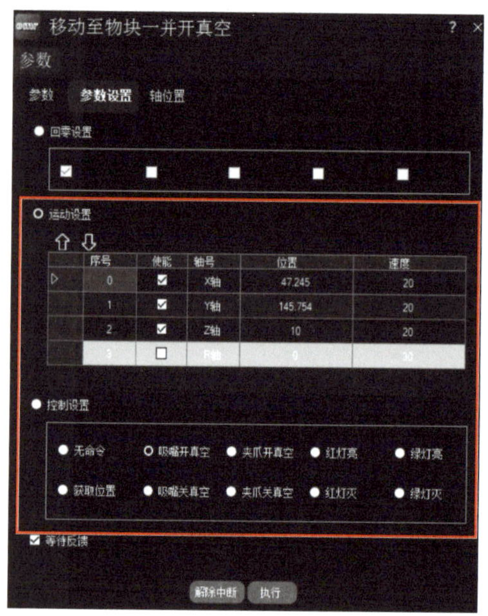

图 7-41 “移动至物块一并开真空”工具参数设置

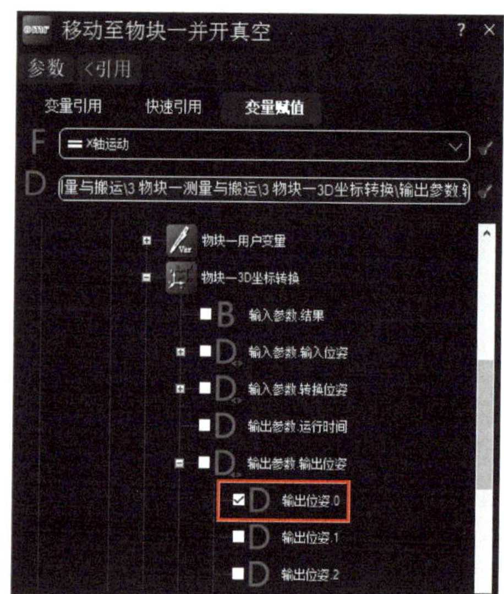

图 7-42 X 轴的位置引用

由于 Z 轴的世界坐标须要使用吸嘴到基准平面的距离减去体积测量出的物块高度，所以将测量出的物块高度数据进行变量转换，“目的类型”选择“DoubleList”，该变量转换是为了将物体高度数据复制出来，用转换出来的数据对 Z 轴世界坐标进行计算，在计算器中使用吸嘴到基准平面的距离减去该值，即可得到 Z 轴世界坐标，如图 7-43 所示，然后将 Z 轴的位置通过变量赋值引用为该变量即可。

⑤ 添加“抬升”工具

吸取到物块一后首先将其在 Z 轴方向抬升，添加“PLC 控制”工具至“物块一测量与搬运”工具组，将该工具重命名为“抬升”，将“Z 轴”使能开启，“X 轴”“Y 轴”使能关闭，将“Z 轴”的位置设置为“0”，“抬升”工具参数设置如图 7-44 所示。

⑥ 添加“移动至目标位放置并关真空”工具

抬升后，须控制物块 X, Y 轴方向移动至目标位，故添加“PLC 控制”工具至“物块一测量与搬运”工具组，将该工具重命名为“移动至目标位置并关真空”，依次将“X 轴”“Y 轴”

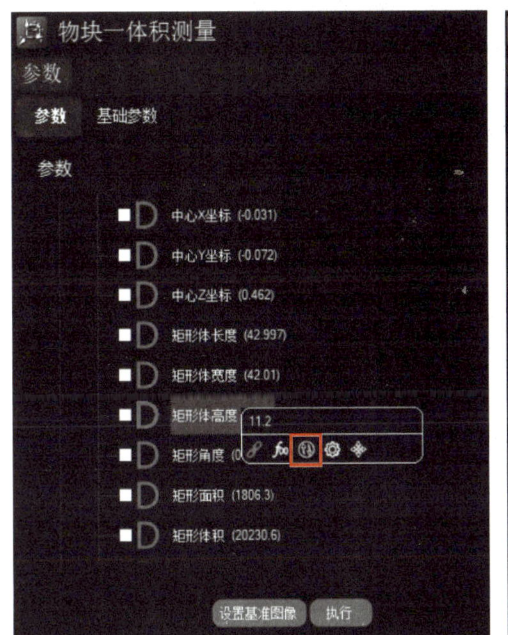

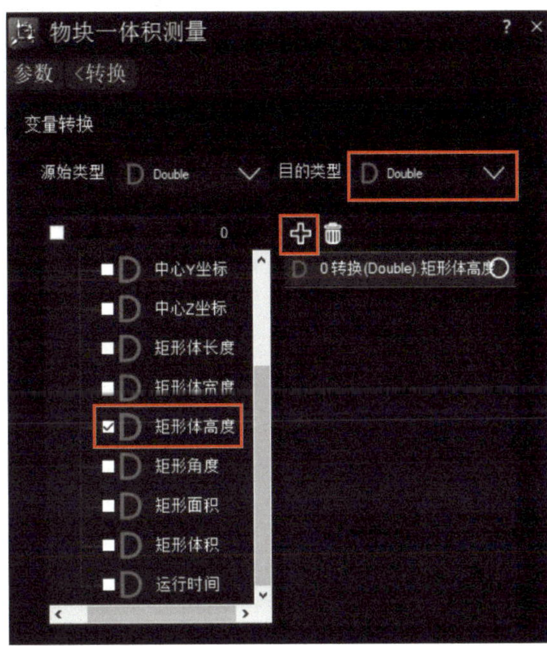

(a) 物块高度变量转换

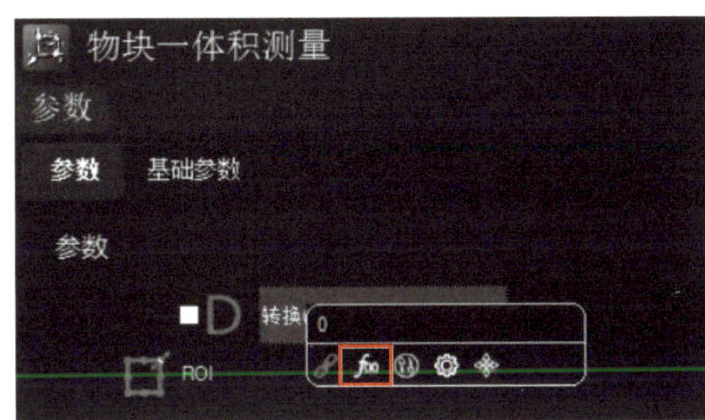

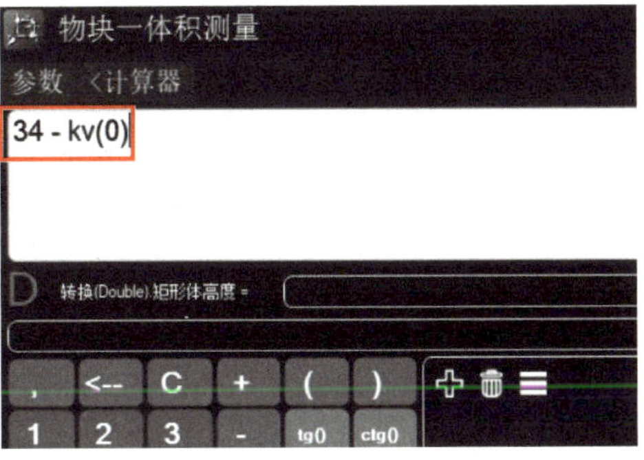

(b) Z轴世界坐标计算

图 7-43　Z 轴世界坐标

“Z 轴”使能开启，首先将物块一移动至 X，Y 轴位置，目标位 X，Y 轴的位置通过示教得出，然后将物块一放置在平面上并关闭真空吸嘴，通过“变量赋值”引用为“物块一体积测量”的“输出参数”中的“转换（Double）.矩形体高度”，并选择“吸嘴关真空”，“移动至目标位放置并关真空”工具参数设置如图 7-45 所示。

⑦ 添加“抬升”工具

物块一搬运的最后一步操作为在 Z 轴方向抬升吸嘴，等待下个运动指令。因此添加“PLC 控制”工具至“物块一测量与搬运”工具组，将该工具重命名为“抬升”，并在该工具的“运动设置”中设置 Z 轴的位置为“0”，至此即完成了物块一测量与搬运的全过程。

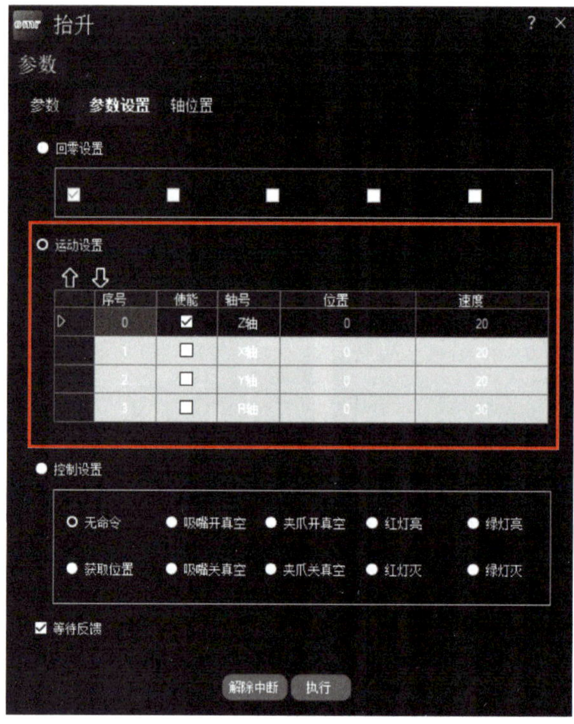

图 7-44　“抬升”工具参数设置

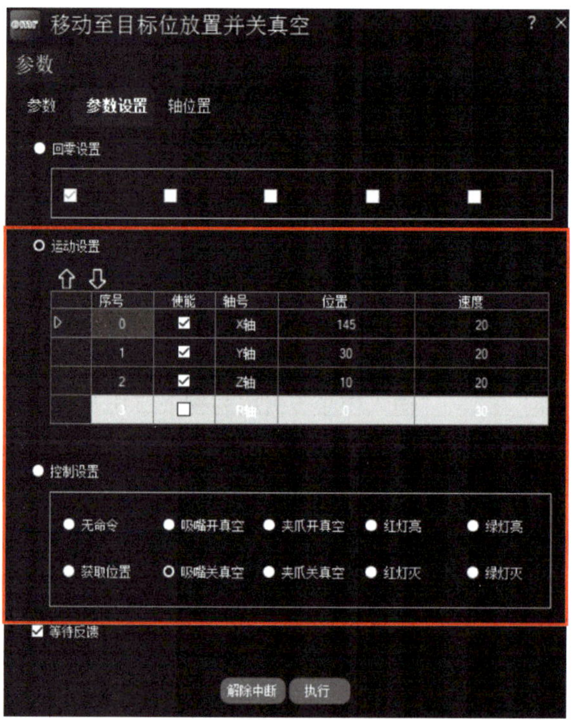

图 7-45　“移动至目标位放置并关真空”工具参数设置

（10）“3D 测量与搬运”模块——“物块二测量与搬运”工具组

“物块二测量与搬运”工具组包括“物块二体积测量”“物块二用户变量”“物块二 3D 坐标转换”“移动至物块二并开真空”“抬升”“移动至目标位放置并关真空”“抬升”等工具，如图 7-46 所示。该工具组的主要作用是定位和测量物块二的面积、体积、高度等数据，然后将物块二搬运至指定位置。由于物块二与物块一测量与搬运的操作方法类似，此处仅进行简要介绍。

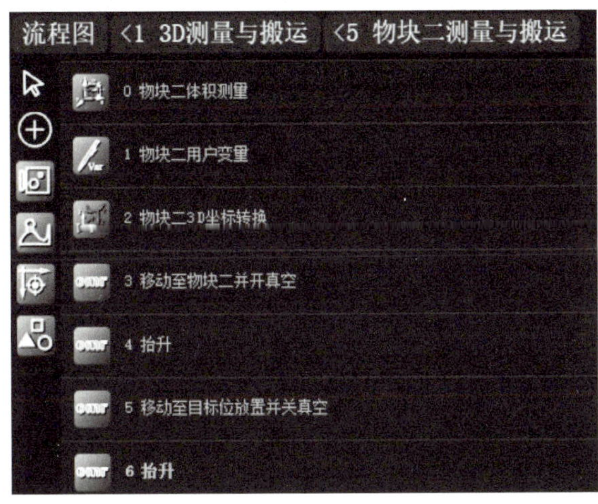

图 7-46 “物块二测量与搬运”工具组

① 添加“物块二体积测量”工具

添加“物块二体积测量”工具，“引用工具”引用为“物块二点云处理”，基准平面引用为“表面拟合”工具的“输出参数 . 基准平面”，设置合理的阈值上下限和面积上下限。

② 添加“物块二用户变量”工具

在“输出参数”中创建一个“DoubleList”型变量，为该长浮点列表添加 7 个变量，并将该长浮点列表中的“长浮点列表 .0”“长浮点列表 .1”“长浮点列表 .2”分别使用变量赋值引用为“物块二体积测量”中的“输出参数 . 中心 X 坐标”“输出参数 . 中心 Y 坐标”“输出参数 . 中心 Z 坐标”，并通过计算器将数据乘以 1000。

③ 添加“物块二 3D 坐标转换”工具

添加“3D 坐标转换”工具，“输入位姿”引用为物块二用户变量中的“输出参数 . 长浮点列表”，“转换位姿”引用为“3D 标定”工具组中“3D 手眼标定”工具的“输出参数 . 标定位姿”，实现从图像坐标到世界坐标的转换。

④ 添加“移动至物块二并开真空”工具

添加“PLC 控制”工具，在“运动设置”中依次将 X, Y 轴的位置使用变量赋值引用为“物块二 3D 坐标转换”工具的“输出位姿 .0”“输出位姿 .1”，将“物块二体积测量”工具中的“矩形体高度”进行变量转换，并使用吸嘴到基准平面的距离减去该值，计算出 Z 轴的世界坐标，将 Z 轴位置引用为该变量，最后在“控制设置”中选择“吸嘴开真空”。该工具用于控制 X, Y, Z 轴将真空吸嘴移动至物块二的中心点处并执行吸取操作，“移动至物块二并开真空”工具参数设置如图 7–47 所示。

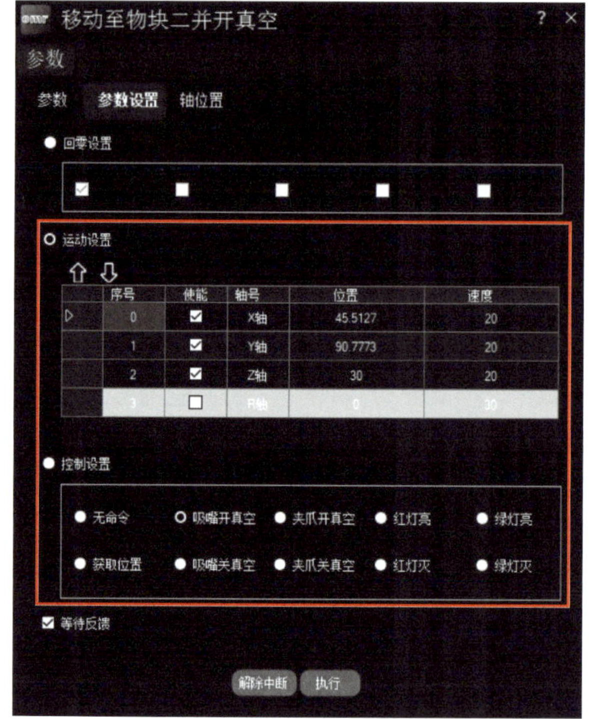

图 7–47 “移动至物块二并开真空”工具参数设置

⑤ 添加“抬升”工具

添加“PLC 控制”工具，在“运动设置”中，将“Z 轴”使能开启，“Z 轴”位置为“0”，该工具用于将物块二抬升。

⑥ 添加“移动至目标位放置并关真空”工具

添加“PLC 控制”工具至工具组中，将该工具命名为“移动至目标位放置并关真空”，首先将物体移动至目标位上方，目标位 X，Y 轴位置通过示教得出，然后将“Z 轴”使能开启，通过变量赋值引用为“物块二体积测量”工具的“输出参数”中的“转换(Double).矩形体高度”，并选择“吸嘴关真空”。

⑦ 添加“抬升”工具

添加“PLC 控制”工具，在“运动设置”中设置 Z 轴的位置为“0”，至此即完成了物块二测量与搬运的全过程。

3. 小结

本项目通过一个典型的实施过程，展示了使用 KImage 软件进行 3D 物块分拣的控制流程。其实在工业应用中，2D 与 3D 相机可以互相关联，并同时实现颜色、高度分拣。

参考文献

［1］谢经明，周诗洋．机器视觉技术及其在智能制造中的应用［M］．武汉：华中科技大学出版社，2021.

［2］冈萨雷斯，伍兹．数字图像处理：第四版［M］．阮秋琦，译．北京：电子工业出版社，2020.

［3］余文勇，石绘．机器视觉自动检测技术［M］．北京：化学工业出版社，2013.

［4］王生进．计算机视觉的发展之路［J］．人工智能，2017（6）：6.

［5］周诗洋．基于视觉显著性和稀疏表示的钢板表面缺陷图像检测方法研究［D］．武汉：华中科技大学，2017.

［6］刘怀广．浮法玻璃缺陷在线识别算法的研究及系统实现［D］．武汉：华中科技大学，2011.

［7］魏松林．基于机器视觉的玻璃瓶在线检测系统研究与实现［D］．武汉：华中科技大学，2013.